統計科学のフロンティア **7**

特異モデルの統計学

統計科学のフロンティア **7**

甘利俊一　竹内啓　竹村彰通　伊庭幸人 編

特異モデルの統計学

未解決問題への新しい視点

福水健次　栗木哲
竹内啓　赤平昌文

岩波書店

編集にあたって

非正則モデルの意義

　数理科学の教科書には，主として統計的データ解析における標準的な問題が扱われている．

　連続的なデータについては，それらが正規分布に従うものと仮定して，その平均や分散についての検定や推定を行う問題である．そこで標準的な，たとえば t 検定の手法などとともに（中級以上の教科書であれば）そのよさ（最適性）についても示されている．それをやや一般化したものが線形回帰モデルであり，それについて最小 2 乗推定法が説明され，また誤差項が正規分布であることを仮定して，最小 2 乗推定量の最適性が説明され，また係数に関する仮説に対する t 検定や F 検定が示されている．

　また離散データについては，2 項分布，あるいはポアソン分布を前提にして，推定や検定について説明されているであろう．

　これらは数理統計学の問題の中で，いわば最も簡単な場合といえるが，多くの現実の場において実際に現われる問題であって，その手法は有効に使われている．数理統計学の理論は，これらの手法の概念（推定量，検定の棄却域，信頼区間等）とその性質（不偏性その他）そのよさ（最小分散不偏推定量，一括最強力不偏検定）等を説明して，手法のもつ意味を明らかにしているのである．

　このような標準的な問題についてのモデルは 3 つの方向に拡張されている．

　第一は指数型分布といわれるもので，観測値の組をベクトル $\boldsymbol{X}$ で表わすとき，その確率密度が未知母数ベクトル $\boldsymbol{\theta}$ をふくんで

$$p(x, \boldsymbol{\theta}) = h(x) \exp \sum_{j=1}^{m} t_j(x) \theta_j(\boldsymbol{\theta})$$

という形に表わされる場合である．このようなモデルについては未知母数に関する推定，検定の手法の最適性が標準的な場合と同様に証明される．

　第二は，さらに一般的に観測値 $X_1, \cdots, X_n$ が互いに独立に，また未知母

数ベクトル θ をふくむ密度関数 $f(x, \theta)$ をもつ分布に従うというモデルであり，この場合は推定や検定の手法について一般に最適性は証明できないが，θ の関数としての f についてなめらかさの条件を仮定とすると，n が大きいときほぼ最適な性質（漸近最適性）をもつ手法が存在すること，とくに最尤推定量や尤度比検定が漸近最適性をもつことが証明されている．

第三はデータの従う確率分布が，有限個のパラメータをふくむ密度関数によって表現されることを仮定しない場合である．たとえば $X_1, \cdots, X_n$ が互いに独立に連続な密度をもつ分布に従うことだけで仮定するのである．このような仮定はノンパラメトリックモデルとよばれる．その場合にもたとえば X の分布の中央値について仮説検定や区間推定を行うことができる．ノンパラメトリックモデルに関する統計的手法，とくにノンパラメトリック検定については古くからの研究があり，多くの手法が提案されてきた．

ところで上記の第二の場合，すなわち密度関数が一定の条件（正則条件とよばれる）を満たす場合は，正則な場合とよばれるが，そこでもしそれが満たされない場合には，どのようなことがおこるかが問題となる．それが非正則な場合（non-regular case）の問題である．

このことを考えるには 2 つの理由がある．

ひとつは，正則条件は，たとえば最尤推定量の漸近的最適性を証明するために必要とされるものであり，いわば数学的理論構成の便宜上導入されたものであるから，それが本当に必要なものか，つまりそれが成り立たなければ定理がもはや成立しなくなるのかをチェックする必要があるということである．実は正則条件はいくつかの部分から成り立っているのであり，どの部分が成立しなければ，推測方式の性質についての結論がどのように変わるのかをチェックすることが必要になる．

次に，いろいろな複雑な現実の問題において，実際に正則条件が成立しない場合がおこることである．そのような場合には，標準的な手法が適用できなかったり，あるいはそれから誤った結論に導かれたり，あるいはその効率が悪かったりすることがおこり得る．たとえば最尤推定量がもはや漸近的最適性をもたないことがある．そのような場合には他のよりよい手法を探さなければならない．このような問題は，ある意味では非正則な場

合の特殊な場合と見なすことができるが，現実のデータに対応するモデル
に即して具体的に考えなければならない．この巻ではとくにこのようなモ
デルを一般的な非正則モデルとは区別して，**特異モデル**(singular model)と
よぶことにする．

　非正則な場合の統計的推測理論については比較的古くから，散発的にい
ろいろなことが発見されてきたが，それらはまだあまり一般的な知識となっ
ていないように思われる．これに対して特異モデルについては，最近この
巻の執筆者をふくむ一部の研究者の精力的な研究によって，まとまった理
論的成果が得られている．

　そこでこの巻では特異モデルを中心的なケースとして，それに補論とし
て一般の非正則モデルについての理論の概略について述べることにした．

（竹内　啓）

目　次

編集にあたって

特異モデルの統計学　　　　　　　　　福水健次・栗木哲　　　1

補論 A　非正則な場合の推測理論　　　　　　　竹内啓　　231

補論 B　非正則モデルの情報損失　　　　　　赤平昌文　　245

索　引　　271

特異モデルの統計学

福水健次・栗木哲

目 次

1 特異点をもつ統計モデル　4
　　1.1　特異モデルの典型例——識別不能性と境界をもつパラメータ空間　4
　　1.2　特異モデル——接ベクトル集合の特異な構造　21
　　1.3　特異モデルのさまざまな例　37
　　1.4　最尤推定量の数値解法　53
2 パラメータ制約モデルの漸近論　56
　　2.1　有限混合モデルと遺伝連鎖解析　56
　　2.2　ランダム係数回帰モデルとプロファイル解析　60
　　2.3　最尤推定と尤度比検定の漸近論　64
　　2.4　尤度比の極限分布の例　75
　　2.5　定理の証明　82
3 チューブ法——正規確率場の幾何学　87
　　3.1　はじめに　87
　　3.2　チューブの体積と正規確率場の最大値分布　88
　　3.3　チューブ体積公式　92
　　3.4　チューブ座標と臨界半径　100
　　3.5　チューブ法による極限分布近似の例　106
　　3.6　オイラー標数法　109
　　3.7　チューブ法の歴史と文献　118
4 凸多面錐をパラメータ空間とするモデル　121
　　4.1　順序制約と単調回帰モデル　121
　　4.2　単調回帰モデルにもとづく統計推測　123
　　4.3　凸多面錐を対立仮説とする検定　135
　　4.4　同時信頼区間の構成　143
5 無限次元の特異モデル　146
　　5.1　無限次元空間の中の接錐　146
　　5.2　ガウス過程による尤度比の解析　160
　　5.3　尤度比の発散とそのオーダー　173
6 その他の話題　193
　　6.1　対数尤度関数の大域的性質　193
　　6.2　罰則付き最尤法　198
　　6.3　特異モデルにおける Bayes 推定　203
付　録　214
　　1　確率論からの準備　214
　　2　多様体についての必要事項　216
　　3　オイラー標数　223
参考文献　226

　本稿は「特異モデル」にまつわる統計的な諸問題を論じている．特異モデルという用語から，特殊なモデルの特殊な話題を想像する読者もいるかもしれない．しかし，本稿で扱う特異モデルの例のほとんどは，統計科学や情報科学において頻繁に用いられる一般的なモデルである．これらのモデルは，特異性に起因する複雑で興味深い挙動を示すが，それらは従来，各モデル固有の問題として議論されてきた．本稿の目的は，それらの現象を特異モデルという共通の観点から見直すことである．

　特異モデルは，通常の統計的漸近理論が対象とする「正則モデル」に対峙する概念と考えられる．これは従来「非正則モデル」と呼ばれていた．しかしながら，通常の漸近理論が成立するためにはいくつもの正則条件が必要で，どれがどう破られるかに依存して，生じる現象は異なってくる．本稿で扱うのは，統計モデルが滑らかでない点を有するという，ある特定のクラスの非正則モデルである．その点を強調するため，特異モデルという新しい語を用意した．なお，非正則モデル一般に関する解説は補論を参照していただきたい．

　本稿は全6章から構成されている．まず1章で特異モデルの全体像を概観する．特異モデルは有限次元の接錐をもつ場合と無限次元の接錐をもつ場合がある．2章から4章は前者の有限次元の場合を扱い，5章は後者の無限次元の場合を扱う．モデルの特異性は，統計推測のさまざまな側面に影響を及ぼすが，本稿では話題を主に尤度にもとづく議論に限定し，それ以外の話題は最後の6章で簡単に扱うことにした．中心的な話題である統計的漸近理論に興味のある読者は，1章前半(1.1節，1.2節)，2章，5章，6章後半(6.2節，6.3節)を中心に読み進めてほしい．有限次元の特異モデルでは，尤度比検定などに関し，より進んだ議論が可能な場合がある．それらのうちで重要なものを3章，4章で論じた．なお執筆は，主として1章，5章，6章を福水が，2章，3章，4章を栗木が担当した．

1 | 特異点をもつ統計モデル

特異モデルの代表的な例は，本章 1.1 節で述べる，識別不能なパラメー
タをもつ場合とパラメータ空間に端点が存在する場合である．これらには
有限混合モデルや隠れマルコフモデル，制約つき推定問題，分散成分モデ
ルといった応用上重要なモデルが含まれる．本章では，識別不能性や境界
をもつモデルの何が特異なのかを説明した後，1.2 節で統計モデルの特異点
を一般的に定義する．さらに，1.3 節でさまざまな統計モデルに現われる特
異点の例を概観し，1.4 節で数値的問題との関係について触れる．

1.1 特異モデルの典型例——識別不能性と境界をもつパラメータ空間

特異モデルの一般的な定義を与える前に，本節ではその典型例である識
別不能性をもつモデルとパラメータ空間に境界をもつモデルについて具体
例を通して説明する．特異モデルの何が特異であるかを理解するためには，
特異でない場合，すなわち正則な場合の統計的推測に関する理論を知ってい
る必要がある．そこでまず，(a)項で本稿の主たる議論の対象である最尤推
定量の統計的挙動について基本的事項を復習する．パラメトリック推定や検
定，漸近理論についてさらに詳しく知りたい読者は，たとえば稲垣(2003)や
van der Vaart(1998)などを見ていただきたい．後者は漸近理論の本格的教
科書である．

(a) 正則モデルにおける最尤推定と推定量の挙動

観測されたサンプル $X_1, \cdots, X_n$ を用いて，さまざまな量の間の関係を
導いたり推論を行ったりするためには，その背後にある確率分布を推測す
ることが重要である．そのためには，サンプルを発生させた「真の」分布

を含んでいると想定される確率分布の族を用意し，与えられたサンプルに
もっともよく当てはまる分布をその中から選ぶという方法がよく用いられ
る．候補となる確率分布の族が有限個のパラメータによって定められてい
るとき，これをパラメトリックモデルとよぶ．

　より正確には，測度空間 $(\mathfrak{X}, \mathfrak{B}, \nu)$ 上の確率密度関数の族を**統計モデル**と
いい，統計モデル $\mathcal{S}$ が，$\mathbb{R}^m$ の部分集合 Θ をパラメータ空間として $\mathcal{S} = \{ f_\theta \mid$
$\theta \in \Theta \}$ と表わせるとき，$\mathcal{S}$ を**パラメトリックモデル**（parametric model）と
いう．パラメトリックモデルに対するパラメータの与え方は一通りとは限
らない．統計モデル $\mathcal{S}$ に特定のパラメータを与えて $\mathcal{S} = \{ f_\theta \mid \theta \in \Theta \}$ の
形に表わすことをパラメトリゼーションという．本稿では以降，統計モデ
ルというとパラメトリックモデルを指すことにする．統計モデルに属する
確率密度関数に対して，$x \in \mathfrak{X}$ を明示する際には $f(x|\theta) = f_\theta(x)$ の記法も
よく用いる．サンプル $X_1, \cdots, X_n$ が，$f_{\theta_0}(\theta_0 \in \Theta)$ により定まる確率分布
から発生した n 個の独立なサンプルであると仮定して，真のパラメータ θ_0
を推定するパラメトリック推定の問題を考えよう．たとえば，真の分布が，
分散共分散行列が単位行列で平均ベクトルが未知の m 次元正規分布だとわ
かっているとき，

$$f(x|\theta) = \frac{1}{(2\pi)^{m/2}} \exp\left(-\frac{1}{2}\|x - \theta\|^2\right) \tag{1}$$

で定義される正規分布の平均値モデル $\{ f(x|\theta) \mid \theta \in \mathbb{R}^m \}$ を使って，独立
なサンプル $X_1, \cdots, X_n$ から真の平均値 θ_0 を推定する問題は，そのひとつ
の例である．実際に遭遇する現実世界の問題においては，設定したモデル
が真の確率分布を完全に含むと仮定するのは理想的すぎるが，このような
理想化によって統計的現象の数理的把握が容易になり，現実に役に立つ方
法論も考えやすくなる．もちろん，それらの理論が実際の現象にどれぐら
い適合するかを検証することはきわめて重要であるが，本稿ではモデルが
真の分布を含むという前提のもとで理論を展開していく．

　与えられたサンプルからパラメータを推定する一般的な手法として**最尤
推定**（maximum likelihood estimation）がある．最尤推定は

$$\prod_{i=1}^{n} f(X_i|\theta)$$

により定義される**尤度**（likelihood），あるいはその対数をとった**対数尤度**（log likelihood）

$$\sum_{i=1}^{n} \log f(X_i|\theta)$$

の最大値を達成するパラメータ θ を推定量として用いる．対数関数は狭義単調増加なので同じものを定める．これを**最尤推定量**（maximum likelihood estimator, MLE）とよび $\widehat{\theta}_n$ で表わす．最尤推定量はサンプルに依存するので，$\widehat{\theta}_n(X_1, \cdots, X_n)$ と書くのがより正確であるが，通常 $\widehat{\theta}_n$ と略記し，また n も省略して $\widehat{\theta}$ と書くことが多い．最尤推定量はサンプルに依存する確率変数であり，その確率分布の性質を調べることは統計的推測理論の中心的課題のひとつである．本稿の議論の中心も最尤推定量とそれに関連する統計量の統計的性質にある．

　最尤推定量の分布を調べるには大きく分けて 2 種類のアプローチがある．そのひとつは，サンプルを発生させている分布に強い仮定をおいて最尤推定量の分布を詳しく調べる方法である．典型的な仮定はサンプルが正規分布に従うとするものである．ここで例として，先に述べた正規分布の平均値モデルの最尤推定量の分布を求めてみよう．この場合の対数尤度は

$$-\frac{1}{2}\sum_{i=1}^{n}\|X_i - \theta\|^2 - \frac{nm}{2}\log(2\pi)$$

であるので，第 1 項を最大化することにより，最尤推定量は

$$\widehat{\theta}_n = \frac{1}{n}\sum_{i=1}^{n} X_i$$

で与えられ，サンプルによる標本平均値に一致する．各 X_i が，平均ベクトルが θ_0，分散共分散行列が単位行列 I_m の m 次元正規分布 $N_m(\theta_0, I_m)$ に従うことから，その線形和で与えられる $\widehat{\theta}_n$ も正規分布に従い，その分布は $N_m\left(\theta_0, \frac{1}{n}I_m\right)$ であることがわかる．いいかえると，任意の n に対して

$$\sqrt{n}\,(\widehat{\theta}_n - \theta_0) \sim N_m(0, I_m)$$

が成立する．ここで記号 $\sim$ は左の確率変数が右の確率分布に従うことを表

わす．この例のように，任意のサンプル数 n について推定量の正確な分布を求めようとする立場を**精密標本理論**（exact sample theory）という．一般に分布の正規性を仮定すると推定量に関する性質を詳しく調べられるが，その場合でもパラメータ θ のとりうる範囲に制約が加わると問題は突然難しくなる．本節(c)項で例のひとつを示し，2 章，4 章で詳しい議論を行う．

最尤推定量の精密な分布を求めることは困難な場合が多いため，サンプル数 n が非常に大きいという仮定のもとで，最尤推定量の統計的性質を一般的に導こうとするのが第 2 のアプローチであり，**統計的漸近理論**（statisitical asymptotic theory）とよばれる．統計モデル $\{f(x|\theta) \mid \theta \in \Theta\}$ があり，サンプル $X_1, \cdots, X_n$ が真のパラメータ θ_0 で定まる確率分布に従う独立同分布確率変数であるとき，ある種の正則条件のもと，最尤推定量 $\widehat{\theta}_n$ は真のパラメータ θ_0 に確率収束[*1]する．この性質を最尤推定量の**一致性**（consistency）という．さらにいくつかの正則条件を仮定すると，θ の最尤推定量 $\widehat{\theta}_n$ は

$$\sqrt{n}\left(\widehat{\theta}_n - \theta_0\right) \Longrightarrow N_m(0, I^{-1}(\theta_0)) \qquad (n \to \infty) \qquad (2)$$

と法則収束することが知られている．ここで $m \times m$ 行列 $I(\theta)$ の (a,b) 要素は

$$I(\theta)_{ab} = \int \frac{\partial \log f(x \mid \theta)}{\partial \theta^a} \frac{\partial \log f(x \mid \theta)}{\partial \theta^b} f(x \mid \theta) d\nu(x) \qquad (1 \le a, b \le m)$$

で与えられ，**Fisher 情報行列**（Fisher information matrix）とよばれる．式(2)は，$\sqrt{n}$ のスケール変換のあと最尤推定量の分布が真のパラメータを中心とした正規分布に収束することを示しており，この性質を最尤推定量の**漸近正規性**（asymptoric normality）という．とくに，その正規分布のばらつきの程度，すなわち推定の良し悪しは Fisher 情報行列の逆行列で与えられる．したがって，Fisher 情報行列 $I(\theta)$ はパラメータ θ の推定しやすさを表わしていると考えてもよい．

実は，推定量がある条件を満たす場合，極限分布の分散共分散行列は，半正定値性による半順序の意味で Fisher 情報行列の逆行列を下回らないことが知られている．これは補論 A でも述べられている Cramér-Rao の不

[*1] 概収束，確率収束，法則収束といった確率変数の収束に関しては付録 1 にまとめた．

8 | 1 特異点をもつ統計モデル

等式[*2]の漸近版である．一般に，推定量 T_n があって，任意の θ に対して $\sqrt{n}\,(T_n - \theta)$ が f_θ のもとで $n \to \infty$ のとき L_θ という分布に法則収束し，L_θ に従う確率変数の分散共分散行列が $I^{-1}(\theta)$ に等しいとき，この推定量 T_n は**漸近有効**（asymptotically efficient）であるという．式(2)は最尤推定量が漸近有効であることを示しており，ある意味での最適性を保証している．

式(2)を見ると，漸近正規性が成り立つためにはいくつかの条件が必要であることに気づく．まず Fisher 情報行列の定義から，確率密度関数は真のパラメータ θ_0 でパラメータに関して微分可能でなければならない．収束先の正規分布の分散共分散行列が Fisher 情報行列の逆行列で与えられている以上それは可逆でなければならない．また，θ_0 の近傍で正規分布を考えるためには，θ_0 はパラメータ空間の内点になければならない．

漸近正規性に関する厳密な議論は 2 章で改めて述べるが，正則な場合の漸近正規性をあまり厳密でない形で導出しておこう．ここでは表記を簡単にするためパラメータの次元を 1 次元とするが，多次元の場合への拡張も容易である．まず，積分と微分の交換が可能となる条件を課しておくと，

$$E_\theta\left[\frac{\partial \log f(X|\theta)}{\partial \theta}\right] = 0,$$

$$E_\theta\left[\frac{\partial^2 \log f(X|\theta)}{\partial\theta\partial\theta}\right] + E_\theta\left[\frac{\partial \log f(X|\theta)}{\partial \theta}\frac{\partial \log f(X|\theta)}{\partial \theta}\right] = 0 \quad (3)$$

が成り立つ．最尤推定量は対数尤度関数の最大値であるので，それがパラメータ空間の内点にあるならば，次の尤度方程式を満足する．

$$\sum_{i=1}^{n} \frac{\partial}{\partial \theta} \log f(X_i \mid \widehat{\theta}_n) = 0$$

この左辺を θ_0 を中心に Taylor 展開すると，

$$\sum_{i=1}^{n} \frac{\partial \log f(X_i \mid \theta_0)}{\partial \theta} + \sum_{i=1}^{n} \frac{\partial^2 \log f(X_i \mid \theta_0)}{\partial\theta\partial\theta}(\widehat{\theta}_n - \theta_0)$$
$$+ \frac{1}{2}\sum_{i=1}^{n} \frac{\partial^3 \log f(X_i \mid \tilde{\theta})}{\partial\theta\partial\theta\partial\theta}(\widehat{\theta}_n - \theta_0)^2 = 0$$

[*2] Cramér-Rao の不等式については稲垣(2003)などを参照．

を得る．ここで $\tilde{\theta}$ は θ_0 と $\widehat{\theta}_n$ を両端にもつ閉区間内の点である．これより

$$\sqrt{n}\,(\widehat{\theta}_n - \theta_0)$$

$$= \cfrac{\dfrac{1}{\sqrt{n}} \displaystyle\sum_{i=1}^{n} \dfrac{\partial \log f(X_i|\theta_0)}{\partial \theta}}{-\dfrac{1}{n} \displaystyle\sum_{i=1}^{n} \dfrac{\partial^2 \log f(X_i \mid \theta_0)}{\partial \theta \partial \theta} - \dfrac{1}{2n} \displaystyle\sum_{i=1}^{n} \dfrac{\partial^3 \log f(X_i \mid \tilde{\theta})}{\partial \theta \partial \theta \partial \theta}(\widehat{\theta}_n - \theta_0)}$$

と書ける．式(3)を使うと，中心極限定理[*3]により分子は $N(0, I(\theta_0))$ に法則収束する．また，分母の 3 階微分の項が 2 階微分の項に比べて無視しうるほど小さいことを仮定しておくと，大数の法則により分母は $-E_{\theta_0}\left[\dfrac{\partial^2}{\partial \theta \partial \theta} \log\right.$ $\left. f(X_i \mid \theta_0)\right]$ という値に確率収束するが，式(3)よりこれは $I(\theta_0)$ に一致する．したがって Slutsky の補題により $\sqrt{n}\,(\widehat{\theta}_n - \theta_0)$ は $N(0, I(\theta_0)^{-1})$ に法則収束することがわかる．

　本稿で議論する特異モデルでは，先の証明に必要な仮定の多くが成り立たない．ある場合には真のパラメータ θ_0 がパラメータ空間の境界上にあったり，他の例では Fisher 情報行列が逆行列をもたなかったりする．そのような場合には先述の証明がそのままでは適用できないばかりか，そもそも漸近分布が正規でなかったり，$\sqrt{n}$ のスケール変換では収束しなかったりするという一見異常な現象が見られる．それらに共通の見方を与えようとするのが本稿の目的である．

　本稿では最尤推定量の漸近的挙動を調べる際，主に**最大対数尤度比**（maximum log likelihood ratio）を通して考える．これは，真のパラメータが θ_0 であるとき

$$L_n(\theta) = \sum_{i=1}^{n} \log \frac{f(X_i|\theta)}{f(X_i|\theta_0)}$$

の記法のもと

$$\sup_{\theta \in \Theta} L_n(\theta)$$

により定義される統計量である．最尤推定量 $\widehat{\theta}_n$ が存在する場合には

[*3]　中心極限定理，大数の法則，Slutsky の補題などに関しては付録 1 を参照．

$$\sup_{\theta \in \Theta} L_n(\theta) = L_n(\widehat{\theta}_n)$$

が成り立つ. 本稿では誤解のない限り, 最大対数尤度比を単に尤度比とよ
ぶことにする.

尤度比は, サンプル $X_1, \cdots, X_n$ を生成するモデルのパラメータ θ が θ_0
であるか否かの統計的検定(尤度比検定, likelihood ratio test)のための統計
量(尤度比検定統計量)として用いることができる. すなわち, 棄却点とよ
ばれる定数 c に対し

$L_n(\widehat{\theta}_n) < c$ のとき仮説 $\theta = \theta_0$ を受容し,

$L_n(\widehat{\theta}_n) \geq c$ のとき仮説 $\theta = \theta_0$ を棄却する($\theta \neq \theta_0$ と判断する)

とする統計的推測である. 検定の対象の命題 $\theta = \theta_0$ は帰無仮説とよばれ,
またその否定 $\theta \neq \theta_0$ は対立仮説とよばれる. 棄却点 c は, あらかじめ与え
られた定数 $\alpha (0 < \alpha < 1)$ に対し,

$$\Pr(L_n(\widehat{\theta}_n) \geq c \mid \theta = \theta_0) = \alpha$$

を満たすように α の関数 $c = c_\alpha$ として決めておく. α は, $\theta = \theta_0$ が真であ
るときに $\theta \neq \theta_0$ であると誤判断する確率であり, 第1種の誤り, あるいは
検定のサイズとよばれる. 棄却点 c を決めるためには, $\theta = \theta_0$ であるとき
の $L_n(\widehat{\theta}_n)$ の分布が必要となる. この分布は, 帰無仮説のもとでの分布と
いう意味で, 帰無分布とよばれることがある. 本稿の主要な目標のひとつ
は, 特異モデルにおける尤度比検定統計量の帰無分布がどのようなもので
あるかを見ていくことである.

最尤推定量の漸近正規性と類似の正則条件のもと, 漸近正規性と $L_n(\theta)$
の Taylor 展開を用いると,

$$L_n(\widehat{\theta}_n)$$
$$= \frac{1}{2} \left(\frac{1}{\sqrt{n}} \sum_{i=1}^{n} \frac{\partial \log f(X_i|\theta_0)}{\partial \theta} \right)^T I(\theta_0)^{-1} \left(\frac{1}{\sqrt{n}} \sum_{i=1}^{n} \frac{\partial \log f(X_i|\theta_0)}{\partial \theta} \right)$$
$$+ o_p(1)$$

と表わされることがわかる[*4]. これにより

[*4] $o_p(1)$ や $O_p(1)$ については付録1を参照.

$$2L_n(\widehat{\theta}_n) \Longrightarrow \chi_m^2 \qquad (n \to \infty)$$

という法則収束が示される．ここで χ_m^2 は自由度 m のカイ 2 乗分布であり，m はパラメータ θ の次元に一致する．χ_m^2 は密度関数

$$g_m(x) = \frac{1}{2^{m/2}\Gamma(m/2)} x^{\frac{m}{2}-1} e^{-\frac{1}{2}x} \qquad (x \geq 0,\ \Gamma(t)\ はガンマ関数)$$

をもつ確率分布で，標準正規分布に従う独立な m 個の確率変数の 2 乗和の分布としてよく知られている．カイ 2 乗分布への法則収束は，漸近正規性と同様，正則な漸近理論の基本的事実である．この事実から正則条件を満たす場合には，尤度比検定の棄却点 c_α を，漸近近似の意味で自由度 m のカイ 2 乗分布の上側 $100\alpha\%$ 点とおくことができる．

　本稿が尤度比に主眼を置いているのは，次のような理由にもよる．モデル $\mathcal{S} = \{f(x|\theta) \mid \theta \in \Theta\}$ に対し，f_0 を真の密度関数とするとき，

$$\sup_{\theta \in \Theta} L_n(\theta) = \sup_{f \in \mathcal{S}} \sum_{i=1}^n \log \frac{f(X_i)}{f_0(X_i)}$$

と書き直せば明らかなように，定義されている確率密度関数族が同一である限り，尤度比はパラメトリゼーションに依存しない量である．したがって尤度比を考察することは，パラメトリゼーションに依存しない性質，すなわち「モデル」の性質を調べていることになる[*5]．

　以上の観点に立って本稿では最尤推定量に関する漸近理論を主に論じるが，もっと一般の推定量に関しても同様の漸近正規性や漸近カイ 2 乗性が導かれることが知られている（van der Vaart, 1998, 5 章）．しかしながら本稿では特異点に関する現象をなるべく簡単に知ってもらうために，6 章を除いては最尤推定量を中心に議論する．

　最尤推定量の漸近正規性は，AIC（Akaike information criterion）や MDL（minimum description length）といったモデル選択規準にも深く関わっている．確率分布の差異をはかるために，密度関数 $f_0(x)$ から $f_\theta(x)$ への

[*5] もちろん問題によってはパラメータに物理的な意味づけがあり，パラメータの挙動そのものが知りたい場合もある．しかし特異モデルの場合には，パラメータの統計的挙動はパラメトリゼーションに依存してきわめて複雑な様相を呈し，現状では一般的な結果を述べるのは難しい．

Kullback-Leibler(KL)ダイバージェンス(KL ダイバージェンス)

$$K(f_0 \| f_\theta) = \int f_0(x) \log \frac{f_0(x)}{f_\theta(x)} d\nu$$

がよく用いられる．KL ダイバージェンスはつねに非負で，2 つの確率分布が等しいときに限り 0 となる．f_0 に関する期待値をサンプルで置き換えたものを $\widehat{K}_n(\theta)$ とおくと，尤度比との間に

$$\widehat{K}_n(\theta) = -\frac{1}{n} \sum_{i=1}^{n} \log \frac{f_\theta(X_i)}{f_0(X_i)} = -\frac{1}{n} L_n(\theta)$$

なる関係をもつので，尤度最大化は KL ダイバージェンス最小化を目的としていると考えてもよい．

いま，f_0 からのサンプル $X_n = (X_1, \cdots, X_n)$ にもとづく推定量 $\widehat{\theta}$ の良さを，真の密度関数 f_0 からの KL ダイバージェンスによってはかり，そのサンプルによる期待値

$$E_{X_n}[K(f_0 \| f_{\widehat{\theta}})]$$

を予測誤差とよぶことにしよう．ここで，モデルが正則条件を満たし，$\widehat{\theta}$ がその最尤推定量であるとき，漸近正規性と Taylor 展開を用いると，

$$E_{X_n}[K(f_0 \| f_{\widehat{\theta}})] - E_{X_n}[\widehat{K}_n(\widehat{\theta})] = \frac{m}{n} + o(n^{-1})$$

であることが示される．この事実は AIC の理論的基礎づけとなっている．しかしながら，本稿で論じるような特異モデルでは，最尤推定量の漸近正規性が成立しておらず，AIC をそのまま用いることは理論的に妥当性をもっていない．また，MDL 規準の導出もやはり漸近正規性を用いており，それが成り立たないモデルに適用することはできない．

（b）パラメータの識別不能性——有限混合モデル

識別不能なパラメータをもつ統計モデルの例として有限混合モデルについて説明する．有限混合モデル(finite mixture model)は，パラメータ a をもった確率密度関数 $p(x|a)$ に対して，

$$f(x \,|\, \theta) = \sum_{k=1}^{K} c_k \, p(x \,|\, a_k)$$

により定義される統計モデルである．ここで，$\{c_k\}$ は $\sum_{k=1}^{K} c_k = 1$ を満たす非負実数であり，モデルのパラメータは $\theta = (a_1, \cdots, a_K, c_1, \cdots, c_K)$ である[6]．このモデルは K 個の同種の分布（コンポーネントとよばれる）を $c_1 : c_2 : \cdots : c_K$ の比率で混ぜ合わせた形をしており，単一の分布では当てはめにくい複雑な構造をもったデータのモデル化によく用いられる．有限混合モデルの一般的な話題については McLachlan と Peel(2000)が詳しい．

各コンポーネントが平均 μ，分散共分散行列 Σ の d 次元正規分布

$$\phi_d(x \mid \mu, \Sigma) = \frac{1}{\sqrt{(2\pi)^d \det \Sigma}} \exp\left\{ -\frac{1}{2}(x - \mu)^T \Sigma^{-1}(x - \mu) \right\} \quad (4)$$

からなるモデルは，正規混合モデル（normal mixture model）またはガウス混合モデル（Gaussian mixture model）とよばれ，図 1(a)のような多峰性の分布を表わすのによく用いられる．多変量正規分布の有限混合モデルは，図 1(b)のような複数のかたまりをもつデータをモデル化する目的に使うことができ，クラスタリング手法とも密接な関係がある．

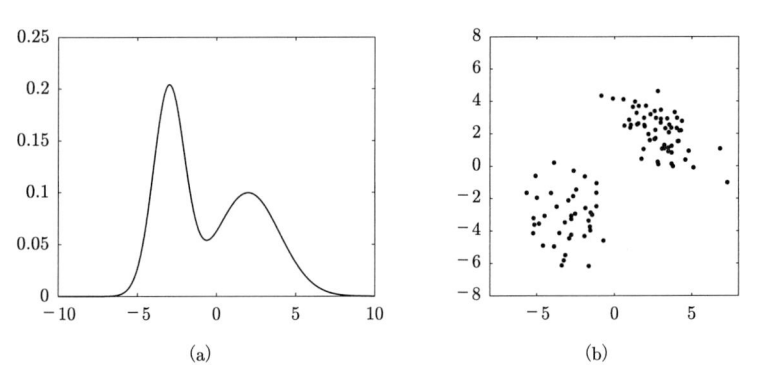

図 1 正規混合モデル．(a)確率密度関数（1 次元，2 コンポーネント）．(b)サンプルの散布図（2 次元，2 コンポーネント）．

さて，2 個のコンポーネントをもつ 1 次元正規分布の混合モデルを考え，さらに簡単のため，分散はともに 1 に固定し，一方の平均パラメータは 0

---

[6] $\sum_{k=1}^{K} c_k = 1$ の制約があるので本来は $c_1, \cdots, c_{K-1}$ などをパラメータとすべきであるが，ここでは冗長な表現のままにしてある．

14 | 1 特異点をもつ統計モデル

であるとしよう．このモデルは

$$f(x|\theta) = c\,\phi(x\,|\,\mu, 1) + (1-c)\phi(x\,|\,0, 1) \qquad (5)$$

と表わされる．ここでパラメータ $\theta = (c, \mu)$ は $\Theta = [0, 1] \times \mathbb{R}$ を動く．いま，真の確率分布が標準正規分布 $\phi(x|0, 1)$ であると仮定し，パラメータ空間 Θ のどの点が $\phi(x|0, 1)$ を与えるかを考えてみよう．単一の正規分布はコンポーネントが 1 個の混合モデル（実際は混合されていない）とみなせるが，このように，設定したモデルよりも小さいサイズのモデルに真の分布が含まれると仮定する状況は，モデルサイズの検定やモデル選択の問題に頻繁に出現する．このモデルでは $c = 0$ のとき第 1 コンポーネントが消えて，任意の μ に対して $f(x|\theta) = \phi(x|0, 1)$ が成り立つ．また，$\mu = 0$ とすると 2 つのコンポーネントは一致し，混合比 c がどんな値でも $f(x|\theta) = \phi(x|0, 1)$ である．逆にこれ以外のパラメータが $\phi(x|0, 1)$ を与えないのは明らかなので，$f(x|\theta) = \phi(x|0, 1)$ となるパラメータ集合は図 2 に示される 1 次元連続集合

$$\Theta_0 = \{\theta \mid c = 0, \mu \in \mathbb{R}\} \cup \{\theta \mid \mu = 0, 0 \le c \le 1\}$$

に一致し，パラメータと確率分布が 1 対 1 に対応していない．さらに $\theta_1 = (c_1, \mu_1) \notin \Theta_0$ なる場合には，$f(x|\theta_1) = f(x|\theta_2)$ を満たす $\theta_2 = (c_2, \mu_2) \in \Theta$ は $\theta_2 = \theta_1$ に限られる．このことは，$c_1 \ne 0$ から

$$\frac{c_2}{c_1} = \frac{\exp(\mu_1 x - \mu_1^2/2) - 1}{\exp(\mu_2 x - \mu_2^2/2) - 1}$$

であるが，$\mu_1 \ne \mu_2$ であれば $x \to \infty$ か $x \to -\infty$ に対して右辺が無限大に発散することからすぐにわかる．したがって，パラメータと確率分布は $\Theta \setminus \Theta_0$ では 1 対 1 に対応し，Θ_0 は全体が同一の分布を定めている．

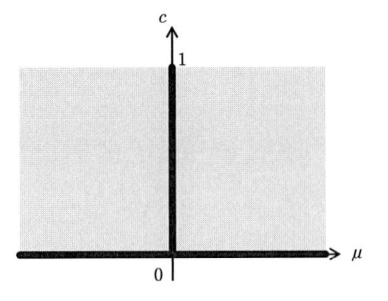

図 2 　正規混合モデル（式(5)）における識別不能なパラメータ

この例のように，パラメータ空間 Θ の点 θ に対し，θ を含む 1 次元以上の Θ の部分多様体[*7]が存在し，その部分多様体上の任意の点が同一の確率分布を定めているとき，パラメータ θ は（連続的）識別不能[*8]であるという．

ここでは正規混合モデルの例を説明したが，識別不能性が有限混合モデルのコンポーネントの種類に依存しないことは容易に理解できると思う．また，一般に $(K+1)$ 個のコンポーネントをもつモデルのパラメータ空間の中で，K 個のコンポーネントで実現可能な密度関数を表わすパラメータが識別不能になることも，まったく同様の議論により示すことができる．

さて，統計モデルにおいて真のパラメータが識別不能だとすると通常の統計的漸近理論は成立しない．実際，m 次元パラメータ空間 Θ の中で識別不能な真のパラメータ θ_0 に対し，θ_0 と同一の確率密度関数を与える曲線に沿った方向微分を考えると，ある方向 $a = (a_1, \cdots, a_m)^T \neq 0$ に対して

$$\sum_{i=1}^{m} a_i \frac{\partial}{\partial \theta^i} \log f(x|\theta_0) = 0$$

であることがわかる．すると $a^T I(\theta_0) a = 0$ により Fisher 情報行列は退化しており，本節(a)項でみたような漸近正規性は成立しない．

正規混合モデル以外の例として，2 項分布の有限混合モデルも本稿でしばしばとりあげる．2 項分布 $\mathrm{Bin}(m, p)$ とは，確率 p で 1 が，確率 $1-p$ で 0 が出る m 回の独立試行において 1 の出た回数の分布であり，1 が x 回出る確率 $h^{(m)}(x; p)$ は

$$h^{(m)}(x; p) = \binom{m}{x} p^x (1-p)^{m-x} \qquad (0 \leq x \leq m) \qquad (6)$$

で与えられる．2 つのコンポーネントをもつ混合モデルとして，

$$f(x|\theta) = c\, h^{(m)}(x; p) + (1-c) h^{(m)}(x; 1/2), \quad \theta = (c, p) \qquad (7)$$

が考えられるが，このモデルは遺伝学において 2 つの遺伝子の遺伝的距離を測るための遺伝連鎖解析（genetic linkage analysis）において重要である．

[*7] 多様体に関する基本的な定義は付録 2 に述べた．ここでは滑らかな連続部分集合のことだと理解しておけば十分である．なじみのない読者もあまり気にせず読み進めてほしい．

[*8] $\theta_1 \neq \theta_2$ なる 2 つのパラメータに対して $f(x|\theta_1) = f(x|\theta_2)$ であるとき，パラメータ θ_1, θ_2 は識別不能とよばれることが多い．しかし本稿では「識別不能」を連続的識別不能の意味で用いることにする．

16 | 1 特異点をもつ統計モデル

正規混合モデルの場合とまったく同様に，このモデルでは，遺伝的な連鎖が
ない状態にあたる $\mathrm{Bin}(m, 1/2)$ を表わすパラメータが識別不能となる．こ
のモデルについては 1.2 節(b)項で触れた後，連鎖解析における応用やその
尤度比検定について 2 章で詳しくとりあげる．

(c) パラメータ空間が境界をもつモデル——単調回帰

特異モデルのもうひとつの代表例である，境界をもったパラメータ空間
について単調回帰の例を通して説明する．

一般に回帰分析(regression analysis)とは，確率変数 Y の，他の確率変
数(ベクトル)X への依存関係を調べる統計的方法である．変数 Y は応答変
数あるいは目的変数(response variable)，変数 X は説明変数(explanatory
variable)などとよばれる．回帰問題をパラメトリック推定として扱うため
には，条件付確率に関する統計モデル $\{p(y|x;\theta) \mid \theta \in \Theta\}$ を設定し，与え
られたサンプル $(X_1, Y_1), \cdots, (X_n, Y_n)$ をよく説明するようにパラメータ θ
を推定する．X が与えられたときの Y の条件付平均 $E[Y|X]$ は回帰曲線と
よばれ，依存関係を調べるのに有用である．

もっともよく知られた回帰モデルのひとつは線形回帰モデルである．こ
れは，X と Y の確率的依存関係を

$$Y_i = aX_i + b + Z_i$$

というノイズ Z_i を加えた線形の関係式によって表わす．

ここではさらに簡単な回帰の例として，X_i が有限個の値 $d_1 \leq d_2 \leq \cdots \leq$
d_m をとり，各 $k(1 \leq k \leq m)$ に対する条件付平均 $E[Y|X=d_k]$ が推定す
べきパラメータである場合を考えよう．パラメータを $\theta_k = E[Y|X=d_k]$ に
よって表わし，サンプル $(X_1, Y_1), \cdots, (X_n, Y_n)$ が

$$X_i = d_{k_i}, \quad Y_i = \theta_{k_i} + Z_i \quad (1 \leq i \leq n, 1 \leq k_i \leq m)$$

に従うとする．ここで Z_i は簡単のため，平均 0，分散 σ^2 の正規分布による
独立同分布に従うとする(図 3)．θ_k の最尤推定量 $\tilde{\theta}_k$ は，各 $k(1 \leq k \leq m)$
に対し $X_i = d_k$ なるサンプル $I_k = \{i \in \{1, \cdots, n\} \mid X_i = d_k\}$ のみに依存し，

$$\tilde{\theta}_k = \frac{1}{|I_k|} \sum_{i \in I_k} Y_i \qquad (= \bar{Y}_{(k)} \text{ とおく})$$

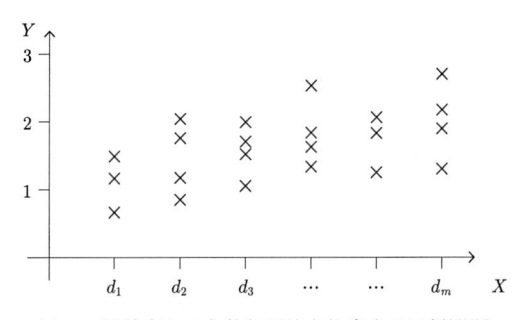

図 3　離散点上の条件付平均を推定する回帰問題

で与えられる．ここで $|I_k|$ は集合 I_k の要素数を表わす．

　この回帰問題に対してパラメータの単調性を仮定しよう．データに関する事前知識として，X の値が大きいほど Y の値は大きくなりやすいことがわかっているとき，この知識はパラメータ θ_k に対して

$$\theta_1 \leq \theta_2 \leq \cdots \leq \theta_m \tag{8}$$

という制約の存在としてモデルに組み込むことができる．このような単調性を仮定した回帰モデルは**単調回帰**（isotonic regression）とよばれ，たとえば薬の効用を調べる問題などに現われる．X は投与した薬の量であり，用量 d_1 から d_m までの薬の量が n 人の被験者に与えられ，それぞれの被験者に対して薬の効用を示す値が Y_i として計測される．もし薬にまったく効用がなかったとすると，$\theta_1 = \theta_2 = \cdots = \theta_m$ であるが，少しでも効用があると θ_k は k に対して単調に増加すると考えられ，式(8)の仮定は自然である．

　この問題における θ_k の最尤推定量を求めてみよう．ここではさらに問題を単純化して，各 k に対して $|I_k|$ が一定値 r であり，パラメータ θ_k はすべて非負であると仮定する．このときパラメータ空間 Θ は

$$\Theta = \{\theta = (\theta_1, \cdots, \theta_m) \in \mathbb{R}^m \mid 0 \leq \theta_1 \leq \cdots \leq \theta_m\}$$

となる．たとえば $m = 2$ の場合のパラメータ空間の形状は図 4 のようになる．m 次元ベクトル $\theta = (\theta_1, \cdots, \theta_m)$ の最尤推定量 $\widehat{\theta}$ は，

$$\min_{\theta \in \Theta} \sum_{k=1}^{m} \sum_{i \in I_k} (Y_i - \theta_k)^2$$

を達成する θ で与えられる．制約のない場合の最尤推定量 $\tilde{\theta}_k = \bar{Y}_{(k)}$ を用い

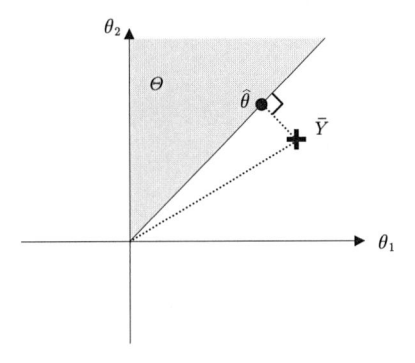

図 4 制約のあるパラメータ空間

てこれを展開すると，$\sum_{i \in I_k} (Y_i - \bar{Y}_{(k)}) = 0$ に注意して，

$$\min_{\theta \in \Theta} \sum_{k=1}^{m} \sum_{i \in I_k} (Y_i - \theta_k)^2 = \min_{\theta \in \Theta} r \sum_{k=1}^{m} (\bar{Y}_{(k)} - \theta_k)^2 + 定数$$

を得る．したがって最尤推定量 $\hat{\theta}$ は，制約のない場合の最尤推定量 $\bar{Y} = (\bar{Y}_{(1)}, \cdots, \bar{Y}_{(m)})$ からユークリッド距離が最小になる Θ の点として与えられる（図4）．

いま真のパラメータ θ_0 が $\theta_{0,1} = \cdots = \theta_{0,m} = 0$ を満たすと仮定しよう．この点はパラメータ空間 Θ の頂点に位置している．本節(a)項の例と同様，$\bar{Y}$ は原点を中心とした正規分布に従うことがわかるが，そこから最短距離にある Θ の点は $\bar{Y}$ の位置によって特徴的に変化する．$m = 2$ の場合を考えると，図5のように $\mathbb{R}^2$ を4つの領域に分割したとき，$\bar{Y}$ が領域 I（パラメータ空間 Θ）にあれば $\hat{\theta} = \bar{Y}$，領域 II, III にあればそれぞれに近い Θ の境界への射影が $\hat{\theta}$ であり，領域 IV にあれば $\hat{\theta} = 0$ である．したがって，$\hat{\theta}$ は明らかに正規分布とは異なった分布をもつ．この例から，一般にモデルが境界や頂点などの特異点を有しているとき，真のパラメータがその特異点に位置する場合の推定量の挙動は，真のパラメータがパラメータ空間の内点に存在する場合と大きく異なり得ることが容易に想像できよう．

（d）識別不能性とモデルの特異点

単調回帰の例のようにパラメータ空間が境界をもつ領域であるとき，境

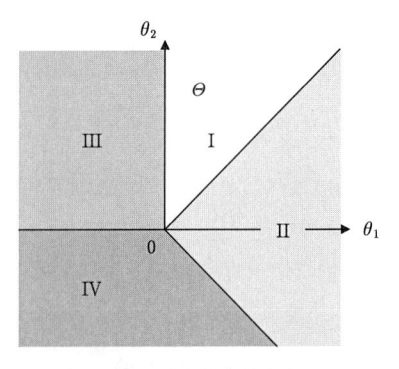

図 5 　単調回帰の最尤推定量を求めるための
パラメータ空間の分割

界に位置するパラメータは「特異点」とよぶにふさわしい．なぜならその
点はパラメータ空間の中にユークリッド的開近傍をもたないので，Taylor
展開など通常の解析的手法を適用できないからである．一方，本節(b)項で
述べた識別不能性は一見するとまったく異なる状況に思えるが，実はこれ
もモデルの「特異点」と考えることができる．このことをランクの低い行
列の例を使って説明しておこう．

　式(1)と同様に，平均ベクトルをパラメータにもつ 3 次元正規分布モデ
ルを考え，3 次元ベクトル (X_1, X_2, X_3) を 2×2 対称行列

$$X = \begin{pmatrix} X_1 & X_2/\sqrt{2} \\ X_2/\sqrt{2} & X_3 \end{pmatrix}$$

という形で表わすことにする(非対角成分 X_2 に $1/\sqrt{2}$ を掛けたのは $\mathrm{tr}[AB]$
をユークリッド内積 $\sum_{i=1}^{3} A_i B_i$ に一致させるためであり本質的な話ではない)．
平均値も同様に 2×2 対称行列で表わす．この中で，平均ベクトルを表わ
す行列のランクが 1 以下，すなわち平均ベクトルが非正則な 2×2 対称行
列全体で与えられる統計モデルを考える．

　以降，簡単のため $w(\xi) = (\cos \xi, \sin \xi)^T$ により 2 次元単位ベクトルを表
わす．ランク 1 以下の 2×2 対称行列全体は固有値分解により

$$A(\xi, \lambda) = \lambda w(\xi) w(\xi)^T \tag{9}$$

20 │ 1 特異点をもつ統計モデル

というパラメトリゼーションをもつ. これを用いてパラメータ $\theta = (\xi, \lambda)$ を
もつ統計モデル

$$f(X|\xi, \lambda) = \frac{1}{(2\pi)^{3/2}} \exp\left\{-\frac{1}{2}\operatorname{tr}\left[(X - A(\xi, \lambda))^T (X - A(\xi, \lambda))\right]\right\}$$

を定めよう. ξ は $[0, 2\pi)$ を動くが, $w(\xi)$ の周期性から 2π と 0 を同一視す
ることにより $[0, 2\pi)$ は単位円周 S^1 と考えてよいので, パラメータ空間は
$\Theta = S^1 \times \mathbb{R}$ である. このモデルは原点 $A = O$ に対応するパラメータに識
別不能性をもっている. 実際, $\lambda = 0$ とすると任意の ξ に対して $A(\xi, 0)$ は
零行列に一致する. したがって, $\Theta_0 = S^1 \times \{0\}$ という円周上の任意の点が
$N_3(0, I_3)$ に対応する同一の確率密度関数を定めている(図6(a)).

ところがパラメトリゼーションを変えると, このモデルはパラメータ空
間に特異点をもつモデルとみなせる. 2×2 非正則対称行列全体は

$$\Omega = \left\{ \begin{pmatrix} a & b \\ b & c \end{pmatrix} \middle| ac - b^2 = 0 \right\}$$

と書けるので, Ω をパラメータ空間にもつモデル

$$g(X|B) = \frac{1}{(2\pi)^{3/2}} \exp\left\{-\frac{1}{2}\operatorname{tr}\left[(X - B)^T (X - B)\right]\right\} \qquad (B \in \Omega)$$

を考えると, 当然 $\{f(X|\theta) \mid \theta \in \Theta\} = \{g(X|B) \mid B \in \Omega\}$ となり, 2つのモ
デルはまったく同一である.

Ω を $\mathbb{R}^3$ の部分集合と見たときの形状を調べておこう. まず, 任意の $B \in \Omega$
と $\alpha \geq 0$ に対し $\alpha B \in \Omega$ なので, Ω は錐を成している. 錐の形を知るには
これを生成する集合を知ればよいが, このためには式(9)のパラメトリゼー
ションが役立つ. 実際, 式(9)は Ω が 2×2 対称行列内の単位球上の部分
集合 $\{w(\xi)w(\xi)^T \mid \xi \in [0, 2\pi)\}$ で張られることを示している. ここでは厳密
な証明は省くが, Ω は原点対称な位置にある2つの円周で張られる錐であ
り, $\mathbb{R}^3$ 内で書くと図6(b)のようになっている.

Ω によるパラメトリゼーションでは, 正規分布の平均値モデルの部分モ
デルとして, パラメータ B と確率密度関数 $g(X|B)$ との対応が1対1であ
り識別不能性はない. そのかわり, パラメータ空間 Ω は図6(b)に示した
ような滑らかでない点, すなわち特異点をもっている. Θ では識別不能な

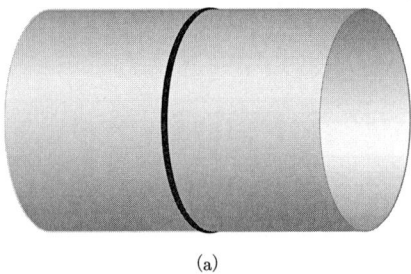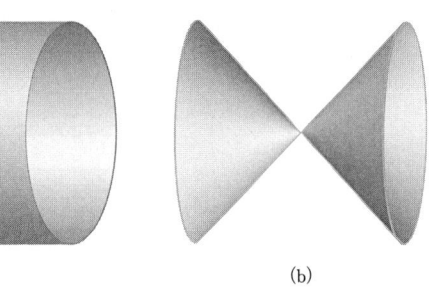

(a)　　　　　　　　　　　　　　　　(b)

図 6　(a)固有値分解によるパラメータ空間.識別不能性があ
る.(b)正規分布モデルの部分モデルとしての表現.滑らか
でない点,すなわち特異点がある.

パラメータ集合であった Θ_0 が,Ω では 1 点に縮退して特異点に対応する.

　このようにみると,実はパラメータの識別不能性はモデルの特異点の別表現であり,パラメータ空間が滑らかになるように特異点を引き伸ばしたに過ぎないことが理解できると思う.尤度比のようにパラメトリゼーションに依存しない性質を考察する際には,確率分布の集合,すなわち特異点をもった統計モデルとして議論すれば,両者を区別する必要はない.

　先の例では統計モデルが,3 次元正規分布の平均値モデルという簡単なモデルの部分集合として埋め込まれていたが,一般にはそのような便利なモデルの存在を期待することはできない.たとえば本節(b)項で述べた正規混合モデルの場合,5 章で詳しく述べるように,それを含む簡単な統計モデルは存在しない.しかしながら,確率密度関数全体の空間の中で考えた場合,周囲のパラメータが確率密度関数と 1 対 1 に対応しているのに対して,識別不能なパラメータ集合が 1 点に縮まることにより次元の縮退がおき,滑らかでない点すなわち特異点が生じることは先の例と同様である.以上の考察をもとに,次節で特異点と特異モデルを一般に定義する.

1.2　特異モデル──接ベクトル集合の特異な構造

　統計的漸近理論は真のパラメータの近傍での推定量のふるまいを考察する.したがって統計モデルの局所的な性質が重要となる.滑らかな多様体

の局所的な性質は局所線形近似である接空間によってよく記述された．特異点の近傍の様子を記述するには，接空間の一般化である接錐を導入するのが便利である．接錐は，統計的な用語に従えばスコア関数ないしは有効スコアが張る錐のことである．

　本節では，まず滑らかな多様体の場合である正則モデルを定義した後，正則モデルの部分モデルとして実現されている統計モデルに対して接錐と特異点を定義する．一般の統計モデルに対する接錐の定義はその後に行い，2つの定義が同じものであることを示す．このような説明の順序は論理的には冗長であるが，定義の意味がより理解しやすいと考え，あえてこのようにした．

（a）　接錐と特異点——正則モデルの部分モデルの場合

■正則モデル

　まず正則モデルを定義しておこう．正則モデルは最尤推定量の一致性と漸近正規性という通常の漸近理論が成立するようなモデルである．本稿では以下の条件を満たすモデルを正則モデルとよぶことにする．

　定義1　$\mathcal{R}$ を測度空間 $(\mathfrak{X}, \mathfrak{B}, \nu)$ 上の統計モデル（確率密度関数の族）とする．$\mathcal{R}$ が正則（regular）であるとは，$\mathbb{R}^m$ の開集合 Ω による $\mathcal{R}$ のパラメトリゼーション $\mathcal{R} = \{f(x|\omega) \mid \omega \in \Omega\}$ があって，以下の条件を満たすことをいう．

　（i）（識別性）　ほとんどすべての x に対し $f(x|\omega_1) = f(x|\omega_2)$ ならば，$\omega_1 = \omega_2$ である．

　（ii）任意の ω に対し $f(x|\omega)$ は x の関数として共通の台をもつ．

　（iii）（一致性）　任意の $\omega \in \Omega$ に対して，$X_1, \cdots, X_n$ が f_ω で定まる確率に従う独立同分布サンプルであるとき，任意の $\delta > 0$ に対し

$$\Pr(\text{最尤推定量 } \widehat{\omega}_n \text{ が存在して } \|\widehat{\omega}_n - \omega\| < \delta) \to 1 \qquad (n \to \infty).$$

　（iv）任意の ω において $\log f(x|\omega)$ の ω に関する 3 階微分がほとんどすべての x について存在する．

　（v）任意の $\omega_0 \in \Omega$ に対し，ω_0 を含む Ω の開集合 N_0 と関数 $H(x)$ が存在し，任意の $\omega \in N_0$ について

$$\left| \frac{\partial^3 \log f(x|\omega)}{\partial \omega^i \partial \omega^j \partial \omega^k} \right| < H(x)$$

かつ $E_\omega[H(x)] < M < \infty$($M$ は ω に依らない定数)が成り立つ.

(vi) 任意の ω に対して Fisher 情報行列

$$I(\omega) = (I_{ab}(\omega)), \quad I_{ab}(\omega) = E_\omega\left[\frac{\partial \log f(x|\omega)}{\partial \omega^a} \frac{\partial \log f(x|\omega)}{\partial \omega^b} \right]$$

は有界で正定値である. ▌

条件の(iv)〜(vi)は主に漸近正規性を保証するために必要であるが,それらがどのように使われるのかは,2.3 節で最尤推定量の漸近展開を行う際に確認してほしい.ここでは Fisher 情報行列の正定値性のみを用いる.

一致性については本稿では定義の条件に含めた.一致性を保証するための正則条件にはさまざまな与え方が知られているが,広いクラスをカバーする条件を与えるのが難しいため,特定の正則条件によって正則モデルの定義を与えることは避けた.もっともよく知られた正則条件は Wald(1949)によるもので,次のような条件が仮定される.

仮定 1(Wald 条件) 任意の $\omega_0 \in \Omega$ と開集合 U に対して

$$h_{\omega_0,U}(x) = \sup_{\omega \in U} \log \frac{f(x|\omega)}{f(x|\omega_0)}$$

とおくとき $h_{\omega_0,U}$ は可測で,$\omega \in \Omega$ と $\rho > 0$ に対して $V_\rho(\omega) = \{\omega' \in \Omega \mid \|\omega' - \omega\| < \rho\}$,$r > 0$ に対して $U_r = \{\omega \in \Omega \mid \|\omega\| > r\}$ と定めると,

$$\lim_{\rho \downarrow 0} E_{\omega_0}[h_{\omega_0, V_\rho(\omega)}(x)] < \infty \quad (\omega \in \Omega \text{ は任意})$$

$$\lim_{r \to \infty} E_{\omega_0}[h_{\omega_0, U_r}(x)] < 0$$

が成り立つ. ▌

仮定 1 と定義の条件(i), (ii)のもとでの最尤推定量の一致性は van der Vaart(1998)をはじめ多くの教科書に述べられているのでここでは省略するが,5.2 節(a)項において類似の証明を行うのでそちらも参考にしていただきたい.

正則モデルの定義は本質的にパラメトリゼーションに依存しない.実際,Θ を $\mathbb{R}^m$ の開集合とし,C^3 級写像 $\varphi: \Omega \to \Theta$ が全単射かつすべての点で

非特異な微分写像をもつとき，$\theta = \varphi(\omega)$ をパラメータにとっても正則モデルの条件が成り立つ．これは容易なので読者自ら確認してほしい．

　幾何学的に見ると，確率密度関数全体の空間の中で，正則モデルは Ω を座標系にもつ滑らかな多様体と考えることができる（甘利と長岡，1993；本シリーズ第 2 巻『統計学の基礎 II』第 III 部）．滑らかな多様体上の点の近傍の線形近似は接空間によって与えられる．付録 2 に述べたように，$\mathbb{R}^d$ に埋め込まれた m 次元多様体（$m \leq d$）の接空間は，埋め込み写像 $\varphi(\omega) = (\varphi^1(\omega), \cdots, \varphi^d(\omega))$ の微分 $\left(\dfrac{\partial \varphi^1(\omega)}{\partial \omega^j}, \cdots, \dfrac{\partial \varphi^d(\omega)}{\partial \omega^j} \right) (1 \leq j \leq m)$ という m 個のベクトルで張られる $\mathbb{R}^d$ 内の線形部分空間と同一視することができた．これはいいかえると，点 ω を始点とする多様体内の滑らかな曲線の微分によって決まる方向を全部集めてきたものといってよい．

　正則な統計モデル $\mathcal{R}$ の接空間は，

$$\Psi(\omega) = \log f(x|\omega)$$

という埋め込み写像の微分によって定義するのがよい．この写像の値域は関数空間であり一般には有限次元ではないが，$\Psi(\omega)$ の微分

$$\frac{\partial \log f(x|\omega_0)}{\partial \omega^j} \qquad (1 \leq j \leq m) \tag{10}$$

の張る m 次元線形部分空間を $\mathcal{R}$ の ω_0 における接空間 $T_{\omega_0}\mathcal{R}$ と同一視するのである．なお，正則モデルの条件(vi)からこれら m 個の関数が一次独立であることが保証されている．式(10)の関数は，スコア関数あるいは有効スコアとよばれ，統計的漸近理論において重要な役割を果たす．すでに本稿でも，Fisher 情報行列の定義をはじめ 1.1 節(a)項の漸近正規性の説明で頻繁にこれを用いた．

　正則モデルの重要なクラスに指数型分布族（exponential family）がある．以下では簡単に事実のみを述べるので，詳しくは Brown(1986)などを見ていただきたい．$(\mathfrak{X}, \mathfrak{B}, \nu)$ を測度空間とする．可測関数 $b : \mathfrak{X} \to \mathbb{R}$ と $\mathbb{R}$ 上一次独立な可測関数 $a_j : \mathfrak{X} \to \mathbb{R}(1 \leq j \leq m)$ に対して，$\mathbb{R}^m$ 上の関数 ψ を

$$\psi(\theta) = \log \int \exp\left(\sum_{j=1}^m \theta^j a_j(x) \right) d\nu(x) \qquad (\theta \in \mathbb{R}^m)$$

により定義する．積分が発散するときは $\psi(\theta) = \infty$ とする．

$$\Theta = \{\theta \in \mathbb{R}^m \mid \psi(\theta) < \infty\}$$

とおくとき，ν, a_j により定まる指数型分布族とは，$\theta \in \Theta$ に対して

$$f(x|\theta) = \exp\left(\sum_{j=1}^{m} \theta^j a_j(x) - \psi(\theta)\right)$$

という確率密度関数をもつ統計モデルのことである．以降本稿では Θ が開集合と仮定する．パラメータ θ は自然パラメータとよぶことがある．また，関数 ψ はキュムラント母関数とよばれる凸関数で，

$$\frac{\partial \psi(\theta)}{\partial \theta^i} = E_\theta[a_i(x)], \quad \frac{\partial^2 \psi(\theta)}{\partial \theta^i \partial \theta^j} = \mathrm{Cov}_\theta(a_i(x), a_j(x))$$

などモーメントやキュムラントとの関係式が知られている．

　正規分布は指数型分布族の例である．実際，正規分布 $N_m(\mu, \Sigma)$ は，$\theta = \Sigma^{-1}\mu$ と $\Xi = \Sigma^{-1}$ を自然パラメータとして

$$\phi_m(x|\mu, \Sigma)$$
$$= \exp\left\{\theta^T x + \mathrm{tr}\left[\Xi\left(-\frac{1}{2}xx^T\right)\right] - \frac{1}{2}\theta^T \Xi^{-1}\theta + \frac{1}{2}\log\det\Xi\right.$$
$$\left. - \frac{m}{2}\log(2\pi)\right\}$$

により指数型分布族となる．また有限集合上の離散確率分布も指数型分布族である．$m+1$ 点集合上の確率分布は，第 $j+1$ 成分だけが 1 である $m+1$ 次元ベクトルを $e_j = (0, \cdots, 0, 1, 0, \cdots, 0)(0 \le j \le m)$ とおくと，$x \in \{e_0, \cdots, e_m\}$ に対しパラメータ $\omega = (\omega_0, \cdots, \omega_m)$ をもつ確率密度関数

$$g(x|\omega) = \prod_{j=0}^{m} \omega_j^{x_j}, \tag{11}$$

$$\omega \in \Upsilon_m = \left\{\omega \in \mathbb{R}^{m+1} \,\middle|\, \sum_{j=0}^{m} \omega_j = 1, \, 0 < \omega_j < 1 \, (0 \le j \le m)\right\}$$

により表わされる（確率が 0 になる点はないものとしておく）．$\theta^j = \log(\omega_j/\omega_0)(1 \le j \le m)$ により自然パラメータを導入すると，

$$g(x|\omega) = \exp\left\{\sum_{j=1}^{m} \theta^j x_j - \log\left(1 + \sum_{k=1}^{m} e^{\theta^k}\right)\right\}$$

と変形でき，指数型分布族であることがわかる．

指数型分布族は，比較的弱い条件のもとで識別性と一致性を満たすことが知られており，正則モデルとなる．正則モデルの他の条件は，ψ が Θ 上の解析関数になるという事実を認めると，定義から簡単に確認できる．先に例として述べた正規分布や有限離散分布の場合には，識別性は自明であり，また一致性は大数の法則により直接容易に証明できる．以降本稿で指数型分布族という場合には，識別性と一致性を満たし，正則モデルであるものを意味することにする．

■接錐と特異点

次に正則モデルの部分モデルを考えよう．正則モデル $\mathcal{R} = \{f(x|\omega) \mid \omega \in \Omega\}$ に対し，Ω の部分集合 Θ があって，統計モデルが $\mathcal{S} = \{f(x|\theta) \mid \theta \in \Theta\}$ により与えられているとする．$f_0 \in \mathcal{S}$ の $\mathcal{S}$ における近傍の様子を知るには，ここでも一次近似である接ベクトルの全体を考えるのが自然であろう．しかしながら，1.1 節で見たように $\mathcal{S}$ は必ずしも滑らかな構造をもっているとは限らない．では，一般に滑らかとは限らない集合に対して接ベクトルはどのように定義すべきだろうか．実は，$\mathbb{R}^m$ の任意の部分集合とその集合内の点に対し，以下のように「接錐」を定義することができる．

定義 2 A を $\mathbb{R}^m$ の部分集合，θ を A の閉包の点とするとき，集合

$$\left\{ h \in \mathbb{R}^m \,\middle|\, \theta \text{ に収束する } A \text{ の点列 } \theta_n \text{ と非負実数列 } r_n \text{ があって} \right.$$
$$\left. h = \lim_{n \to \infty} r_n(\theta_n - \theta) \right\}$$

のことを A の θ における**接錐**(tangent cone)といい $C_\theta A$ で表わす．接錐の元を**接ベクトル**(tangent vector)とよぶ．

この定義で，$\theta_n \to \theta$ であるから，もし $h \neq 0$ であれば $r_n \to \infty$ でなければならない．そこで $\varepsilon_n = 1/r_n$ とおいて

$$h = \lim_{n \to \infty} \frac{\theta_n - \theta}{\varepsilon_n}$$

と書くと，微分の形とよく似ている．このことからもわかるように，接ベクトルは θ における C の一次近似になっている（図 7）．また，$\mathbb{R}^m$ 内の微分可能な曲線 $\varphi(t)(t \in [0,1])$ が任意の t に対し $\varphi(t) \in A$ かつ $\varphi(0) = \theta$ であ

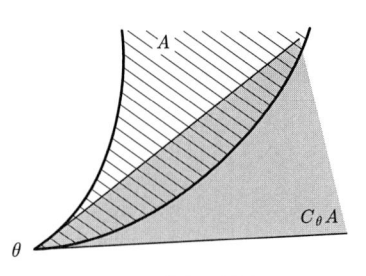

図 7 集合の接錐

るとき，微分の定義から明らかなように $\dfrac{d}{dt}\varphi(0)$ は接ベクトルを与える．

以降，集合 A の閉包を $\mathrm{cl}A$ で，A の内点を $\mathrm{int}A$ で，また $a \in \mathbb{R}^m$ に対し集合 A の平行移動を $A+a = \{x \in \mathbb{R}^m \mid x+a \in A\}$ で表わす．$A-a = A+(-a)$ の記法も用いる．さらに非負実数全体を $\mathbb{R}_+$ と書くことにし，集合 B で張られる錐 $\{\lambda x \mid \lambda \in \mathbb{R}_+, x \in B\}$ を $\mathbb{R}_+B$ で表わす．また，m 次元単位球面を S^m と書く．

接錐の定義は次のようにいいかえることが可能である．

補題 1 A を $\mathbb{R}^m$ の部分集合，$\theta \in \mathrm{cl}A$ とする．θ が A の孤立点の場合は $Y = \{0\}$，θ が A の集積点の場合

$$Y = \left\{ y \in S^{m-1} \;\middle|\; \theta \text{ に収束する } A \text{ の点列 } \theta_n \text{ があって} \right.$$
$$\left. y = \lim_{n \to \infty} \frac{\theta_n - \theta}{\|\theta_n - \theta\|} \right\}$$

とおくとき，

$$C_\theta A = \mathbb{R}_+ Y$$

である． ∎

証明は定義からすぐにわかるので，読者自ら確認してほしい．次の補題は接錐に関する基本的事項である．

補題 2 $A, B \subset \mathbb{R}^m$，$\theta \in A \cap B$ とするとき以下が成り立つ．

(1) 接錐 $C_\theta A$ は閉錐（閉集合である錐）である．

(2) $A \subset B$ のとき $C_\theta A \subset C_\theta B$ である．

(3) U が θ を含む $\mathbb{R}^m$ の開集合であるとき，$C_\theta(A \cap U) = C_\theta A$．

(4) $C_\theta(A \cup B) = C_\theta A \cup C_\theta B$．

(5) $C_\theta A = C_\theta(\mathrm{cl}A)$.

(6) U を A を含む開集合とし，$\psi : U \to \mathbb{R}^m$ を C^1 級写像とすると，$d\psi_\theta(C_\theta A) \subset C_{\psi(\theta)}\psi(A)$. ここで $d\psi_\theta$ は ψ の θ における微分写像である.

(7) U, V を $\mathbb{R}^m$ の開集合，$\psi : U \to V$ を C^1 級微分同相写像とする. $A \subset U$ とすると，$C_{\psi(\theta)}\psi(A) = d\psi_\theta(C_\theta A)$. ▮

証明 (1)$h \in C_\theta A$ と $\lambda \geq 0$ に対して $\lambda h \in C_\theta A$ は定義より明らかなので $C_\theta A$ は錐である. また $C_\theta A$ の点列 h_n が $h \in \mathbb{R}^m$ に収束するとき，任意の n に対してある $r_{n,k} \geq 0$ と $\theta_{n,k}$ があって，$\lim_{k\to\infty} r_{n,k}(\theta_{n,k} - \theta) = h_n$ であるから，各 n に対して適当に k_n をとると，$r_{n,k_n}(\theta_{n,k_n} - \theta) \to h$ とすることができ，$h \in C_\theta A$. よって $C_\theta A$ は閉である. (2)と(3)は定義より明らか. (4)$C_\theta A \cup C_\theta B \subset C_\theta(A \cup B)$ は定義から明らかなので逆のみ示す. 任意に $h \in C_\theta(A \cup B)$ をとると，非負実数列 r_n と $\theta_n \to \theta$ なる $A \cup B$ の点列 θ_n があって $h = \lim_{n\to\infty} r_n(\theta_n - \theta)$ であるが，$\{\theta_n\}$ の部分列があって $\{\theta_{n_j}\} \subset A$ か $\{\theta_{n_j}\} \subset B$ のいずれかが成り立つ. これは $h \in C_\theta A \cup C_\theta B$ を意味する. (5)$A \subset \mathrm{cl}A$ より $C_\theta A \subset C_\theta(\mathrm{cl}A)$ なので逆を示せばよい. $h \in C_\theta(\mathrm{cl}A)$ に対し $h = \lim_{n\to\infty} r_n(\bar\theta_n - \theta)$ なる非負実数列 r_n と θ に収束する $\mathrm{cl}A$ の点列 $\bar\theta_n$ をとる. $h = 0$ なら示すことはないので，$h \neq 0$ としてよい. このとき，必要なら部分列をとることにより $r_n > 0$ としてよい. 閉包の定義から任意の n に対して $\|\theta_n - \bar\theta_n\| \leq \dfrac{1}{nr_n}$ なる A の点 θ_n をとると $r_n(\theta_n - \theta) \to h$ が示せる. (6)任意の $h \in C_\theta A$ に対し，$h = \lim_{n\to\infty} r_n(\theta_n - \theta)$ なる非負実数列 r_n と $\theta_n \to \theta$ なる A の点列 θ_n をとる. $\psi^i(1 \leq i \leq m)$ の Taylor 展開により，θ_n と θ を結ぶ線分上の適当な点 $\tilde\theta_n$ をとると，$r_n(\psi^i(\theta_n) - \psi^i(\theta)) = r_n \dfrac{\partial \psi^i(\tilde\theta_{n,i})}{\partial\theta}(\theta_n - \theta) \to \dfrac{\partial \psi^i(\theta)}{\partial\theta}h$. よって $d\psi_\theta(h) \in C_{\psi(\theta)}\psi(A)$. (7)$\psi^{-1}$ に対して(6)を用いると $d\psi^{-1}_{\psi(\theta)}(C_{\psi(\theta)}\psi(A)) \subset C_\theta A$ であるが，両辺を $d\psi_\theta$ で変換すると，$C_{\psi(\theta)}\psi(A) \subset d\psi_\theta(C_\theta A)$ を得る. (6)と合わせて (7) が成り立つ. ▮

接錐の具体的な形はどのように求めればよいであろうか. 星型集合というクラスに対しては接錐がわかりやすい形で与えられる. $\mathbb{R}^m$ の部分集合 A と $a_0 \in A$ に対し，A が a_0 について**星型である**（star-shaped）とは，任意

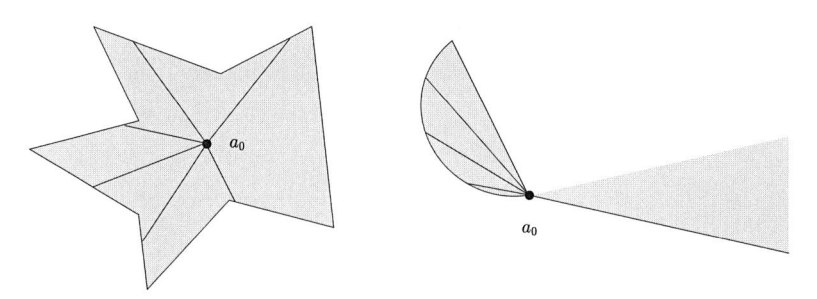

図 8 星型集合の例

の $x \in A$ と $c \in [0,1]$ に対して $a_0 + c(x - a_0) \in A$ であることをいう. 図 8 は星型集合の例を表わしている.

補題 3 $A \subset \mathbb{R}^m$ が $a_0 \in A$ について星型であるとき
$$C_{a_0} A = \mathrm{cl}\big(\mathbb{R}_+(A - a_0)\big)$$
が成り立つ. とくに $A - a_0$ が錐ならば $C_{a_0} A = \mathrm{cl}(A - a_0)$ である. ▮

証明 $u \in C_{a_0} A$ とすると, 非負実数列 r_n と A の点列 x_n があって $r_n(x_n - a_0) \to u$ であるが, 左辺は $\mathbb{R}_+(A - a_0)$ に含まれるので $u \in \mathrm{cl}\big(\mathbb{R}_+(A - a_0)\big)$ である. 逆に任意の $x \in A$ と $t > 0$ に対し, $x - a_0 = \lim_{t \to +0} \frac{1}{t} \cdot t(x - a_0)$ であるが, A が星型であることから $t \in [0,1]$ に対し $t(x - a_0) \in A - a_0$ なので $x - a_0 \in C_{a_0} A$, すなわち $A - a_0 \subset C_{a_0} A$ である. $C_{a_0} A$ は閉錐であるので $\mathrm{cl}\big(\mathbb{R}_+(A - a_0)\big) \subset C_{a_0} A$ を得る. ▮

補題 3 は有限混合モデルなどの接錐を求める際に役立つ. またこの補題により, もとの集合 A が閉錐であれば接錐は A に一致する. たとえば, 1.1 節(d)項で見た 2 行 2 列非正則対称行列全体の空間 Ω は $\mathbb{R}^3$ の中で閉錐をなしていた. したがって原点 0 における接錐は Ω そのものである.

接錐を表現するのにその生成集合を用いると便利である. 集合が「錐」的なパラメトリゼーションをもつ場合には, 以下のように生成集合は簡単に計算できる.

定理 1 K を $(k-1)$ 次元の(境界のある)コンパクト多様体とし, Θ を $\mathbb{R}^m$ の部分集合とする. $\theta_0 \in \Theta$ に対し, $K \times \{0\}$ を含む $K \times \mathbb{R}_+$ の開集

合 U と，θ_0 の $\mathbb{R}^m$ における開近傍 V と，U から $\mathbb{R}^m$ への C^1 級写像[*9]φ があって，$\varphi(U) = V \cap \Theta$，$\varphi^{-1}(\theta_0) = K \times \{0\}$，また任意の $a \in K$ に対し $\left.\dfrac{\partial \varphi(a, t)}{\partial t}\right|_{t=0} \neq 0$ と仮定する．このとき，Θ の θ_0 における接錐 $C_{\theta_0}\Theta$ は，曲線 $t \mapsto \varphi(a, t)$ のつくる接ベクトル集合 $\left\{ \dfrac{\partial \varphi(a, 0)}{\partial t} \,\middle|\, a \in K \right\}$ によって張られる錐である． ▮

証明 $\mathbb{R}_+ \left\{ \dfrac{\partial \varphi(a, 0)}{\partial t} \,\middle|\, a \in K \right\} \subset C_{\theta_0}\Theta$ なので逆を示せばよい．任意の $u \in C_{\theta_0}\Theta$ に対し，非負実数列 $\{r_n\}$ と θ_0 に収束する Θ の点列 $\{\theta_n\}$ で $u = \lim\limits_{n \to \infty} r_n(\theta_n - \theta_0)$ なるものをとる．仮定により，十分大きい n に対して $(a_n, t_n) \in U$ が存在して，$\varphi(a_n, t_n) = \theta_n$ とできる．ここで $t_n \to 0$ であり，また K はコンパクトであるので，必要ならば部分列をとることにより，はじめから $a_n \to a_0 \in K$ としてよい．このとき，任意の $1 \leq i \leq m$ に対して，Taylor 展開により

$$
\begin{aligned}
u^i &= \lim_{n \to \infty} r_n(\varphi^i(a_n, t_n) - \varphi^i(a_0, 0)) \\
&= \lim_{n \to \infty} r_n \left\{ \left(\varphi^i(a_n, t_n) - \varphi^i(a_n, 0) \right) + \left(\varphi^i(a_n, 0) - \varphi^i(a_0, 0) \right) \right\} \\
&= \lim_{n \to \infty} r_n \left\{ \frac{\partial \varphi^i(a_n, \tilde{t}_{n,i})}{\partial t} t_n + \frac{\partial \varphi^i(\tilde{a}_{n,i}, 0)}{\partial a}(a_n - a_0) \right\}
\end{aligned}
$$

が成り立つ．ここで，$\tilde{a}_{n,i}$ は a_0 と a_n の間の値，$\tilde{t}_{n,i} \in [0, t_n]$ である（K には a_0 の近傍に座標系を入れたと解釈する）．任意の $a \in K$ に対して $\varphi(a, 0) = \theta_0$ であるから $\dfrac{\partial \varphi^i(\tilde{a}_{n,i}, 0)}{\partial a} = 0$ を得る．したがって，

$$
u^i = \lim_{n \to \infty} \frac{\partial \varphi^i(a_n, \tilde{t}_{n,i})}{\partial t} r_n t_n \tag{12}
$$

が成り立つ．仮定により $\dfrac{\partial \varphi^i(a_0, 0)}{\partial t} \neq 0$ なる i があるのでそのような i をひとつ固定すると，φ が C^1 級であることから，ある正定数 $\varepsilon > 0$ があって十分大きい任意の n に対して $\left| \dfrac{\partial \varphi^i(a_n, \tilde{t}_{n,i})}{\partial t} \right| \geq \varepsilon$ が成り立つ．u^i は定数であるから式(12)より $r_n t_n$ は有界列でなければならない．よって適当な部分列をとると $r_{n_\ell} t_{n_\ell} \to \lambda \in \mathbb{R}_+$ とできる．任意の i について，この部分列に対し式(12)を使うと $u = \lambda \dfrac{\partial \varphi(a_0, 0)}{\partial t}$ が得られる． ▮

[*9] $K \times \{0\}$ における微分可能性，連続性は右微分可能，右連続の意味で考える．

この定理では，すべての接ベクトルが曲線 $t \mapsto \varphi(a, t)$ の微分により与えられることが重要である．またこの定理から，部分集合が部分多様体である場合には接錐は接ベクトル空間 $T_{\theta_0}\Theta$ に一致することがわかる．実際，部分多様体の定義により，$\mathbb{R}^m$ の θ_0 の近傍の局所座標系 $(\zeta^1, \cdots, \zeta^m)$ で，θ_0 が原点に対応し，Θ が $(\zeta^1, \cdots, \zeta^k, 0, \cdots, 0)$ の形で書けるものが存在する．

$$\varphi : S^{k-1} \times \mathbb{R}_+ \ni (a^1, \cdots, a^k, t) \mapsto (ta^1, \cdots, ta^k, 0, \cdots, 0) \in \Omega$$

と定義すると，$\dfrac{\partial \varphi(a, 0)}{\partial t}$ は $a \in S^{k-1}$ の方向の方向微分になるので，a が S^{k-1} のすべての点を動けば，Θ に沿った任意の方向ベクトルが得られる．

話を正則モデルの部分モデルに戻そう．正則モデル $\mathcal{R} = \{ f(x|\omega) \mid \omega \in \Omega \}$ の m 次元パラメータ ω を使うと，$\mathcal{R}$ の部分モデル $\mathcal{S}$ は $\mathbb{R}^m$ の部分集合とみなせるので，その接錐 $C_{\theta_0}\Theta$ を考えることができる．式(10)でみたように $T_{f_0}\mathcal{R}$ を $\dfrac{\partial \log f(x|\omega)}{\partial \omega^i}$ $(1 \leq i \leq m)$ の張るベクトル空間と同一視すると，$\mathcal{S}$ の $f_0 = f(x|\theta_0)$ における接錐は，このベクトル空間の部分集合

$$C_{f_0}\mathcal{S} = \left\{ \sum_{i=1}^{m} \zeta^i \frac{\partial \log f(x|\omega)}{\partial \omega^i} \ \middle| \ \zeta = (\zeta^i) \in C_{\theta_0}\Theta \right\} \tag{13}$$

と同一視してよい．とくに定理1は，錐型のパラメトリゼーションによってモデルが定義されているとき，1次元部分モデル $\mathcal{S}_a = \{ f(x|\varphi(a, t)) \mid t \geq 0 \}$ の f_{θ_0} におけるスコア関数を

$$u(x; a) = \frac{\partial}{\partial t} \log f(x|\varphi(a, t)) \Big|_{t=0} = \sum_{i=1}^{m} \frac{\partial \varphi^i(a, 0)}{\partial t} \frac{\partial \log f(x|\theta_0)}{\partial \omega^i}$$

とおけば，$C_{f_0}\mathcal{S} = \mathbb{R}_+ \{ u(x; a) \mid a \in K \}$ であることを主張している．したがって，接錐 $C_{f_0}\mathcal{S}$ は f_0 におけるスコア関数全体に他ならず，接錐が数理統計的に重要な概念であることがわかると思う．

ここで正則モデルのパラメータ変換 $\psi : \Omega \to \Pi, \omega \mapsto \pi$ を考えると，2つの接錐 $C_{\theta_0}\Theta$ と $C_{\pi_0}\psi(\Theta)$ $(\pi_0 = \psi(\theta_0))$ との間には，補題2で見たように，ψ の微分 $\dfrac{\partial \pi(\theta_0)}{\partial \omega}$ によって $\dfrac{\partial \pi(\theta_0)}{\partial \omega}(C_{\theta_0}\Theta) = C_{\pi_0}\psi(\Theta)$ なる関係がある．パラメータ空間で見た $C_{\theta_0}\Theta$ と $C_{\pi_0}\psi(\Theta)$ は見かけ上異なる集合であるが，スコア関数としてみた式(13)の接錐を考えると，

$$\xi^T \frac{\partial \log f(x|\theta_0)}{\partial \omega} = \xi^T \frac{\partial \pi(\theta_0)}{\partial \omega} \frac{\partial \log \tilde{f}(x|\pi_0)}{\partial \pi} \qquad (\xi \in C_{\theta_0}\Theta)$$

（$\tilde{f}(x|\pi)$ はパラメータ π で表わした密度関数）

により，ω と π で与えられる $C_{f_0}\mathcal{S}$ はまったく同じである．したがって式(13)の表現はパラメトリゼーションに依存しておらず，これこそが接錐の実体と考えるのが自然である．次節においてこの考えをより一般的な立場から正当化する．

以上の事実を踏まえて，統計モデルの特異点を次のように定義しよう．

定義 3　統計モデル $\mathcal{S}$ を正則モデルの部分モデルとするとき，$f \in \mathcal{S}$ が $\mathcal{S}$ の**特異点**(singularity)であるとは，$\mathcal{S}$ の f における接錐 $C_f\mathcal{S}$ がベクトル空間でないことをいう．特異点をもつ統計モデルを**特異モデル**という．　▮

部分多様体の接錐は接空間であったので，正則モデルの部分モデルに対して，特異点は必ず滑らかでない点である．逆に多様体の意味で滑らかな点でないときに，先の定義の意味で特異点になっているかというと，これを成立させるためには病的な例を除くために細かな条件が必要となる．本稿の目的は幾何学を構築することではなく最尤推定量の漸近理論であるので，数学的な美しさにはこだわらずこの定義で話を進める．

■接錐の例：2項分布の有限混合モデル

2項分布の有限混合モデル(7)に対して，特異点 $\mathrm{Bin}\left(m, \dfrac{1}{2}\right)$ における接錐を求めてみよう．この接錐は2章で活躍する．

2項分布の有限混合モデル(7)は，$0, 1, \cdots, m$ に値をとる離散分布である．ここでは簡単のために $p \neq 0, 1$ とする．このとき，この確率分布は，どの $0, 1, \cdots, m$ についても 0 でない確率をもつため，式(11)で与えた $m+1$ 点集合上の確率分布族の全体（これはパラメータ Υ_m をもつ正則モデルであった）の部分モデルである．

この2項分布の有限混合モデルは，2項分布 $\mathrm{Bin}\left(m, \dfrac{1}{2}\right)$ に対応するパラメータに識別不能性をもっていた．この点における接錐を具体的に求め，これが特異点であることを示そう．

式(7)において値 x をとる確率 q_x は，

$$q_x = q_x(c,p) = ch_x(p) + (1-c)h_x\left(\frac{1}{2}\right)$$

と書ける．ここで

$$h_x(p) = h^{(m)}(x;p) = \binom{m}{x}p^x(1-p)^{m-x}$$

とおいた．このモデルのパラメータ空間は，正則モデルのパラメータ空間 Υ_m の部分集合

$$\Theta = \{q(c,p) = (q_0(c,p),\cdots,q_m(c,p)) \mid p \in (0,1),\ c \in [0,1]\} \quad (14)$$

である．また $\mathrm{Bin}(m,p)$ に対応する Υ_m の点は $h(p) = (h_0(p),\cdots,h_m(p))$ である．

$$q(c,p) = c\left\{h(p) - h\left(\frac{1}{2}\right)\right\} + h\left(\frac{1}{2}\right)$$

と書き直すとわかるように，このモデルが Υ_m 内でつくる集合 Θ は $h\left(\frac{1}{2}\right)$ について星型である．よって補題 3 により接錐は

$$C_{h\left(\frac{1}{2}\right)}\Theta = \mathrm{cl}\mathbb{R}_+\left(\Theta - h\left(\frac{1}{2}\right)\right)$$
$$= \left\{\lambda\left(h(p) - h\left(\frac{1}{2}\right)\right) \in \mathbb{R}^{m+1}\,\middle|\,\lambda \in \mathbb{R}_+,\ p \in [0,1]\right\}$$

である．

図 9 は $m = 2$ の場合のパラメータ空間を座標 (q_1, q_2) によって図示したものである．点線で示した 45 度線より下の三角形が離散分布の全体を表わすパラメータ空間 Υ_m である．網掛け表示された領域がモデルのパラメータ空間 Θ であり，領域 $p > \dfrac{1}{2}$, $p < \dfrac{1}{2}$ および 1 コンポーネントモデル $\mathrm{Bin}\left(m,\dfrac{1}{2}\right)$ を表す端点 $h\left(\dfrac{1}{2}\right)$ から構成される．図 10 に示したのは，点 $h\left(\dfrac{1}{2}\right)$ における Θ の接錐である．点 $h\left(\dfrac{1}{2}\right)$ の近傍で，Θ と接錐が実際に接していることは視覚的にも明らかであろう．

なお，有限混合分布の接錐の構造については，Lindsay(1995)にも詳しい説明がある．

34 1 特異点をもつ統計モデル

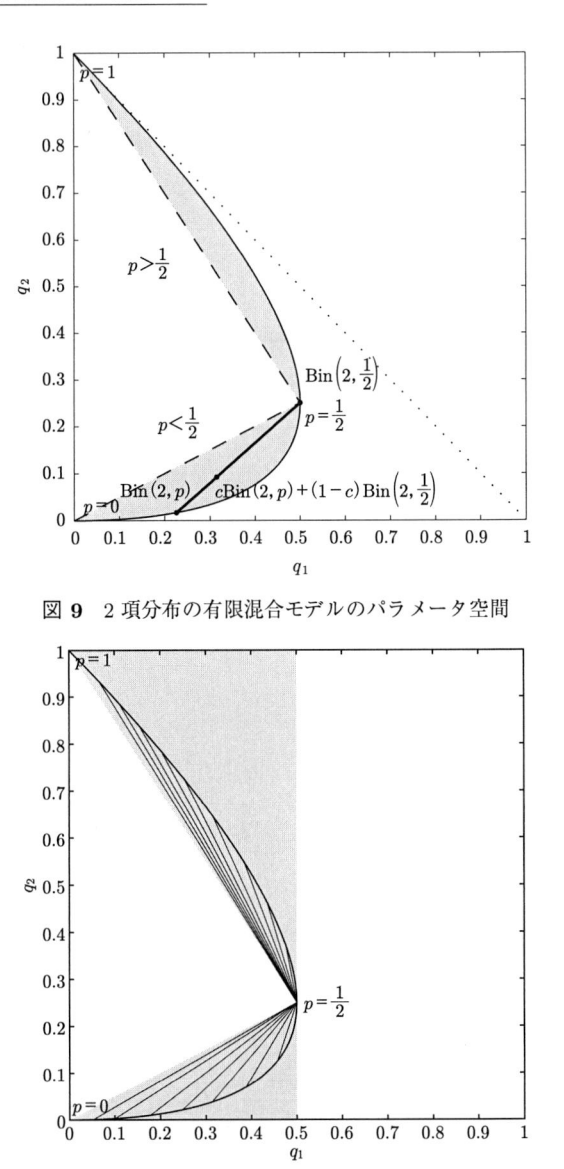

図 9 2項分布の有限混合モデルのパラメータ空間

図 10 特異点における接錐

1.2 特異モデル | 35

（b）接錐と特異点——一般の場合への拡張

前項では正則モデルの部分モデルに対してのみ接錐を定義した．1.1 節（c）項の単調回帰モデルや，1.1 節（d）項の対称行列の例，2 項分布の有限混合モデルはこのクラスに入っていたが，統計モデルがつねに正則モデルの部分モデルとして実現されるわけではない．5 章で述べるが，正規混合モデルはそれを含む正則モデルが存在しない例になっている．そのようなモデルに対しても，パラメータ空間の点列を使って接ベクトルを定義することは一見可能だと思われるかもしれないが，実は微妙な問題を含んでいる．これも 5 章で述べるが，パラメータの位相と確率密度関数としての位相が必ずしも一致していないので，パラメータの点列による素朴な定義の拡張では，局所的な性質を反映すべきベクトルがすべて得られるとは限らない．

ここでは，前項の議論を 2 乗可積分関数のなす関数空間へ拡張することにより，一般の統計モデルに対して接錐を定義し，正則モデルの部分モデルの場合にはそれが前項の定義と一致することを示す．本項の議論は 5 章まで用いることはないので，そこで再び振り返ってもらうとよい．

まず，関数空間である L^2 空間について簡単に復習しておこう．測度空間 $(\mathfrak{X}, \mathfrak{B}, \nu)$ に対し，$L^2(\nu)$ とは

$$L^2(\nu) = \left\{ f : \mathfrak{X} \to \mathbb{R} \ \middle| \ f \text{ は可測で} \int |f(x)|^2 d\nu < \infty \right\}$$

で定義される 2 乗可積分関数の空間のことである[*10]．関数空間 $L^2(\nu)$ には

$$(f, g) = \int f(x) g(x) d\nu(x)$$

により内積が導入でき，この内積により $L^2(\nu)$ はヒルベルト空間となる．ヒルベルト空間とは，内積をもつベクトル空間で，その内積が引き起こすノルムが完備[*11]なものである．$L^2(\nu)$ は一般には無限次元の関数空間であ

[*10] 厳密には，測度 0 の集合上のみで値が異なる関数を同一視した商空間として定義する必要がある．

[*11] ノルム付ベクトル空間 $(V, \|\cdot\|)$ が完備であるとは，V の任意のコーシー列がある V の点に収束することをいう．

る. L^2 空間に関して本稿で用いる重要な事実は，後で出てくる例ではそれが無限次元であり直交する方向を無限個もつという点である.

$\mathcal{S}$ を測度空間 $(\mathfrak{X}, \mathfrak{B}, \nu)$ 上の確率密度関数の族，すなわち統計モデルとする. $f \in \mathcal{S}$ で定まる確率測度 P_f に対し，$L^2(f) = L^2(P_f)$ と記す. 以降，$\mathcal{S}$ に属する密度関数は共通の台をもつとし，任意の $f, g \in \mathcal{S}$ に対し

$$\log \frac{f}{g} \in L^2(f)$$

を仮定する.

定義 4 $f_0 \in \mathcal{S}$ に対し，$h \in L^2(f_0)$ が $\mathcal{S}$ の f_0 における接ベクトル(tangent vector)であるとは，$\mathcal{S}$ の系列 $\{f_n\}_{n=1}^{\infty}$ と正数列 $\{r_n\}_{n=1}^{\infty}$ があって

$$\log \frac{f_n}{f_0} \to 0 \quad かつ \quad r_n \log \frac{f_n}{f_0} \to h$$

が $L^2(f_0)$ の収束の意味で成り立つことをいう. $\mathcal{S}$ の f_0 における接ベクトル全体を**接錐**(tangent cone)といい，$C_{f_0}\mathcal{S}$ で表わす. ▌

接錐が閉錐であることなどは補題 2 と同様である.

この定義は，関数の集合 $\left\{ \log \dfrac{f}{f_0} \in L^2(f_0) \,\middle|\, f \in \mathcal{S} \right\}$ を $L^2(f_0)$ の部分集合と見て接錐をとったことに他ならない. 1.2 節(a)項で述べた部分集合の接錐の定義は，実は一般のノルム付ベクトル空間の部分集合であればまったく同様に適用できることに注意してほしい. また，系列ではなく $L^2(f_0)$ 内の曲線 $\varphi_t = \log \dfrac{f_t}{f_0}$ ($t \in [0,1]$)があって，$L^2(f_0)$ の意味で

$$\lim_{t\downarrow 0} \varphi_t = 0 \quad かつ \quad \lim_{t\downarrow 0} \frac{\varphi_t}{t} = h$$

であれば，もちろん $h \in C_{f_0}\mathcal{S}$ である.

定義 5 パラメータ空間 $\Theta \subset \mathbb{R}^m$ をもつ統計モデル $\mathcal{S}$ の点 f_0 が**特異点**であるとは，$C_{f_0}\mathcal{S}$ が有限次元ベクトル空間でないことと定義する. ▌

次の定理は，広いクラスの正則モデルの部分モデルに対して，本節で述べた $L^2(f_0)$ の意味での接錐 $C_{f_0}\mathcal{S}$ が，前節式(13)の表現と一致していることを示している. よって正則モデルの部分モデルの場合には，特異点の 2 つの定義は同値である. この定理の証明は 5 章で与えることにする.

定理 2 $\mathcal{R} = \{f(x|\omega) \mid \omega \in \Omega\}$ は $\mathbb{R}^m$ の開集合 Ω をパラメータ空間にも

つ正則モデルで，指数型分布族であるか Wald 条件(仮定 1)を満たすとする．Θ を Ω の部分集合，$\theta_0 \in \Theta$ とし，$\mathbb{R}^m$ の部分集合 Θ の θ_0 における接錐を K_{θ_0} で表わす．$\mathcal{R}$ の部分モデル $\mathcal{S}$ を $\mathcal{S} = \{f(x|\theta) \in \mathcal{R} \mid \theta \in \Theta\}$ により定めると，$\mathcal{S}$ の f_0 における接錐 $C_{f_0}\mathcal{S}$ は次のように与えられる．

$$C_{f_0}\mathcal{S} = \left\{ \xi^T \frac{\partial}{\partial \omega} \log f(x|\theta_0) \ \middle| \ \xi \in K_{\theta_0} \right\}. \qquad \blacksquare$$

1.3 特異モデルのさまざまな例

本節では，今まで述べたもののほかに，さまざまな場面で用いられている特異モデルの具体例を示す．まず正則モデルの部分モデルの例である多次元尺度法モデルの簡単な場合を説明する．その他に紹介する非線形回帰，多層ニューラルネットワーク，隠れマルコフモデル，変化点問題は，一般には正則モデルの部分モデルとして実現されないクラスである．これに関しては主に 5 章で議論する．

(a) 統計モデルとしての多次元尺度法

半正定値(あるいは正定値)行列は，確率ベクトルの分散共分散行列をはじめ，さまざまな場面に現われる重要な行列のクラスである．n 次元実対称行列全体 $\mathrm{Sym}(n)$ は，n 行 n 列実行列全体のなす n^2 次元ベクトル空間 $M(n \times n; \mathbb{R})$ の $\frac{1}{2}n(n+1)$ 次元部分空間であり，$M(n \times n; \mathbb{R})$ のユークリッド内積 $\langle A, B \rangle = \mathrm{tr}[AB^T]$ から引き起こされる内積により $\mathbb{R}^{\frac{1}{2}n(n+1)}$ と同型になる[*12]．ベクトル空間 $\mathrm{Sym}(n)$ の中で，半正定値行列全体は閉凸錐をなしている．またランクが $r(<n)$ 以下の半正定値行列全体 $\mathrm{SPD}_r(n)$ は凸ではないが，閉錐をなす．$\mathrm{SPD}_r(n)$ は集合 $\mathrm{SPD}_{r+1}(n)$ の境界に位置しており[*13]，この幾何学的構造はいろいろな統計モデルの特異点として現

[*12] この $\mathrm{Sym}(n)$ の内積は $A = (A_{ij})$ と $B = (B_{ij})$ に対して $2 \sum\limits_{1 \le i < j \le n} A_{ij} B_{ij} + \sum\limits_{i=1}^{n} A_{ii} B_{ii}$ となる．対角成分だけ係数が違うことに注意せよ．

[*13] $\mathrm{SPD}_r(n)$ の階層構造については，たとえば Barvinok(2002)，Kuriki と Takemura(2001)を参照．

38 | 1 特異点をもつ統計モデル

われる. 本項ではそのような例のひとつとして, 統計モデルとしてみた多次元尺度法[*14](multidimensional scaling, MDS)の特異性について述べる. また, $\mathrm{SPD}_r(n)$ の特異性が関わる別の例として, 2.2 節でランダム係数回帰モデルを説明する.

MDS は, n 個のデータ $a_1, \cdots, a_n$ の相互の距離情報

$$D_{ij} = \frac{1}{2}\|a_i - a_j\|^2 \qquad (15)$$

が与えられているとき, a_j を $\mathbb{R}^r$ 内のベクトルだと仮定して, 距離行列 D からデータの空間配置を復元する手法であり, 低次元空間によるデータ構造抽出やデータ可視化の方法としてよく用いられる. もちろん平行移動や回転など距離を不変にする変換を受けたものはすべて同じとみなす.

MDS は確率分布を用いずに論じられる場合も多いが, D_{ij} の観測に誤差がともなうと考えると統計的推定の問題として定式化できる. ここでは D_{ij} に各成分独立なガウスノイズが加わると考え,

$$X_{ij} = D_{ij} + Z_{ij}, \quad Z_{ij} \sim N(0, \sigma^2) \qquad (1 \le i < j \le n) \qquad (16)$$

というモデルを考える. 実際には D_{ij} は非負の値なので $\log D_{ij}$ にノイズを加えたモデルを用いることが多いが, 両モデルの接錐は正則な線形変換で写りあうので, 説明を簡単にするため負の距離が観測されることを許した. このとき D_{ij} の最尤推定量は最小 2 乗誤差 $\arg\min_D \|X - D\|^2$ を満たす D として与えられる.

行列 D のとりえる範囲をパラメータ空間と考えると, これは式(15)を通じて制約を受けている. $n \times r$ 行列 A を $A = (a_1, \cdots, a_n)^T$ により定めると,

$$D_{ij} = -\sum_{k=1}^{r} a_i^k a_j^k + \frac{1}{2}\sum_{k=1}^{r} a_i^k a_i^k + \frac{1}{2}\sum_{k=1}^{r} a_j^k a_j^k \qquad (17)$$

と書き表わせる. これを簡単に書くため, $\mathrm{Sym}(n)$ の中で対角成分が 0 である実対称行列全体を $\mathrm{Sym}_0(n)$ で表わし, 線形写像 $\Psi_n : \mathrm{Sym}(n) \to \mathrm{Sym}_0(n)$ を

[*14] 多次元尺度法の一般的な話題については柳井と高根(1985)などを見ていただきたい.

$$\Psi_n(F) = -F + \frac{1}{2}\mathrm{Diag}(F)\mathbf{1}_n\mathbf{1}_n^T + \frac{1}{2}\mathbf{1}_n\mathbf{1}_n^T\mathrm{Diag}(F) \qquad (18)$$

で定義しよう．ここで，$\mathrm{Diag}(B)$ は行列 B の対角成分だけを残してその他の成分を 0 にした行列を表わし，$\mathbf{1}_n = (1, \cdots, 1)^T$ である．$D \in \mathrm{Sym}_0(n)$ に対して $\Psi_n(-D) = D$ なので Ψ_n は全射である．また零核の直交補空間が $\left(\mathrm{Ker}\,\Psi_n\right)^\perp = \{F \in \mathrm{Sym}(n) \mid F\mathbf{1}_n = 0\}$ であることも簡単な計算によりわかる．式 (17) は $D = \Psi_n(AA^T)$ と同値なので，D のパラメータ空間は

$$\Theta_{n,r} = \Psi_n\left(\mathrm{SPD}_r(n)\right)$$

により与えられる．A の最尤推定量を求めるには，$\Theta_{n,r}$ 内で最尤推定量 $\widehat{D}$ を求めた後，$\widehat{D} = \Psi_n(F)$ なる F を固有値分解すればよい．

　以降，データ a_i の次元 r を MDS のランクとよぶことにする．MDS を実際のデータ解析に応用する際には適切なランクを決める必要がある．これはモデル選択の問題であり，モデルサイズの検定がそのひとつのアプローチである．これを尤度比検定で行う場合，帰無仮説がモデルの特異点にあたるかどうかは重要な問題である．以下でもっとも簡単な場合を調べてみよう．

　データ数が $n=3$ でランクが 1 の MDS モデルを考える．これは 1 次元に並んでいた 3 点のデータの距離をノイズをともなって観測したモデルになる．このモデルのなかで，$r=0$ すなわち $D_0 = O$（零行列）における接錐を考えて見よう．ここで式 (16) のモデルが $\mathrm{Sym}_0(n)$ の行列を平均パラメータにもつ $\frac{1}{2}n(n-1)$ 次元正規分布の部分モデル，すなわち正則モデルの部分モデルであることに注意すると，1.2 節の議論によりパラメータ空間 $\Theta_{3,1}$ の $D_0 = O$ における接錐を求めれば十分である．

　MDS のパラメータ空間の構造を考察するには式 (18) の半正定値行列 F で考えるのがわかりやすい．$\Omega_{3,1} = \mathrm{SPD}_1(3) \cap \left(\mathrm{Ker}\,\Psi_3\right)^\perp$ とおくと，線形写像 Ψ_3 の制約により $\Omega_{3,1}$ と $\Theta_{3,1}$ は 1 対 1 に写り合うので，以下では $\Omega_{3,1}$ の接錐を求める．$\Omega_{3,1}$ の元 F を，$\lambda \in \mathbb{R}_+$ と $\mathbb{R}^3$ の単位ベクトル u を用いて $F = \lambda uu^T$ と固有分解するとき，$F \in \left(\mathrm{Ker}\,\Psi_3\right)^\perp$ により，u として $\mathbf{1}_3$ に直交するものを考えれば十分である．そこで $e_0 = \mathbf{1}_3$ とおき，e_0, e_1, e_2 が $\mathbb{R}^3$ の正規直交基底になるような e_1, e_2 を 1 組固定し，

$$u(\theta) = e_1 \cos\theta + e_2 \sin\theta \qquad (\theta \in [0, 2\pi))$$

とパラメトライズすると,

$$\Omega_{3,1} = \{\lambda u(\theta)u(\theta)^T \in \mathrm{Sym}(3) \mid \lambda \in \mathbb{R}_+, \ \theta \in [0, 2\pi)\}$$

と表わされる. $\Omega_{3,1}$ 自身が錐であるので, 原点での接錐 $C_0\Omega_{3,1}$ は $L = \{u(\theta)u(\theta)^T \in \mathrm{Sym}(3) \mid \theta \in [0, 2\pi)\}$ の張る錐 $\mathbb{R}_+ L$ となる.

接錐の形状を詳しく見てみよう. まず生成集合 L は $\mathrm{Sym}(3)$ 内の単位球に属する. さらに

$$u(\theta)u(\theta)^T = \frac{1 + \cos 2\theta}{2}e_1 e_1^T + \frac{\sin 2\theta}{2}(e_1 e_2^T + e_2 e_1^T) + \frac{1 - \cos 2\theta}{2}e_2 e_2^T$$

と計算できるが, $e_i e_j^T + e_j e_i^T (0 \le i \le j \le 2)$ は $\mathrm{Sym}(3)$ を $\mathbb{R}^6$ と見たときの基底であるので, L は $\mathrm{Sym}(3)$ の 3 次元部分空間に含まれている. この 3 次元部分空間の正規直交基底 $e_1 e_1^T, (e_1 e_2^T + e_2 e_1^T)/\sqrt{2}, e_2 e_2^T$ を用いて L を表わすと

$$\begin{pmatrix} \dfrac{1}{2} \\ 0 \\ \dfrac{1}{2} \end{pmatrix} + \frac{1}{2}\begin{pmatrix} \cos 2\theta \\ \sqrt{2}\sin 2\theta \\ -\cos 2\theta \end{pmatrix} = \begin{pmatrix} \dfrac{1}{2} \\ 0 \\ \dfrac{1}{2} \end{pmatrix} + \cos 2\theta\begin{pmatrix} \dfrac{1}{2} \\ 0 \\ -\dfrac{1}{2} \end{pmatrix} + \sin 2\theta\begin{pmatrix} 0 \\ \dfrac{1}{\sqrt{2}} \\ 0 \end{pmatrix}$$

となる. これは $\mathrm{Sym}(3)$ の単位球と 3 次元部分空間との交わりである S^2 を, 2 次元超平面で切った切り口の円周を表わす(図 11). よって, 接錐 $C_0\Omega_{3,1}$ は円周 L がベクトル空間 $\mathrm{Sym}(3)$ で張る錐であり, $C_0\Theta_{3,1}$ は, 正則な線形変換 $\Psi_3|_{(\mathrm{Ker}\,\Psi_3)^\perp} : (\mathrm{Ker}\,\Psi_3)^\perp \to \mathrm{Sym}_0(3)$ による $C_0\Omega_{3,1}$ の像である.

一般にランク $r+1$ の MDS モデルの中でランク r の点は特異点になっており, その接錐の形状も調べることができるが, ここでは詳細は省略する.

(b) 非線形回帰モデル

非線形回帰は, Y と X の確率的関係に非線形性をもたせた回帰モデルである. パラメトリックな非線形回帰モデルは, パラメータ θ をもった x の非線形関数 $\psi(x;\theta)$ と, 確率モデル $p(y|s)$ とを用いて,

$$p(Y|\psi(X;\theta))$$

という条件付確率のモデルとして定義される. 確率的要素が関数値 $\psi(x;\theta)$

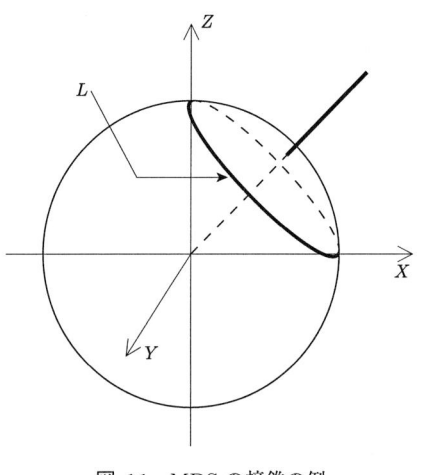

図 **11** MDS の接錐の例

に対する加法的ノイズであるとすると，モデル

$$Y = \psi(X; \theta) + Z$$

という形で表わすこともできる．ここで Z は平均 0 の確率変数である．

　非線形回帰モデルにおいてつねにパラメータの識別不能性が生じるわけではないが，ここでは識別不能性をもつモデルのクラスを考察しよう．簡単のため X は 1 次元とし，パラメータ b をもった 1 変数非線形関数 $\varphi(x; b)$ をひとつ固定し，パラメータ $\theta = (b, c)$ を用いて

$$\psi(x; \theta) = c\varphi(x; b) \tag{19}$$

により定義される非線形回帰モデルを考える．パラメータ c が 0 であると，回帰曲線 $\psi(x; \theta)$ は任意の b に対して定数 0 に一致するので，この形の非線形回帰モデルは定数 0 を表わすパラメータがつねに識別不能であり，モデルの特異点を形成する．

　さて，式(19)の非線形回帰モデルにおいて，サンプル数 n が固定で，説明変数 $X_1, \cdots, X_n$ にランダム性がないとしよう．さらに独立な加法的ガウスノイズを仮定すると，n 次元確率ベクトル $\boldsymbol{Y} = (Y_1, \cdots, Y_n)^T$ は

$$\boldsymbol{Y} = c\,\boldsymbol{\Phi}(\boldsymbol{X}; b) + \boldsymbol{Z} \tag{20}$$

と書ける．ここで $\boldsymbol{\Phi}(X; b) = (\varphi(X_1; b), \cdots, \varphi(X_n; b))^T \in \mathbb{R}^n$ であり，$\boldsymbol{Z} \sim$

$N(0, \sigma^2 I_n)$ である．いま，真の回帰関数が定数 0，すなわち $Y = Z$ である
として，最尤推定の尤度比を考えてみよう．真の確率密度関数はこのとき
モデルの特異点である．

式(20)は，n 次元正規分布の平均値モデル $\{\phi_n(Y|\eta, \sigma^2 I_n)\,|\,\eta \in \mathbb{R}^n\}$ の
部分モデル

$$Y = \lambda\eta + Z \qquad (\lambda \in \mathbb{R}_+,\ \eta \in M)$$

として書き直せる．ここで

$$M = \left\{\eta \in \mathbb{R}^n \,\middle|\, b\ \text{が存在して}\ \eta = \frac{\Phi(X;b)}{\|\Phi(X;b)\|}\ \text{または}\ \eta = -\frac{\Phi(X;b)}{\|\Phi(X;b)\|}\right\}$$

$$\tag{21}$$

であり，これは $\mathbb{R}^n$ の単位球面 S^{n-1} の部分集合である．パラメータ空間
$M \times \mathbb{R}_+$ は真の関数（原点）において星型であり，その接錐は $\mathrm{cl}(\mathbb{R}_+ M)$ に他
ならない．以下 M はコンパクトとしよう．$Y = Z$ に注意すると，対数尤
度比は

$$L_n(\lambda, \eta) = -\frac{1}{2}\|Z - \lambda\eta\|^2 + \frac{1}{2}\|Z\|^2 = -\frac{1}{2}\|\lambda - Z^T\eta\|^2 + \frac{1}{2}\|Z^T\eta\|^2$$

で与えられるので，$\lambda \geq 0$ に注意して λ に関する尤度最大化を行うと，
$\widehat{\lambda} = \max\{Z^T\eta, 0\}$ のとき最大値をとり，その最大値は

$$L_n(\widehat{\lambda}, \eta) = \frac{1}{2}\left(\max\{0, Z^T\eta\}\right)^2$$

で与えられる．したがって，尤度比は

$$\sup_{\lambda \in \mathbb{R}_+,\, \eta \in M} L_n(\lambda, \eta) = \frac{1}{2}\left(\max\left\{0, \max_{\eta \in M} Z^T\eta\right\}\right)^2$$

となる．これは $\max_{\eta \in M} Z^T\eta$ の単調増加関数なので，結局尤度比の分布は

$$\max_{\eta \in M} Z^T\eta \tag{22}$$

の分布を求めることに帰着される．この式の形からわかるように，尤度比
の分布は S^{m-1} の部分集合 M にのみ依存する．3章では，M の幾何量の
計算を通して式(22)の分布を導く方法（チューブ法）について述べる．

（c）多層ニューラルネットワーク

式(19)と類似の特異性をもつ非線形回帰モデルのひとつに多層ニューラルネットワークがある．3 層ニューラルネットワーク（3 層パーセプトロン）[*15]は，$\mathbb{R}^m$ 上の非線形回帰関数

$$\psi(x;\theta) = \sum_{j=1}^{H} c_j \varphi(a_j^T x + b_j) + d$$

により定義されるモデルである．ここで $\theta = (a_1^T, b_1, c_1, \cdots, a_H^T, b_H, c_H, d)^T$ はパラメータであり，a_j は m 次元ベクトル，その他はスカラーである．$\varphi(x)$ は 1 変数関数でありロジスティック関数 $1/(1+\exp(-x))$ や $\tanh x$ などがよく用いられる．この関数系はもともと神経回路網の計算の数理モデルとして提案されたもので，図 12 に示すネットワークによってその計算過程を表現することがある．x を受けとる素子を入力素子，$\varphi(a_j^T x + b_j)$ という計算結果を出す素子を中間素子，最終的な線形和を計算する素子を出力素子とよぶ．

3 層ニューラルネットワークも前節の非線形回帰と同様，定数 0 を表わす関数が特異点になる．さらに有限混合モデルと同様の考察により，$H+1$ 個の中間素子をもつモデルの中で，H 個の中間素子で実現可能な関数に対応するパラメータが識別不能になっていることも容易に確認できる．3 層

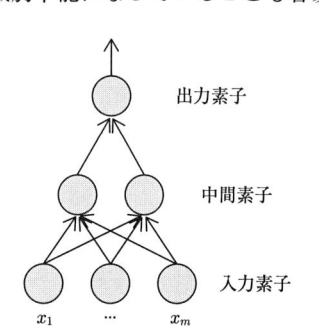

図 12　3 層ニューラルネットワークモデル

[*15]　このモデルを「2 層」という流儀もある．本稿ではモデルの提案者らにならって 3 層とよぶ．

44 | 1 特異点をもつ統計モデル

ニューラルネットワークの特異性については 5 章で詳しく扱う.

（d） 変化点問題

変化点問題は，状態に変化があったかどうかをノイズを含んだ観測値から統計的に推論する問題である．もっとも簡単な問題設定は，観測値 $Y_1, \cdots, Y_n$ が与えられたとき，$1 \leq t \leq n$ なる整数 t に対し

$$
\begin{cases}
Y_i = \theta_1 + Z_i & (1 \leq i \leq t) \\
Y_i = \theta_2 + Z_i & (t+1 \leq i \leq n)
\end{cases}
\tag{23}
$$

という変化をもつモデルである（図 13）．ここで Z_i は平均 0 の既知の確率分布（たとえば正規分布）に従う独立同分布確率変数である．パラメータは (θ_1, θ_2, t) で，t は変化点の位置を，θ_1, θ_2 はその前後での平均値を表わす．また，$t = n$ のときは変化がないとする．以降 Z_i は正規分布 $N(0, \sigma^2)$ に独立に従うと仮定すると $Y = (Y_1, \cdots, Y_n)$ の確率密度関数は

$$
f(Y | \theta_1, \theta_2, t)
$$
$$
= \frac{1}{(2\pi\sigma^2)^{n/2}} \prod_{i=1}^{t} \exp\left\{ -\frac{1}{2\sigma^2}(Y_i - \theta_1)^2 \right\} \prod_{i=t+1}^{n} \exp\left\{ -\frac{1}{2\sigma^2}(Y_i - \theta_2)^2 \right\}
\tag{24}
$$

となる．t を固定したとき，尤度を最大にする θ_1, θ_2 は t の前後における Y_i の平均値 $\widehat{\theta}_1^{(t)} = \frac{1}{t}\sum_{i=1}^{t} Y_i,\ \widehat{\theta}_2^{(t)} = \frac{1}{n-t}\sum_{i=t+1}^{n} Y_i$ に等しく，その尤度を考えることにより，最尤推定量は

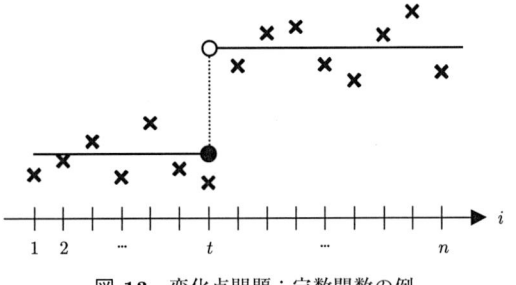

図 **13** 変化点問題：定数関数の例

$$\min_{1 \le t \le n} \left\{ \sum_{i=1}^{t} (Y_i - \widehat{\theta}_1^{(t)})^2 + \sum_{i=t+1}^{n} (Y_i - \widehat{\theta}_2^{(t)})^2 \right\}$$

を達成する t とそのときの $\widehat{\theta}_1^{(t)}$, $\widehat{\theta}_2^{(t)}$ によって与えられる.

式(24)のモデルの中で変化点がないという状態に対応するパラメータを考えよう. $t = n$ のときにはパラメータ θ_2 は冗長となる. また $\theta_1 = \theta_2$ を満たせば任意の t に対して変化点はない. したがって変化点がないケースに対応するパラメータは識別不能であり, モデルに特異点が生じる.

変化点問題は本節(b)項の非線形回帰とも関係が深い. 閾値関数 $H(x)$ を

$$H(x) = \begin{cases} 0 & (x \le 0) \\ 1 & (x > 0) \end{cases}$$

で定め, $1 \le t \le n$ なる整数に対し非線形関数 $\varphi(x;t)$ を $\varphi(x;t) = H(x - t)$ で定義すると, 式(23)の回帰曲線は

$$\psi(x;\theta_1,\theta_2,t) = (\theta_2 - \theta_1)\varphi(x;t) + \theta_1$$

という形で書け, 一種の非線形回帰と考えることも可能である.

次に, 変化がないという帰無仮説に対する尤度比検定を考えてみよう. 簡単のため, σ^2 の値は既知で 1 とする. 変化がないモデルの最尤推定量は $\widehat{\theta}_0 = \dfrac{1}{n} \sum_{i=1}^{n} Y_i$ なので, $\sum_{i=1}^{n} Y_i = n\widehat{\theta}_0 = t\widehat{\theta}_1^{(t)} + (n - t)\widehat{\theta}_2^{(t)}$ に注意すると, 最大対数尤度比は,

$$-\frac{1}{2} \min_{1 \le t \le n} \left\{ \sum_{i=1}^{t} (Y_i - \widehat{\theta}_1^{(t)})^2 + \sum_{i=t+1}^{n} (Y_i - \widehat{\theta}_2^{(t)})^2 \right\} + \frac{1}{2} \sum_{i=1}^{n} (Y_i - \widehat{\theta}_0)^2$$

$$= \frac{1}{2} \max_{1 \le t \le n-1} Z_t^2 \tag{25}$$

ただし

$$Z_t = \sqrt{\frac{t(n - t)}{n}} (\widehat{\theta}_1^{(t)} - \widehat{\theta}_2^{(t)})$$

で与えられる. 帰無仮説のもとで, 各 t について Z_t は標準正規分布 $N(0,1)$ に従う確率変数(ただし独立ではない)であり, 尤度比(25)の2倍は, $2(n-1)$ 個の標準正規確率変数の最大値の2乗

$$\max\{Z_1, -Z_1, Z_2, -Z_2, \cdots, Z_{n-1}, -Z_{n-1}\}^2$$

に一致する.

変化点問題は，複数の変化点を許すモデルなど，さらに複雑な状況へも拡張が可能であるが，設定したモデルよりも変化点が少ないケースに対応するパラメータが識別不能となるのは式(23)のモデルの場合と同様である．変化点問題における漸近理論については本稿ではほとんど議論しないが，変化点の数が比較的少数の場合の検定問題については詳細な研究が行われている．興味のある読者は Csörgő と Horváth(1996)を見ていただきたい.

(e) 隠れマルコフモデル(**HMM**)

本項では隠れマルコフモデルの特異性について述べる．HMM は，音声，ゲノムなどの系列データを扱うときに用いられる重要なモデルである．集合 T を添字にもつ確率変数の族 $\{X_t \mid t \in T\}$ を**確率過程**(random process)あるいは**確率場**(random field)という．以下ではとくに T が整数 $\mathbb{Z}$ で，添字 t が時間などの 1 次元的なインデックスを表わす確率過程を考察する．これは，t の大きくなる方向に次々と値をとるような確率現象のモデルとなる．確率過程 $\{X_t\}_{t \in \mathbb{Z}}$ が(1 次の)マルコフ過程であるとは，任意の $t \in \mathbb{Z}$ に対して，$X_{t-1}, X_{t-2}, \cdots$ が与えられたときの X_t の条件付確率が，X_{t-1} が与えられたときの X_t の条件付確率に等しい，すなわち

$$p(X_t | X_{t-1}, X_{t-2}, \cdots) = p(X_t | X_{t-1})$$

が成立することをいう．一般に X_t の分布は過去すべての値に依存し得るが，マルコフ性をもつと 1 時点前の値 X_{t-1} のみに依存する.

確率過程 $\{X_t\}$ が(強)**定常**であるとは，任意の自然数 n, τ と n 個の整数 $t_1, \cdots, t_n$ に対し，$(X_{t_1}, \cdots, X_{t_n})$ の同時確率分布と $(X_{\tau+t_1}, \cdots, X_{\tau+t_n})$ の同時確率分布が一致することである．強定常過程は時間的に確率分布が変わらない確率過程である.

m 個の元からなる有限集合 $\mathcal{X}$ に値をとる確率過程 $\{X_t\}_{t \in \mathbb{Z}}$ が定常マルコフ過程だとすると，条件付確率 $p(X_t | X_{t-1})$ は t に依存せず，確率 $p(X_t = i | X_{t-1} = j)$ を表わすテーブル $\{a_{ij}\}_{i,j=1}^m$ によって決定される．この行列 (a_{ij}) のことを**遷移行列**という．有限状態定常マルコフ過程は，図 14 のように各状態の間を一定の遷移確率にしたがって移りあう過程である.

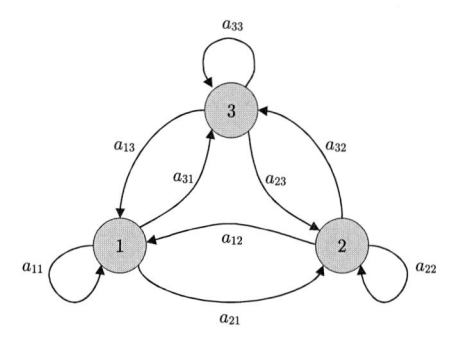

図 14　3状態マルコフ過程の遷移の様子. 状態 1, 2, 3 を a_{ij} の確率で移りあう.

確率過程 $\{Y_t\}_{t\in\mathbb{Z}}$ が隠れマルコフモデル(hidden Markov model, HMM)に従うとは, (強)定常マルコフ過程 $\{X_t\}_{t\in\mathbb{Z}}$ と条件付確率 $f(y|x)$ があって,

$$p(\{Y_t\}|\{X_t\}) = \prod_{t=-\infty}^{\infty} f(Y_t|X_t) \tag{26}$$

を満たすことをいう. 式(26)が成り立つとき, 任意の t に対し

$$p(Y_t|\{X_s\}_{s\in\mathbb{Z}}, \{Y_s\}_{s\neq t}) = \frac{p(Y_t, \{Y_s\}_{s\neq t}|\{X_s\}_{s\in\mathbb{Z}})}{p(\{Y_s\}_{s\neq t}|\{X_s\}_{s\in\mathbb{Z}})}$$

$$= \frac{\prod_{s\in\mathbb{Z}} f(Y_s|X_s)}{\prod_{s\neq t} f(Y_s|X_s)} = f(Y_t|X_t)$$

となり, Y_t は X_t のみに依存して決まることがわかる. HMM を表わすのに図 15 のようなグラフ表現がよく用いられる.

状態数 m の HMM をパラメトリックモデルとして定義しよう. ここでは

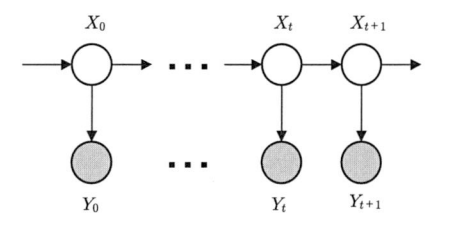

図 15　隠れマルコフモデル(HMM)

さらに m 個の状態が $\mathbb{R}^k$ の値 $(\mu_1, \cdots, \mu_m) \in \mathbb{R}^{mk}$ であり，これらも観測値から推定すべきパラメータだと仮定する．このような HMM モデルは音声のモデル化などによく現われる（中川，1988）．このモデルは有限混合モデルの拡張と考えることができる．たとえば X_t が $\mathbb{R}^2$ の 3 個の値 μ_1, μ_2, μ_3 をとりえるとし，$Y_t = X_t + Z_t$（Z_t は正規分布 $N_2(0, \sigma^2 I_2)$ に従うとする）により $f(Y_t|X_t)$ が決まっている場合，Y_t を時間を無視してプロットすると図 16 に示すように正規混合モデルからのサンプルと同等になる．有限混合モデルの場合は各時刻独立にコンポーネント k を決めて $\phi_2(x|\mu_k, \sigma^2 I_2)$ から Y_t を発生させるのに対し，HMM では時刻 t のコンポーネントが時刻 $t-1$ のコンポーネントに依存して確率的に遷移していく．

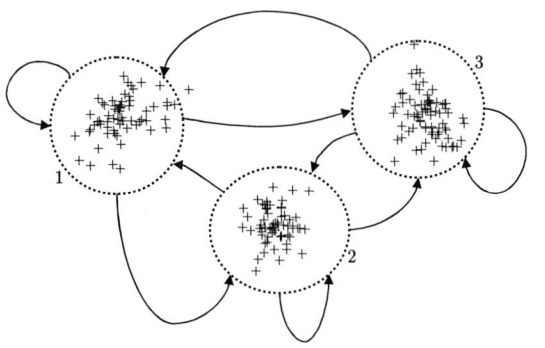

図 16　隠れマルコフモデルと有限混合モデル．時間構造を忘れると有限混合モデルからのサンプルと同じである．

ここではさらに，遷移行列 (a_{ij}) 自身もパラメータとし，条件付確率 $f(y|x)$ はパラメータ ξ をもつモデル $f(y|x; \xi)$ とする．また，現実の問題に HMM を用いる際には，観測値 Y_t は有限列 $t = 0, \cdots, T$ で与えられるので，HMM の確率分布を定めるためには初期状態 X_0 の分布 $p(X_0 = j) = p_j^0 (1 \leq j \leq m)$ を導入する必要がある．ここでは p_j^0 もパラメータとする．したがってパラメータは $\theta^{(m)} = (\mu_1, \cdots, \mu_m, a_{11}, \cdots, a_{mm}, p_1^0, \cdots, p_m^0, \xi)$ であり，$a_{ij} \geq 0$ $(1 \leq i, j \leq m)$, $\sum_{i=1}^{m} a_{ij} = 1 (1 \leq j \leq m)$, $p_j^0 \geq 0 (1 \leq j \leq m)$ および $\sum_{j=1}^{m} p_j^0 = 1$ という制約を満たしている．以上により統計モデルは

$$p_m(Y_0, \cdots, Y_T | \theta^{(m)}) = \sum_{j_0=1}^{m} \sum_{j_1=1}^{m} \cdots \sum_{j_T=1}^{m} \prod_{t=0}^{T} \{f(Y_t|\mu_{j_t}, \xi)a_{j_t j_{t-1}}\} \quad (27)$$

により与えられる. ここで $a_{j_0 j_{-1}} = p_{j_0}^0$ と約束しておく.

この HMM モデルは特異点をもっている. 簡単のため, 状態数 $m = 2$ の
モデルを考え, その中で状態数が 1 個で記述される確率分布を表わすパラ
メータ集合を考えよう. 状態数が 1 個のとき X_t はつねに同じ状態 (μ_0 と
おく) をとるので, 遷移行列 a_{ij} と初期確率 p_j^0 を考える必要はなくなり,

$$p_1(Y_0, \cdots, Y_T | \mu_0, \xi_0) = \prod_{t=0}^{T} f(Y_t|\mu_0, \xi_0)$$

である. この場合 Y_t は独立同分布に従う. さて, 状態数が 2 個のモデル
$p_2(Y|\theta^{(2)})$ の中で, ある $p_1(Y|\mu_0, \xi_0)$ を表わすパラメータは一意的ではな
い. 実際, 遷移確率を $(a_{ij}) = \begin{pmatrix} b_1 & 1-b_2 \\ 1-b_1 & b_2 \end{pmatrix}$ とおくとき,

$$\Theta_{0,1} = \{\theta^{(2)} \mid \mu_1 = \mu_2 = \mu_0, \xi = \xi_0, b_1 と b_2 は任意\},$$
$$\Theta_{0,2} = \{\theta^{(2)} \mid p_1^0 = 1, b_1 = 1, \mu_1 = \mu_0, \xi = \xi_0, b_2 と \mu_2 は任意\},$$
$$\Theta_{0,3} = \{\theta^{(2)} \mid p_2^0 = 1, b_2 = 1, \mu_2 = \mu_0, \xi = \xi_0, b_1 と \mu_1 は任意\}$$

の 3 つの集合上の任意のパラメータ $\theta^{(2)}$ で $p_2(Y|\theta^{(2)}) = p_1(Y|\mu_0, \xi_0)$ が成立
する. これは有限混合モデルとのアナロジーで考えれば理解しやすい. $\Theta_{0,1}$
では 2 つの状態が一致しており, 有限混合モデルで 2 コンポーネントが一
致したときの混合係数と同様に, 遷移確率を決めるパラメータが冗長であ
る. $\Theta_{0,2}$, $\Theta_{0,3}$ は決してとりえない状態が存在する場合で, 有限混合モデ
ルにおいて混合係数のひとつが 0 である場合同様, その状態を決めるパラ
メータは冗長になる. 以上の考察を拡張することにより, 式(27)の HMM
モデルでは, 状態数 m のモデルの中で, 状態数が $m-1$ 以下のモデルで実
現可能な確率分布を表すパラメータは識別不能となっており, HMM モデ
ルは特異点を有していることがわかる.

（f）**ARMA モデル**
ARMA モデルは時系列の構造を推定するための有力な手法のひとつであ

る．本項では，基本的な事項に関して証明を述べずに結果を引用するので，詳しく知りたい読者は本シリーズ第1巻『統計学の基礎 I 』第 II 部，もしくはさらに本格的な教科書として Brockwell と Davis(1991)の3章などを参照していただきたい．

確率過程 $\{X_t\}_{t=-\infty}^{\infty}$ に対する自己共分散関数 $\gamma_X(t,s)(t,s \in \mathbb{Z})$ は，
$$\gamma_X(t,s) = E[(X_t - E[X_t])(X_s - E[X_s])]$$
によって定義される．確率過程 $\{X_t\}_{t=-\infty}^{\infty}$ が弱定常(weakly stationary)であるとは，任意の整数 t,s,r に対し次の3条件を満たすことである．

（ i ）2乗可積分性　$E[X_t^2] < \infty$.

（ ii ）平均の不変性　$E[X_t] = E[X_s]$.

（iii）自己共分散関数の不変性　$\gamma_X(t+r,s+r) = \gamma_X(t,s)$.

2乗可積分な強定常過程は弱定常である．弱定常性は1次と2次のモーメントの時間不変性だけを要求している．時系列を2次モーメントまでの性質を使って考察する際，ノイズのモデルとして白色雑音(white noise)を考えることが多い．これは $E[Z_t] = 0$ (t は任意)かつ $\gamma_Z(t,s) = \sigma^2 \delta(t-s)$ ($\delta(h)$ は $h=0$ で 1, それ以外で 0 をとる関数)を満たす弱定常過程である．

弱定常過程 $\{X_t\}$ が次数 (p,q) の **ARMA** 過程であるとは，ある白色雑音 $\{Z_t\}$ に対し
$$X_t - a_1 X_{t-1} - \cdots - a_p X_{t-p} = Z_t + b_1 Z_{t-1} + \cdots + b_q Z_{t-q} \quad (28)$$
が成り立つことをいう．(a_j), (b_k) および白色雑音の σ^2 をパラメータとして次数 (p,q) の ARMA 過程全体を考えたものを，次数 (p,q) の ARMA モデルとよび ARMA(p,q) で表わす．とくに $(p,0)$ 次，$(0,q)$ 次の場合それぞれ p 次の AR モデル，q 次の MA モデルとよぶ．以下では簡単のため，白色雑音 $\{Z_t\}$ はひとつ固定して考える．

1次の AR 過程
$$X_t = aX_{t-1} + Z_t \quad (29)$$
について考えよう．この式を再帰的に用いることにより
$$X_t = Z_t + aZ_{t-1} + a^2 Z_{t-2} + \cdots + a^k Z_{t-k} + a^{k+1} X_{t-k-1}$$
を得るが，$\{X_t\}$ の弱定常性より $E[X_{t-k-1}^2]$ は k によらない定数で，もし $|a| < 1$ ならば，$E\left| X_t - \sum_{j=0}^{k} a^j Z_{t-j} \right|^2 = a^{2k+2} E|X_{t-k-1}|^2$ は $k \to \infty$ のとき

0 に収束し，2乗平均の意味で

$$X_t = \sum_{j=0}^{\infty} a^j Z_{t-j}$$

が成立する．上式で重要なのは X_t が時間的に過去の Z_j のみにより表わされている点である．一般に式(28)の ARMA 過程が（$\{Z_t\}$ に対し）因果的(causal)であるとは，$\sum_{j=0}^{\infty} |c_j| < \infty$ を満たす数列 $\{c_j\}_{j=0}^{\infty}$ があって

$$X_t = \sum_{j=0}^{\infty} c_j Z_{t-j} \qquad (t \text{ は任意の整数})$$

が成り立つことをいう．ARMA 過程を考える際には因果的な過程を考えるのが自然である．

ARMA 過程には多項式を用いた便利な表現法がある．時間シフトオペレータ B を $BX_t = X_{t-1}$ という作用により定義すると，式(28)は

$$\alpha(B)X_t = \beta(B)Z_t \qquad (30)$$

と表わすことができる．ここで $\alpha(z), \beta(z)$ は z に関する多項式で

$$\alpha(z) = 1 - a_1 z - a_2 z^2 - \cdots - a_p z^p, \quad \beta(z) = 1 + b_1 z + \cdots + b_q z^q \quad (31)$$

により定義される．有理関数 $\psi(z) = \beta(z)/\alpha(z)$ を用いると，式(30)は形式的に

$$X_t = \psi(B)Z_t \qquad (32)$$

と書けるが，実は因果的な ARMA 過程に対してはこの表現を正当化できる．すなわち，$\psi(z) = \sum_{j=-\infty}^{\infty} \psi_j z^j$ と冪級数展開したとき，$\sum_{j=-\infty}^{\infty} \psi_j Z_{t-j}$ が，ある弱定常過程に確率 1 で絶対かつ平均 2 乗の意味で収束することが示される．$\psi(B)Z_t$ はこの収束先を意味し，これが X_t に等しい．

さらに式(29)の例の一般化として，$\alpha(z)$ が複素平面上の単位円板 $\{z \in \mathbb{C} \mid |z| \le 1\}$ に零点をもたなければ，式(30)の ARMA 過程は因果的となることが知られている．逆に，$\alpha(z)$ と $\beta(z)$ が単位円板内に共通零点をもたないとき，式(30)の ARMA 過程が因果的ならば $\alpha(z)$ は単位円板内に零点をもたないこともよく知られた事実である．

ARMA モデルを統計モデルとして見るためには確率分布を定める必要がある．もっとも簡単なものは ARMA 過程がガウス過程の場合である．このとき有限時間の観測値 $\boldsymbol{X}_n = (X_1, \cdots, X_n)$ の確率密度関数は，分散共分

52 | 1 特異点をもつ統計モデル

散行列 $\Gamma_n = E[\boldsymbol{X}_n \boldsymbol{X}_n^T]$ を用いて

$$f(\boldsymbol{X}_n|\Gamma_n) = \frac{1}{(2\pi)^{n/2}(\det \Gamma_n)^{1/2}} \exp\Big\{-\frac{1}{2}\boldsymbol{X}_n^T \Gamma_n^{-1} \boldsymbol{X}_n\Big\}$$

と表わされる. 式 (28) の ARMA(p,q) に対して, Γ_n は $a_1,\cdots,a_p,b_1,\cdots,b_q$ およびノイズの分散 σ^2 により決定されるが, この具体的な表現には立ち入らないことにし, 以下ではパラメータ空間の構造に議論を絞る.

因果的な ARMA(p,q) モデルを考え, 式 (31) の多項式を

$$\alpha(z) = \prod_{j=1}^{p}(1 - u_j z), \quad \beta(z) = \prod_{k=1}^{q}(1 - v_k z)$$

と因数分解表現する. 零点は $1/u_j, 1/v_j$ である. ノイズの分散を固定すると, 因果的な ARMA(p,q) はパラメータ空間 $\Theta_{(p,q)} = \{(u_1,\cdots,u_p,v_1,\cdots,v_q) \mid |u_j| < 1\}$ をもつモデルとなる. 有理関数

$$\psi(z) = \frac{\beta(z)}{\alpha(z)} = \frac{\displaystyle\prod_{k=1}^{q}(1 - v_k z)}{\displaystyle\prod_{j=1}^{p}(1 - u_j z)}$$

を導入すると, 式 (32) で見たように $\psi(z)$ がこの過程を完全に決定する.

いま, $\alpha(z)$ と $\beta(z)$ の零点のうちそれぞれひとつ, たとえば u_1 と v_1 が等しい値をとったとしよう. すると $\psi(z)$ の分子と分母に生じる共通因子 $1 - u_1 z$ が打ち消しあい, これら因子は確率過程の性質に影響しなくなる. 結果として得られる過程は

$$\psi(z) = \frac{\displaystyle\prod_{k=2}^{q}(1 - v_k z)}{\displaystyle\prod_{j=2}^{p}(1 - u_j z)}$$

により定まる $(p-1, q-1)$ 次 ARMA 過程となる. しかもこの過程は $u_1 = v_1$ の値には依存しないので, $\Theta_{(p,q)}$ の中の 1 次元部分集合が同一の $(p-1, q-1)$ 次過程を表現することになり, 識別不能性をもつことがわかる. Brockett(1976) は, ARMA(p,q) のパラメータ空間を $(a_1,\cdots,a_p,b_1,\cdots,b_q) \in \mathbb{R}^{p+q}$ で表現したときに, 識別性をもつモデルの全体は $\mathbb{R}^{p+q}$ において連結とはならない (いくつかの連結成分の和集合となる) ことを指摘している.

1.4 最尤推定量の数値解法

　本稿の主な話題は最尤推定量の漸近挙動であるが，本稿で扱うような複雑なモデルの最尤推定量は解析的に求めるのが難しい場合が多く，数値的最適化を工夫する必要がある．そこで本節では最尤推定の数値解法について簡単に触れておく．

　まず非線形回帰の場合を考えよう．たとえば分散が一定の加法的ガウスノイズをもつ非線形回帰モデルの最尤推定は，2乗誤差の経験和

$$\sum_{i=1}^{n} \left(Y_i - \psi(X_i; \theta)\right)^2$$

を最小化する問題に帰着される．パラメータ空間の内点で最尤推定量をもてば，必要条件として

$$\sum_{i=1}^{n} \left(Y_i - \psi(X_i; \theta)\right) \frac{\partial \psi(X_i; \theta)}{\partial \theta} = 0$$

という尤度方程式が得られるが，$\psi(x; \theta)$ が θ に関して線形でない限り，上式は θ に関する非線形方程式であり，一般に陽に解くのは難しい．そこで最急降下法や Newton 法，もしくは共役勾配法を始めとする準 Newton 法などの非線形最適化手法を用いることになる．とくに多層パーセプトロンの場合，最急降下法の計算は，$Y_i - \psi(X_i; \theta)$ という誤差を出力素子から入力素子へと伝播させるような手順を導くことから，**誤差逆伝播法**(error back-propagation, Rumelhart *et al.*, 1986)とよばれる．

　非線形最適化手法は必ずしも大域的最適解を得られる保証がないので，いわゆる局所解の問題がつきまとう．これをなるべく避けるための発見的工夫は，多層パーセプトロンの最適化などに関して数多くの研究がある．また多層パーセプトロンのような複雑なモデルの場合には，最適解を厳密に求めるのではなく最適化を途中で停止(early stopping)したほうが，未知サンプルに関する予測誤差が向上するという考えもある．多層パーセプトロンの学習に関してさまざまな発見的なテクニックを詳細に述べた異色の本として Orr と Müller 編(1998)を挙げておく．

54 | 1 特異点をもつ統計モデル

　次に有限混合モデルについて述べよう．有限混合モデルにおいても最尤推定量を陽に求めることは難しいが，これに対しては **EM** アルゴリズムという特別な最適化法がある．EM アルゴリズムに関しては McLachlan と Peel(2000)や本シリーズ第 11 巻『計算統計Ⅰ』第Ⅲ部など多くの成書で述べられているのでここでは説明を省略する．EM アルゴリズムも大局的最適解に収束する保証はないが，さまざまな問題でその有効性が示されている．

　正規混合モデルの最適化に関してひとつ注意をしておこう．式(4)の正規分布のコンポーネントにおいて，平均と分散(分散共分散行列)が制約なく動くパラメータである場合，実は 2 個以上のコンポーネントをもつ混合モデルの尤度は一般にいくらでも大きい値をとることができ，与えられたサンプルに対して「最尤」な推定量が存在しない．これは次のように確かめられる．簡単のため x が 1 次元のモデル

$$f(x|\theta) = \sum_{j=1}^{K} c_j \phi(x|\mu_j, \sigma_j^2)$$

で考えることにする．サンプル $X_1, \cdots, X_n$ は固定しておく．まず，ある $\delta > 0$ に対し，$\sum_{j=2}^{K} c_j < 1$ かつ，任意の X_i に対して $\sum_{j=2}^{K} c_j \phi(X_i|\mu_j, \sigma_j^2) \geq \delta$ を満たす $c_j, \mu_j, \sigma_j^2 (2 \leq j \leq K)$ を決める．これは十分小さい δ と十分大きい σ_j をとればいつでも可能である．次に，$\mu_1 = X_1$ とおくと，

$$\prod_{i=1}^{n} f(X_i|\theta) = \left(\frac{c_1}{\sqrt{2\pi}\sigma_1} + \sum_{j=2}^{K} c_j \phi(X_1|\mu_j, \sigma_j^2) \right) \prod_{i=2}^{n} f(X_i|\theta)$$

$$\geq \left(\frac{c_1}{\sqrt{2\pi}\sigma_1} + \delta \right) \delta^{n-1}$$

であるので，$\sigma_1 \to 0$ とするとき尤度は ∞ に発散することがわかる．以上により，正規混合モデルの最尤推定を考える際には，分散共分散行列に対する制約が必要であることがわかる．EM アルゴリズムを用いて数値解を求める場合にも同様の制約を課す必要がある．Hathaway(1985)は，任意の $0 < \delta < 1$ に対して $\sigma_i/\sigma_j \geq \delta (i \neq j)$ という制約をおくと，その最尤推定量が一致性をもつことを示している．この話題は，有限個のサンプルに対して尤度関数の値がいくらでも大きくなるケースであり，本稿の主題である

漸近的挙動とはまったく異なる話題だが，注意を要する点である．

　本章 1 節(c)項で特異モデルの例として単調回帰に関して簡単に触れたが，単調回帰問題の最尤推定に対する興味深い数値解法として，4 章でPAVA(pool adjacent violators algorithm)について紹介する．また 6 章で，有限混合モデルの対数尤度関数に関する大域的性質にも触れる．

2 | パラメータ制約モデルの漸近論

　前章では正則モデルの部分モデルが特異モデルのひとつの主要なクラスをなすことを説明した．このクラスの特異モデルを「パラメータ制約モデル」とよぶことにする．

　本章ではパラメータ制約モデルの典型的な例である2項分布の有限混合モデルとランダム係数回帰モデルを例題として，パラメータ制約モデルの最尤推定量と尤度比検定統計量の漸近挙動が接錐の形状によって特徴づけられることを見ていくことにする．

2.1 有限混合モデルと遺伝連鎖解析

　本章で扱う最初の例は，コンポーネント数が2で各コンポーネントが2項分布に従う有限混合モデルである．いま確率 $1-c$ で $\mathrm{Bin}\left(m, \dfrac{1}{2}\right)$ からデータが観測され，確率 c で $\mathrm{Bin}(m,p)$ からデータが観測されるとする．ただし $\mathrm{Bin}(m,p)$ はサンプル数 m，比率 p の2項分布を表わすものとする．これは1章ですでに詳しく扱ったものであるが，ここではさらに $p \leq \dfrac{1}{2}$ であることがわかっているという状況を考える．このモデルは遺伝連鎖解析において用いられる．

　この有限混合モデルを表わす統計モデル（密度関数）は，式(6)の2項分布の確率 $h^{(m)}(x;p)$ を用いて

$$f_{c,p}(x) = (1-c)h^{(m)}\left(x; \frac{1}{2}\right) + ch^{(m)}(x;p) \qquad (p \leq 1/2,\ x = 0, \cdots, m)$$

$$(33)$$

となる．$c=0$ または $p = \dfrac{1}{2}$ のとき，またそのときに限り式(33)は1コンポーネントモデル $f_{c,p}(x) = h^{(m)}\left(x; \dfrac{1}{2}\right)$ となることは1章で述べたとおりである．

ここでこの有限混合モデルのコンポーネントの個数に関する推測を仮説検定の枠組みで行うことを考える。すなわち、コンポーネント数が 1 であるという帰無仮説

$$H_0 : c = 0 \text{ または } p = \frac{1}{2}$$

を、コンポーネント数が 2 であるという対立仮説

$$H_1 : c > 0 \text{ かつ } p < \frac{1}{2}$$

に対して検定する。この検定により帰無仮説 H_0 が否定された場合は、コンポーネント数は 2 であると判断することができる。最初に、この 2 項分布の有限混合モデル (33) とそのコンポーネント数の検定の意味を、遺伝連鎖解析の文脈で簡単に説明しよう (Ott, 1999 ; Chernoff and Lander, 1995 ; Lemdani and Pons, 1997)。

遺伝子とは、(ヒトの場合は 23 対の染色体のうちの) 1 対の染色体の、遺伝子座とよばれるある特定の場所に位置する 1 対の対立遺伝子のことである。いろいろな形質や疾病発現を担う遺伝子がどの染色体のどの部位に位置するかを同定する問題はマッピングとよばれ、遺伝学における基本的な研究作業である。

染色体は減数分裂とよばれる生殖細胞の形成の過程で、しばしば交差という現象をおこす。図 17 は生殖母細胞の減数分裂によって生殖細胞 (精子、卵) が形成される様子を模式的に示したものである。遺伝子 A は対立遺伝子 (A_1, A_2) で構成され、また遺伝子 B は対立遺伝子 (B_1, B_2) で構成されている。ところが、生殖細胞の形成の過程で染色体の交差がおきることにより、親においては同じ染色体上に位置していた A_1 と B_1 (あるいは A_2 と B_2) が、形成された生殖細胞、ひいては子において同じ染色体の上に位置しない現象がしばしば観察される。

ある 2 つの遺伝子座の間で奇数回の交差がおきた場合、その 2 つの遺伝子座は組換え (recombination) がおきたといわれる。また組換えが観測された子は組換え体とよばれる。一方組換えがおきなかった場合、2 つの遺伝子座は連鎖 (linkage) したといわれる。図 17 において、遺伝子座 A, B は、

58 | 2 パラメータ制約モデルの漸近論

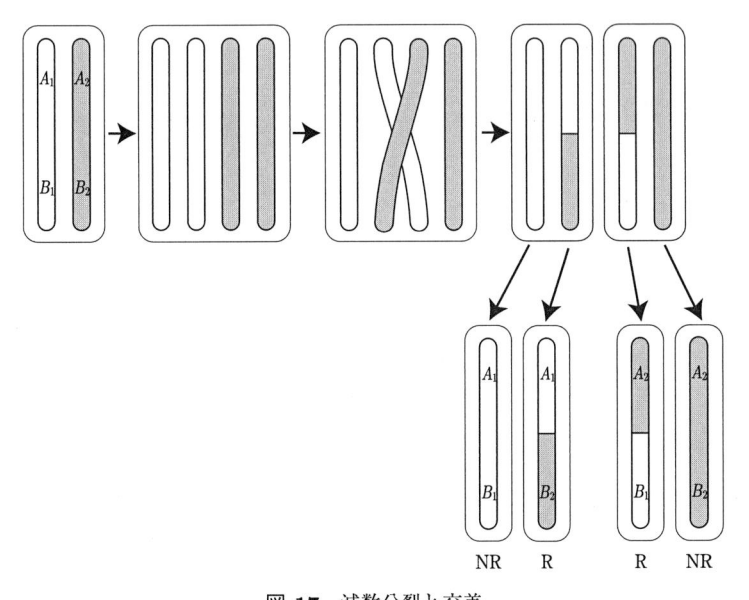

図 17 減数分裂と交差

NR と書かれた生殖細胞において連鎖が見られるが，R と書かれた生殖細胞では連鎖が見られない．

　ところで，2 つの遺伝子座が同じ染色体の上にあり，かつ物理的に近い場所に位置する場合，この遺伝子間の組換え率は低くなる．逆にそうでない場合，組換え率は高くなる．2 つの遺伝子座の距離が無限大の場合，あるいは別の染色体の上にある場合に組換え率は最大値の $\dfrac{1}{2}$ となる．もし何らかの方法で組換え率が推測できれば遺伝子座間の距離(遺伝的距離)が推測できることになる．

　ある家族の m 人の子供を考える．もし m 人のうちの x 人が組換え体であることがわかったとする．各子供は独立に組換え率 p で組換え体であるので x は 2 項分布 $\mathrm{Bin}(m, p)$ の実現値である．遺伝学では組換え率が $\dfrac{1}{2}$ であるという帰無仮説に対する尤度比検定統計量 $L(\hat{p})$, $\hat{p} = x/m$, ただし

$$L(p) = \log_{10} \frac{(1-p)^{m-x} p^x}{(1/2)^m}$$

をロッドスコア(lod score)とよび，遺伝的距離の尺度とするとともに $L(p)$

のグラフの形から p の区間推定が行われている．実際のマッピングにおいては，染色体内での部位が特定できているマーカーとよばれる遺伝子と，ある注目する形質・疾病を引き起こしているであろう遺伝子の組換え率に着目する．この場合，もし形質・疾病の有無などの情報から組換え体が特定できれば組換え率も推定することができ，結果として形質を引き起こす遺伝子とマーカーとの距離を推測することができる．

しかしながらそこで推定される組換え率 p は，家系などの集団を越えてなお均一である保証はない．たとえば多因子性とよばれる形質の場合には，ある家系においては注目する形質がマーカーの近くの遺伝子により引き起こされているのに対し，別の家系ではマーカーから離れた別の遺伝子，あるいは複数の遺伝子により引き起こされていることがおこりうる．このような不均一性に対処するために 2 項分布の有限混合モデルが用いられている．

子供が m 人いる n 組の家族において，第 i 番目の家族の組換え体の人数が x_i であったとする．全家族のうち割合 c の家族で，形質がマーカーの近くの遺伝子により引き起こされ，残りの割合 $1 - c$ の家族では別の遺伝子により引き起こされているとする．このとき後者はマーカーから離れており，遺伝的距離無限大が想定できるとすると，組換え体の人数は有限混合モデル (33) に従うと考えることができる．このときコンポーネント数が 1 であるという帰無仮説 H_0 は興味の対象である遺伝子とマーカーとの間に連鎖が存在しないことに対応する．この帰無仮説 H_0 の検定のための尤度比検定統計量

$$\prod_{i=1}^{n} \frac{f_{\widehat{c}, \widehat{p}}(x_i)}{h^{(m)}\left(x_i; \dfrac{1}{2}\right)} \qquad (\widehat{c}, \widehat{p} \text{ は MLE}) \qquad (34)$$

をロッドスコアに代わる遺伝的距離の尺度とすることが検討されている (Ott, 1999, 10 章)．しかしながら，正則モデルの場合とは違って帰無仮説のもとでの分布の漸近カイ 2 乗性が成り立たないため，どのくらいの値をもって連鎖ありと判断してよいかの基準は自明ではない．

1 章で説明したように，2 項分布の有限混合モデルは $m + 1$ 個の値をとる離散分布の全体がなす正則モデルの部分モデルである．その中で 1 コン

ポーネントモデル $H_0 : \mathrm{Bin}\left(m, \dfrac{1}{2}\right)$ はモデルの特異点となっていた（図9）.
本章では，帰無仮説（真値）がモデルの特異点である場合の尤度比検定の漸
近分布の一般論を論じ，そのひとつの例題として尤度比検定統計量(34)の
漸近分布を導出することにする.

2.2　ランダム係数回帰モデルとプロファイル解析

パラメータ制約モデルの一般論に進む前に，例をもうひとつとりあげる.
回帰分析や多元配置データ解析において，要因（説明変数，あるいは各水
準）の効果をランダムな変量で記述する場合がある. この種のモデリング
は，分散成分モデル（variance components model）とよばれ，多くの場合パ
ラメータ制約を引き起こす. ここではその典型的な例について説明する.

表 1　経時測定データ

個体＼時点	t_1	$\cdots$	t_j	$\cdots$	t_k
1	y_{11}		$\cdots\cdots$		y_{1k}
$\vdots$					
i	$\vdots$		y_{ij}		$\vdots$
$\vdots$					
n	y_{n1}		$\cdots\cdots$		y_{nk}

解析の対象とするデータセットは表1のようなものである. 個体数 n の
各個体のそれぞれについて k 時点 $(t = t_1, \cdots, t_k)$ にわたって観測値が得られ
ているとする. このようなデータは経時（継時）測定データとよばれ，測定
データの形としては一般的なものである. たとえば n 人の子供について，k
時点にわたって身長を測定する，あるいは n 人の被験者について時刻 $t = t_1$
にある処置を施し，その処置効果の時間推移を観察する，といった状況が
考えられる.

いま i 番目の個体の時刻 t_j における測定値を y_{ij} とおきその個体に対す
る測定値の全体を

$$y_i = (y_{i1}, \cdots, y_{ik})^T$$

と（縦）ベクトル表示する．このベクトル y_i を個体 i のプロファイルとよぶ．最初に（他の個体の存在を忘れて）i 番目の個体だけに注目し，プロファイル y_i と時刻 t の関係を記述するモデルを考えよう．もっとも一般的なものは，次の多項式回帰モデルであろう．

$$y_{ij} = (1, t_j, t_j^2, \cdots, t_j^{p-1})u_i + e_{ij} \qquad (j = 1, \cdots, k) \qquad (35)$$

ここで u_i は回帰係数をならべた $p \times 1$ ベクトル（ただし $p < k$），e_{ij} は $j = 1, \cdots, k$ について互いに独立に正規分布 $N(0, \sigma^2)$ に従う測定誤差とする．一般的には $p = 2$（直線回帰），あるいは $p = 3$（2 次曲線回帰）が用いられる．図 18 は，2 つの個体のプロファイル y_i $(i = 1, 2)$ と，その回帰曲線を描いたものである．

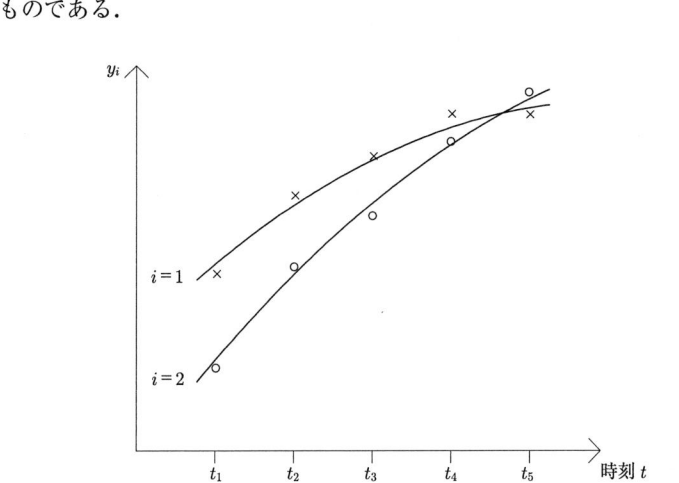

図 18　2 個体のプロファイルとそれらの回帰曲線

後の便宜のために，計画行列を

$$F = \begin{pmatrix} 1 & t_1 & \cdots t_1^{p-1} \\ \vdots & \vdots & \vdots \\ 1 & t_k & \cdots t_k^{p-1} \end{pmatrix}_{k \times p}$$

とおき，式(35)を

$$y_i = Fu_i + e_i, \quad e_i \sim N_k(0, \sigma^2 I_k) \qquad (36)$$

と書き直しておく.

このモデルにおいて，各個体の差異は回帰係数ベクトル u_i に反映される．いま統計解析の興味が，各個体の個々のふるまいよりも集団としての挙動にある場合には，u_i を母集団からのランダムなサンプルと考えモデル化することが多い．たとえば u_i は e_i とは独立に分布

$$u_i \sim N_p(\mu, \Lambda) \qquad (i = 1, \cdots, n, \ \text{i.i.d.}) \qquad (37)$$

に従うものと仮定する．ここで μ は未知の p 次元ベクトル，また Λ は未知の $p \times p$ 半正定値行列である．またこのモデル化はモデルに含まれる未知パラメータの個数を著しく減らす効果がある．（u_i のパラメータ数 pn を (μ, Λ) のパラメータ数 $p + p(p+1)/2$ に減らすことができる．$p \ll n$ に注意する．）

式(36)と(37)を組み合わせたモデルを，ランダム係数回帰モデルとよぶ．ランダム係数回帰モデルにおいては実際に観測できる量は y_i であり，その分布は

$$y_i \sim N_k(F\mu, F\Lambda F^T + \sigma^2 I_k) \qquad (i = 1, \cdots, n, \ \text{i.i.d.}) \qquad (38)$$

となる．

いま $t_j \ (j = 1, \cdots, k)$ はすべて異なるとすると，行列 F のランクは p となり F の各列ベクトルは1次独立である．F の各列ベクトルの張る線形部分空間の正規直交基底を横に並べた行列を $H(k \times p$ 行列)とする．たとえば F の列ベクトルに Schmidt の直交化を行うと行列 H が得られる．このとき $F = HT$ である．（T はある $p \times p$ 正則行列.）

いま，行列 $(H, \bar{H})$ が $k \times k$ 直交行列となるようなものとして $k \times (k-p)$ 行列 $\bar{H}$ を定義する．この直交行列を用いて，座標の直交変換

$$z_i = \begin{pmatrix} H^T \\ \bar{H}^T \end{pmatrix} y_i \qquad (i = 1, \cdots, n)$$

を行う．このとき z_i の従う分布は

$$z_i \sim N_k \left(\begin{pmatrix} \xi \\ 0 \end{pmatrix}, \begin{pmatrix} \Theta + \sigma^2 I_p & 0 \\ 0 & \sigma^2 I_{k-p} \end{pmatrix} \right) \qquad (i = 1, \cdots, n, \;\; \text{i.i.d.})$$

$$(39)$$

ただし
$$\xi = T\mu \in \mathbb{R}^p, \quad \Theta = T\Lambda T^T \in \mathrm{SPD}(p)$$
である．ここで $\mathrm{SPD}(p)$ は $p \times p$ 半正定値行列の全体である．この(39)を
ランダム係数モデルの正準形とよぶことにする．ξ と Θ は $\mathbb{R}^p$ と $\mathrm{SPD}(p)$
の任意の値をとりうることに注意する．

また以下では $p \times p$ 正定値行列の全体を $\mathrm{PD}(p)$, $p \times p$ 実対称行列の全体を
$\mathrm{Sym}(p)$ とおくことにする．また行列 $A, B \in \mathrm{Sym}(p)$ に対し $A - B \in \mathrm{SPD}(p)$
のとき $A \geq B$, $A - B \in \mathrm{PD}(p)$ のとき $A > B$ と書くことにする．

正準形モデル(39)は次の正則モデル

$$N_k \left(\begin{pmatrix} \xi \\ 0 \end{pmatrix}, \begin{pmatrix} \Sigma & 0 \\ 0 & \sigma^2 I_{k-p} \end{pmatrix} \right), \quad (\xi, \Sigma, \sigma^2) \in \Omega,$$

$$\Omega = \mathbb{R}^p \times \mathrm{PD}(p) \times \mathbb{R}_+ \quad (\text{ここで } \mathbb{R}_+ \text{ は正の実数})$$

$$(40)$$

の部分モデルである．正準形モデル(39)のパラメータ空間 Θ は，正則モデ
ルのパラメータ空間 Ω に次のように埋め込まれている．
$$\Theta = \{ (\xi, \Sigma, \sigma^2) \in \Omega \mid \Sigma \geq \sigma^2 I_p \}.$$
$\mathrm{SPD}(p)$ は線形空間 $\mathrm{Sym}(p)$ の原点を頂点とする閉凸錐である．モデル(39)は
正則モデル(40)の凸錐制約モデル(頂点はパラメータが $\Sigma = \sigma^2 I_p$ のとき)で
あることがわかる．

いまランダム係数回帰モデル(36), (37)の回帰係数 u_i の一様性に関する
検定を考えてみよう．すなわち個体のプロファイルの真値が，集団を通し
て一定であるという仮説の検定である．このとき帰無仮説 H_0 は $\Lambda = 0$, 対
立仮説 H_1 は $\Lambda \geq 0$(0 は零行列)となるが，正則モデルのパラメータ空間
の言葉では
$$H_0 : \Sigma = \sigma^2 I_p, \quad H_1 : \Sigma \geq \sigma^2 I_p$$
と表わされる．すなわち検定は凸錐制約モデルにおいて，真値がその頂点で

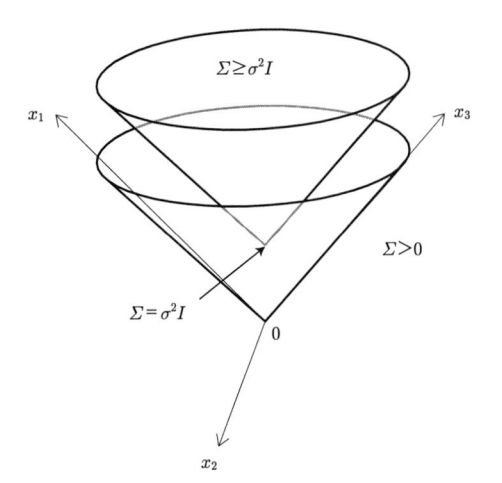

図 19 正則モデル $\Sigma > 0,\ H_0,\ H_1$

あるか否かの検定となる．これは前節で説明した有限混合モデルにおける
コンポーネント数の検定とまったく同じ状況である．図 19 は $p = 2$ の場合
の，正則モデル (40)，仮説 H_0，仮説 H_1 における Σ のとりうる領域を，座
標軸 (x_1, x_2, x_3), $\Sigma = \begin{pmatrix} x_1 & x_2/\sqrt{2} \\ x_2/\sqrt{2} & x_3 \end{pmatrix}$ によって図示したものである．

　次節では，パラメータ制約モデルの最尤推定と尤度比検定の漸近理論の
一般論を述べることにする．

2.3　最尤推定と尤度比検定の漸近論

　ユークリッド空間における接錐の定義は前章の定義 2 で与えられたが，
漸近理論を展開するには付加的な正則条件を課し，より限定されたクラス
の接錐を考える必要がある．以下で導入する「近似錐」はそのようなもの
のひとつである．

　前章同様 $\mathbb{R}^m$ の点 a と集合 B に対し，

$$B + a = a + B = \{a + b \mid b \in B\}, \quad B - a = B + (-a)$$

などと表わすことにする．

定義 6（近似錐） Θ を $\mathbb{R}^m$ の集合とし，θ をその閉包 clΘ の要素とする．θ が Θ の孤立点でないとき，以下の(i),(ii)をみたす $\mathbb{R}^m$ の閉錐 A_θ が存在するならば，それを Θ の点 θ における近似錐(approximating cone)という．

（ⅰ）0 に収束する任意の列 $y_i \in \Theta - \theta$, $y_i \neq 0$, $i = 1, 2, \cdots$, に対し

$$\inf_{x \in A_\theta} \|x - y_i\| = o(\|y_i\|). \tag{41}$$

（ⅱ）0 に収束する任意の列 $x_i \in A_\theta$, $x_i \neq 0$, $i = 1, 2, \cdots$, に対し

$$\inf_{y \in \Theta - \theta} \|x_i - y\| = o(\|x_i\|). \tag{42}$$

また，θ が Θ の孤立点のときは $A_\theta = \{0\}$ とおく． ▮

近似錐に関して，次の補題が成り立つ．この関係式は，本章で説明する漸近理論の基礎となっている．

補題 4　0 に収束する任意の列 $z_i \in \mathbb{R}^m \setminus \{0\}$, $i = 1, 2, \cdots$, に対して

$$\inf_{y \in \Theta - \theta} \|z_i - y\|^2 - \inf_{x \in A_\theta} \|z_i - x\|^2 = o(\|z_i\|^2). \tag{43}$$

▮

証明　式(43)左辺の第 1, 2 項で inf を達成する点をそれぞれ $y_i^* \in \mathrm{cl}\Theta - \theta$, $x_i^* \in A_\theta$ とおく．Θ, A_θ が凸でない限り y_i^*, x_i^* ともに一意には定まらないが，どの y_i^* についても x_i^* を適切に選ぶことにより

$$\|y_i^* - x_i^*\| = o(\|z_i\|) \tag{44}$$

が成り立つ(Shapiro, 1987, Theorem 2)．

また x_i^* は z_i の錐への射影なので $\|x_i^*\| \leq \|z_i\|$．これらより式(43)の左辺は

$$\|z_i - y_i^*\|^2 - \|z_i - x_i^*\|^2$$
$$= -2\langle z_i, y_i^* - x_i^* \rangle + \|y_i^* - x_i^*\|^2 + 2\langle x_i^*, y_i^* - x_i^* \rangle$$
$$= o(\|z_i\|^2). \qquad ▮$$

次の補題は，近似錐が存在すればそれは接錐であること，すなわち近似錐は限定されたクラスの接錐であることを述べている．

補題 5　Θ の点 θ における近似錐 A_θ が存在するならば，それは接錐 $C_\theta =$

$C_\theta \Theta$ に一致する. ▌

証明 次の2つを示せばよい.

（i）0に収束する列 $y_i \in \Theta - \theta$ と非負実数列 $c_i \geq 0$ で $\lim_{i \to \infty} c_i y_i \ (=x)$ が存在するものがあれば, $x \in A_\theta$ である.

（ii）任意の $x \in A_\theta$ について, 0に収束する列 $y_i \in \Theta - \theta$ と非負実数列 $c_i \geq 0$ で $\lim_{i \to \infty} c_i y_i = x$ となるものが存在する.

(i)の証明. $c_i y_i \to x$ が存在するとする. $x = 0$ ならば $x \in A_\theta$. $x \neq 0$ とする. また $c_i > 0$ とする. （41）より, $x_i \in A_\theta$ が存在し, $\|x_i - y_i\|/\|y_i\| \to 0$. これより

$$\frac{\|c_i x_i - c_i y_i\|}{\|c_i y_i\|} \to \frac{\lim_{i \to \infty} \|c_i x_i - x\|}{\|x\|} = 0.$$

$c_i x_i \in A_\theta$ なので $x \in A_\theta$.

(ii)の証明. $x = 0$ のときは自明なので $x \neq 0$ とする. 列 $x_i = (1/i)x \in A_\theta$ をとる. （42）より, ある $y_i \in \Theta - \theta$ があって $\|x_i - y_i\|/\|x_i\| \to 0$. $y_i \to 0$ に注意する. $c_i = i$ とおけば

$$\|x - c_i y_i\| = \|x\| \frac{\|x_i - y_i\|}{\|x_i\|} \to 0.$$ ▌

この補題の逆は成り立たない. 近似錐はつねに存在するとは限らないため, 接錐が近似錐であるとは限らない. そのような例をひとつ挙げる.

補題6 $a_1 > a_2 > \cdots > 0$ を0に収束する実数列とし, $\Theta = \{a_i \mid i = 1, 2, \cdots\}$ とおく. もし $\lim_{i \to \infty} a_{i+1}/a_i = 1$ ならば, Θ は原点において近似錐 $A_0 = \mathbb{R}_+$ をもつ. （ここで $\mathbb{R}_+$ は正の実軸と原点.）もし $\limsup_{i \to \infty} a_{i+1}/a_i < 1$ ならば原点における近似錐は存在しない. ▌

証明の前に, 収束 $a_i \downarrow 0$ の速さにかかわらず, Θ は原点において接錐 $C_0 = \mathbb{R}_+$ をもつことに注意しておく. したがって, もし原点における近似錐 A_0 が存在するならば, それは $\mathbb{R}_+$ である.

証明 最初に, $\lim_{i \to \infty} a_{i+1}/a_i = 1$ のときに, $A_0 = \mathbb{R}_+$ であることを示す. $\Theta \subset \mathbb{R}_+$ なので, 定義6の2番目の条件（42）だけを確認すればよい. 列 $\{a_i\}_{i=1,2,\cdots}$ の中点の列は $\{(a_i + a_{i+1})/2\}_{i=1,2,\cdots}$ であるので

$$(a_i + a_{i+1})/2 \leq x < (a_{i-1} + a_i)/2 \tag{45}$$

を満たす x について $\inf_{y \in \Theta} |x - y| \le (a_{i-1} - a_{i+1})/4$ が成り立つ．これより

$$\inf_{y \in \Theta} \frac{|x - y|}{|x|} \le \frac{a_{i-1} - a_{i+1}}{2(a_i + a_{i+1})} \qquad (46)$$

である．$x \downarrow 0$ のとき(45)を満たす i は ∞ に発散し，またそのとき $a_{i+1}/a_i \to 1$ であることから，上式(46)の右辺は $x \downarrow 0$ のとき 0 に収束し，条件(42)が示される．

次に，$\limsup_{i \to \infty} a_{i+1}/a_i = c < 1$ のときに，$A_0 = \mathbb{R}_+$ であると仮定すると，条件(42)と矛盾することを示す．$A_0 = \mathbb{R}_+$ の列

$$x_i = (a_i + a_{i+1})/2$$

に対し

$$\inf_{y \in \Theta} \frac{|x_i - y|}{|x_i|} = \frac{a_i - a_{i+1}}{a_i + a_{i+1}}$$

が成り立つ．これより

$$\liminf_{i \to \infty} \inf_{y \in \Theta} \frac{|x_i - y|}{|x_i|} \ge \frac{1-c}{1+c} > 0 \qquad (47)$$

となり，条件(42)と矛盾する． ∎

式(47)からわかるように，式(43)において式中の近似錐 A_0 を接錐 C_0 で置き換えてしまうと，それは必ずしも成り立たない．本章では，パラメータ空間の各点で近似錐が存在し(43)が必ず成り立つような対象のみを扱うことにする．

ところで先の例題では，Θ，すなわちモデルのパラメータ空間が無限個の非連結な点で構成されていたが，応用の場面においてそのような病理的な統計モデルを扱う必要があるとは考えにくい．次の定理は，Θ の θ 近傍とある星型集合 A の原点近傍とが連続的に微小変形されるとき，A が生成する錐の閉包が接錐（近似錐）に一致することを述べている．実用上はこのクラスの接錐を考えるだけで十分なことが多い．

定理 3 $A \subset \mathbb{R}^m$ は原点に関する星型集合であるとする．原点 $0 \in \mathbb{R}^m$ の開近傍 $U \subset \mathbb{R}^m$ と C^1 同相写像 $\varphi : U \to \varphi(U) \subset \mathbb{R}^m$ が存在して，$\varphi(0) = 0$, $\varphi((\Theta - \theta) \cap U) = A \cap \varphi(U)$，また原点における微分写像 $d\varphi_0$ が恒等写像であるとする．このとき，A が生成する錐の閉包 $\mathrm{cl}(\mathbb{R}_+ A)$ は Θ の θ におけ

る近似錐である.

この定理を証明するために，補題を 2 つ用意する.

補題7 A, B を $\mathbb{R}^m$ の部分集合とする．原点 $0 \in \mathbb{R}^m$ の開近傍 $U \subset \mathbb{R}^m$ と C^1 同相写像 $\varphi : U \to \varphi(U) \subset \mathbb{R}^m$ が存在して，$\varphi(0) = 0$, $\varphi(B \cap U) = A \cap \varphi(U)$，また原点における微分写像 $d\varphi_0$ が恒等写像であるとする．いま A の原点における近似錐が存在しそれを C とおくとき，C はまた B の原点における近似錐である．

証明 $y \in B \cap U$ のとき $\inf_{x \in C} \|x - y\| \leq \inf_{x \in C} \|x - \varphi(y)\| + \|\varphi(y) - y\| = o(\|\varphi(y)\|) + o(\|y\|) = o(\|y\|)$, $x \in C \cap \varphi(U)$ のとき $\inf_{y \in B} \|x - y\| \leq \inf_{y \in B \cap U} \|x - y\| \leq \|x - \varphi^{-1}(x)\| + \inf_{y' \in A \cap \varphi(U)} \|\varphi^{-1}(x) - \varphi^{-1}(y')\| = o(\|x\|)$ であることから従う.

注 原点における微分写像 $d\varphi_0$ が恒等写像でない場合は $(d\varphi_0)^{-1}(C)$ が B の近似錐となる．この補題から，「近似錐が存在する」という条件が $\mathbb{R}^m$ の局所的な C^1 同相によって不変な性質であることがわかる.

次の補題は，補題 3 に対応するものである.

補題8 $A \subset \mathbb{R}^m$ を原点における星型集合とするとき，A が生成する錐の閉包 $\mathrm{cl}(\mathbb{R}_+ A)$ は，A の原点における近似錐である.

証明 補題 3 より A の接錐 $C_0 A$ は $\mathrm{cl}(\mathbb{R}_+ A)$ である．$A \subset C_0 A$ であるので，近似錐の定義の 2 番目の条件，すなわち 0 に収束する任意の列 $x_n \in \mathrm{cl}(\mathbb{R}_+ A)$ に対し $\mathrm{dist}(x_n, A) = o(\|x_n\|)$ を示せばよい．ここで $\mathrm{dist}(x, A) = \inf_{y \in A} \|x - y\|$ である．$x_n \in \mathbb{R}_+ A \setminus \{0\}$ の場合を考えれば十分である.

集合 A と半径 λ の球面の共通部分を $A(\lambda) = A \cap \lambda S^{m-1}$ とおく．また $M(\lambda) = \{y/\|y\| \mid y \in A(\lambda)\} (\subset S^{m-1})$ とおく．A が星型であることから $M(\lambda)$ は $\lambda \downarrow 0$ のとき集合の増加列となり，その極限 $M(0+) = \lim_{\lambda \downarrow 0} M(\lambda) = \bigcup_{\lambda > 0} M(\lambda)$ は $\mathbb{R}_+ A \cap S^{m-1}$ に一致する．$A \supset A(\|x_n\|)$ であることから

$$\frac{\mathrm{dist}(x_n, A)}{\|x_n\|} \leq \frac{\mathrm{dist}(x_n, A(\|x_n\|))}{\|x_n\|} = \mathrm{dist}\left(\frac{x_n}{\|x_n\|}, M(\|x_n\|)\right)$$

であるが，$x_n / \|x_n\|$ はコンパクト集合 $C_0 A \cap S^{m-1}$ の点であり，$M(\|x_n\|)$ の極限の閉包はこの集合に一致するので，上式の最右辺は $n \to \infty$ のとき 0 に収束する.

定理 3 の証明　$A, \Theta - \theta, \mathrm{cl}(\mathbb{R}_+ A)$ をそれぞれ補題 7 の A, B, C とおく.
補題 8 と併せて，$\mathrm{cl}(\mathbb{R}_+ A)$ は $\Theta - \theta$ の近似錐となる. ▌

多くの統計モデルにおいて写像 φ を具体的に構成することにより，定理
3 から近似錐の存在と形状を知ることができる.

これらの準備のもとで，パラメータの真値がパラメータ空間の端点に位
置するような非正則な場合を含む一般的な最尤推定量，尤度比検定統計量
の漸近理論を述べることができる.

本章で解析するのは，次のクラスの特異モデルである.

定義 7（パラメータ制約モデル）　統計モデル $\mathcal{R} = \{f_\theta \mid \theta \in \Omega\}$（$\Omega$ は $\mathbb{R}^m$
の開集合）が，定義 1 の意味で正則であるとする. $\mathcal{R}$ の部分モデル

$$\mathcal{S} = \{f_\theta \mid \theta \in \Theta\} \qquad (\Theta \subset \Omega)$$

が以下の(i), (ii)を満たすとき，パラメータ制約モデルという.

（ i ）Θ の各点 θ で，Θ の近似錐 A_θ が存在する.

（ ii ）任意の $\theta \in \Theta$ に対して，$X_1, \cdots, X_n$ が f_θ で定まる確率に従う独立
同分布サンプルであるとき，任意の $\delta > 0$ に対し

$$\Pr(\text{最尤推定量 } \widehat{\theta}_n \text{ が存在して } \|\widehat{\theta}_n - \theta\| < \delta) \to 1 \qquad (n \to \infty). ▌$$

ここで真値 θ_0 は，必ずしも Θ の内点として含まれない状況を考えてい
る. 正則モデル $\mathcal{R}$ はパラメータ制約モデルでもあることに注意する. また
Θ が Ω の部分多様体である場合は，Θ の各点で定義される接空間が定理 3
によって近似錐となり，パラメータ制約モデルとなる.（ただし接錐はつね
に線形空間であるので，特異モデルではない.）

以下では前章と同様，対数尤度（比）を

$$L_n(\theta) = \sum_{i=1}^{n} \log \frac{f_\theta(X_i)}{f_{\theta_0}(X_i)}$$

とおく. $L_n(\theta)$ の $\theta \in \mathrm{cl}\Theta$ における最大点が最尤推定量 $\widehat{\theta}_n = \widehat{\theta}_n(X_1, \cdots, X_n)$
である.

これから最尤推定量と尤度比検定統計量の漸近分布について説明する.
以下では，パラメータ制約モデルの真値を θ_0 とする. ここでの基本的な考
え方は，密度関数とパラメータ空間の両方を真値 θ_0 の $n^{-\frac{1}{2}}$ 近傍で近似す
るというものである. 最初に数学的な厳密性を無視して直感的に問題を説

明しよう.

真値の $n^{-\frac{1}{2}}$ 近傍である $\theta_0 + \delta n^{-\frac{1}{2}}$ における尤度関数を考える. ここでは θ_0 は固定した既知の値とし, $\delta = (\delta_1, \cdots, \delta_m)^T$ を推測すべきパラメータと考える. 真値 θ_0 における(正則モデル $\mathcal{R}$ の)有効スコアベクトルを

$$A_n = (a_1, \cdots, a_m)^T, \quad a_i = \frac{1}{n}\frac{\partial L_n(\theta)}{\partial \theta_i}\bigg|_{\theta_0}, \tag{48}$$

また2階微分行列を

$$B_n = (b_{ij})_{1 \le i,j \le m}, \quad b_{ij} = \frac{1}{n}\frac{\partial^2 L_n(\theta)}{\partial \theta_i \partial \theta_j}\bigg|_{\theta_0} \tag{49}$$

とおく. また

$$Z_n = n^{\frac{1}{2}} I(\theta_0)^{-1} A_n$$

とおく. パラメータ $\theta = \theta_0 + \delta n^{-\frac{1}{2}}$ で与えられる確率測度のもとで, 大数の法則より

$$B_n = -I(\theta_0 + \delta n^{-\frac{1}{2}}) + o_p(1) = -I(\theta_0) + o_p(1) \qquad (n \to \infty)$$

となるが, その収束先は δ の値に依存していないので, 尤度関数はすべての δ について

$$L_n(\theta_0 + \delta n^{-\frac{1}{2}}) = \frac{1}{2} Z_n^T I(\theta_0) Z_n - \frac{1}{2}(Z_n - \delta)^T I(\theta_0)(Z_n - \delta) + o_p(1)$$

と展開される. このことから, 観測値 $X_1, \cdots, X_n$ の尤度(同時密度関数)は n が大きいときに

$$\prod_{i=1}^{n} f_{\theta_0 + \delta n^{-\frac{1}{2}}}(X_i)$$
$$\approx \prod_{i=1}^{n} f_{\theta_0}(X_i) e^{\frac{1}{2} Z_n^T I(\theta_0) Z_n} \times e^{-\frac{1}{2}(Z_n - \delta)^T I(\theta_0)(Z_n - \delta)} \tag{50}$$

と近似できる. これは Z_n が漸近十分統計量[*16]であり, その分布は平均ベクトル δ, 分散共分散行列 $I(\theta_0)^{-1}$ の正規分布で近似できることを意味する.

[*16] $\boldsymbol{X}_n = (X_1, \cdots, X_n)$ の同時密度関数が, ある統計量 $T = T(\boldsymbol{X}_n)$ に対して $f_\theta(\boldsymbol{X}_n) = g(\boldsymbol{X}_n)h(T, \theta)$ (g, h は適当な関数)と書き表わせるとき, 統計量 T は $\boldsymbol{X}_n$ の十分統計量であるといわれる. 式(50)においては, θ_0 は推測すべきパラメータと考えていないことに注意する.

次にパラメータ空間を真値の近傍で近似することを考える．パラメータ空間 Θ の θ_0 における接錐を C_0 とすると，集合 Θ は点 θ_0 の近傍で集合 $\theta_0 + C_0$ で近似できる．すなわち

$$\theta_0 + \delta n^{-\frac{1}{2}} \in \Theta \quad \Leftrightarrow \quad \delta \in C_0 \quad (n \to \infty \text{ のとき近似的に})$$

である．

以上の考察により，真値を θ_0 とするパラメータ制約モデル $\mathcal{S}$ は，漸近的には，パラメータが錐領域に制約された正規分布モデル

$$Z_n \sim N_m(\delta, I(\theta_0)^{-1}) \qquad (\delta \in C_0)$$

に帰着されることが予想される．

実際，より厳密な議論を行うことによってこの考察が正しいことが示される．以下に最尤推定量と尤度比検定統計量の漸近的性質を列挙する．これらは主として Chernoff(1954)によって示されたものである．証明はやや煩雑であるので，本章の最後にまとめることにする．

補題 9（最尤推定量の一致性のオーダー） パラメータ制約モデルの最尤推定量 $\widehat{\theta}_n \in \mathrm{cl}\Theta$（$\Theta$ の閉包）は $\sqrt{n}$ 一致推定量

$$\widehat{\theta}_n - \theta_0 = O_p(n^{-\frac{1}{2}})$$

である． ∎

定理 4（Chernoff の定理；尤度比の漸近分布） $\Theta_0, \Theta_1 \subset \Omega$ に対して次の仮説検定問題を考える．

$$H_0 : \theta \in \Theta_0 \quad \text{vs.} \quad H_1 : \theta \in \Theta_1.$$

ここで H_0 は帰無仮説，H_1 は対立仮説である．いまそれぞれの仮説に対応する部分モデル $\mathcal{S}_i = \{f_\theta \mid \theta \in \Theta_i\}$ $(i = 0, 1)$ はパラメータ制約モデル（定義7）であるとする．Θ_0, Θ_1 の真値 θ_0 における近似錐を C_0, C_1 とおく．Θ_0, Θ_1 のもとでの最尤推定量を $\widehat{\theta}_{0,n} \in \mathrm{cl}\Theta_0$, $\widehat{\theta}_{1,n} \in \mathrm{cl}\Theta_1$ とおく．このとき尤度比検定統計量

$$2 \log \lambda_n = 2\{L_n(\widehat{\theta}_{1,n}) - L_n(\widehat{\theta}_{0,n})\}$$

は $n \to \infty$ のとき

$$\min_{\delta \in C_0}(Z - \delta)^T I(\theta_0)(Z - \delta) - \min_{\delta \in C_1}(Z - \delta)^T I(\theta_0)(Z - \delta) \quad (51)$$

に法則収束する．ここで $I(\theta)$ は Fisher 情報行列，また Z は平均 0, 分散共分

散行列 $I(\theta_0)^{-1}$ の m 次元正規分布に従う確率ベクトル $Z \sim N_m(0, I(\theta_0)^{-1})$ である. ∎

注 $Z \sim N_m(\mu, I(\theta_0)^{-1})$ の対数尤度の (-2) 倍は
$$(Z - \mu)^T I(\theta_0)(Z - \mu) + (\mu \text{ を含まない項})$$
であるので, 式(51)の分布は, 観測値 Z にもとづく仮説検定問題 $H_0 : \mu \in C_0$ vs. $H_1 : \mu \in C_1$ の尤度比検定統計量の分布と同じである. ∎

先の定理は尤度関数の最大値の $n \to \infty$ での挙動に関するものであり, 関数の最大値を与える点(最尤推定量)の挙動に関しては何も述べてはいない. しかしパラメータ空間 Θ が局所的に凸であることを仮定することにより, 以下を証明することができる.

定理 5(最尤推定量の漸近分布(Self and Liang, 1987)) 真値 θ_0 を中心とする半径 $\varepsilon > 0$ の開球 B で $\Theta \cap B$ が凸集合であるものが存在するとする. Fisher 情報行列を $I(\theta)$ とおく. Z を平均 0, 分散共分散行列 $I(\theta_0)^{-1}$ の正規分布に従う確率ベクトルとし,

$$\min_{\delta \in C_{\theta_0}} (Z - \delta)^T I(\theta_0)(Z - \delta)$$

を最小にする点 δ を Z_C とおく. (C_{θ_0} は凸なので, Z_C は唯一に定まる.) $n \to \infty$ のとき $n^{\frac{1}{2}}(\widehat{\theta}_n - \theta_0)$ は Z_C に法則収束する. ∎

注 Z_C はパラメータ制約正規分布モデル $Z \sim N_m(\mu, I(\theta_0)^{-1})$ $(\mu \in C)$ における最尤推定量である. ∎

再び話を尤度比の漸近分布に戻そう. 接錐 C_0, C_1 の形に仮定をおくことにより漸近分布(51)はさらに簡単になる. 以下では記法の簡単化のために,

$$\langle x, y \rangle = x^T I(\theta_0) y, \quad \|x\| = \sqrt{\langle x, x \rangle}$$

と書くことにする.

またここでは帰無仮説と対立仮説の間の階層構造 $\Theta_0 \subset \Theta_1$ を仮定する. これより, それらの接錐どうしも階層構造 $C_0 \subset C_1$ をもつことになる.

以下に, Θ_0 が真値の 1 点からなる場合(単純帰無仮説の場合), および Θ_0 が真値を内点として含む場合(複合帰無仮説の場合), の 2 つの場合について漸近分布(51)の形を順次見ていくことにする.

最初に Θ_0 が真値の 1 点からなる場合を考える. このとき $C_0 = \{0\}$(原点

からなる錐)であるので式(51)は

$$\|Z\|^2 - \min_{\delta \in C_1} \|Z - \delta\|^2$$

と書ける. C_1 と単位球面 $S^{m-1} = \{\delta \in \mathbb{R}^m \mid \|\delta\| = 1\}$ との共通部分を $M = C_1 \cap S^{m-1}$ とおく. このとき $\delta \in C_1$ は $\delta = cu$, $u \in M$, $c \geq 0$, と極座標表示できる. この表示を用いると

$$\begin{aligned}
\min_{\delta \in C_1} \|Z - \delta\|^2 &= \min_{c \geq 0} \min_{u \in M} \|Z - cu\|^2 \\
&= \min_{c \geq 0} \min_{u \in M} \{\|Z\|^2 - 2c\langle Z, u\rangle + c^2\} \\
&= \min_{c \geq 0} \Big\{\|Z\|^2 - 2c \max_{u \in M}\langle Z, u\rangle + c^2\Big\}
\end{aligned}$$

である. c についての最小化は, $\max_{u \in M}\langle Z, u\rangle$ の符号で場合分けをすることにより

$$c = \max\Big\{0, \max_{u \in M}\langle Z, u\rangle\Big\} \tag{52}$$

のとき達成され, この c を用いて最小値は $\|Z\|^2 - c^2$ となる. これより漸近分布(51)は

$$\max\Big\{0, \max_{u \in M} Z(u)\Big\}^2, \quad \text{ただし } Z(u) = \langle Z, u\rangle \tag{53}$$

となる. これは $\Big(\max_{u \in M} \max\{Z(u), 0\}\Big)^2$ と表わしても同じである.

また(52)は $\min_{\delta \in C_1} \|Z - \delta\|$ を達成する δ の長さ, すなわち Z の錐 C_1 への直交射影 Z_{C_1} の足の長さであり, (53)はその2乗 $\|Z_{C_1}\|^2$ である(1章の図4を参照).

ところで $Z(u)$ はベクトル値パラメータ $u \in M$ を含んだ確率変数, すなわち確率場である. 1章で述べたように, 一般にパラメータを含んだ確率変数は確率過程とよばれるが, ここではそのパラメータがベクトル値であることを強調する意味で確率場という用語を用いる. とくに $Z(u)$ は, 有限個の異なる $u_1, u_2, \cdots$ に対して $(Z(u_1), Z(u_2), \cdots)$ の有限次元同時分布が多次元正規分布となる. そのような確率場は, **正規確率場**(ガウス確率場, Gaussian random field)とよばれる. 正規確率場の分布は1,2次のモーメン

トですべて決定される. 確率場 $Z(u)$, $u \in M$, のモーメント構造は

$$E[Z(u)] = 0, \quad \mathrm{Cov}(Z(u), Z(v)) = \langle u, v \rangle$$

である. 各 u について $Z(u) \sim N(0,1)$ であることに注意する.

このように尤度比の漸近分布は, 正規確率場 $Z(u)$, $u \in M$, の最大値分布を単調変換 $(\max\{0, \cdot\}^2)$ したものとなる. とくに $a \geq 0$ のときは

$$\mathrm{Pr}\left(\max\left\{ 0, \max_{u \in M} Z(u) \right\}^2 \geq a \right) = \mathrm{Pr}\left(\max_{u \in M} Z(u) \geq \sqrt{a} \right)$$

であるので, 正規確率場の最大値分布の上側確率を求めることが, 尤度比の漸近分布の上側確率を求めることに相当している.

また錐 C_1 が $\mathbb{R}^m$ の d 次元の線形部分空間である場合は, $\max_{u \in M} Z(u)$ は m 次元正規分布の d 次元の線形部分空間 C_1 への直交射影の足の長さとなり, その 2 乗である尤度比の漸近分布は自由度 d のカイ 2 乗分布となる. これは正則なモデルにおいて, 尤度比の漸近カイ 2 乗性として知られている性質である.

以上, $\Theta_0 = \{\theta_0\}$ である場合について漸近分布(51)の形を見てきた. 次に Θ_0 が 1 次元以上で, 真値 θ_0 を内点として含む場合を考える. このとき帰無仮説の全体は正則なモデルをなし, 接錐 C_0 は 1 次元以上の線形部分空間となる.

一方 C_1 は C_0 を含む閉錐である. (錐 C_1 のような, 1 次元以上の線形空間を部分集合として含む錐は, プロパーでない錐とよばれる. 図 20 を参照.)いま C_0 の直交補空間を $C_0^\perp$ とおく. $\tilde{C}_1 = C_0^\perp \cap C_1$ とおくと, $\tilde{C}_1$ も閉錐をなし, 錐 C_1 は

$$C_1 = C_0 \oplus \tilde{C}_1$$

と直交直和分解できる. 対応して確率ベクトルも

$$Z = Z_0 + Z_1 \quad (Z_0 \in C_0, \ Z_1 \in C_0^\perp)$$

と直交直和分解すると, 式(51)は

$$\min_{\substack{\delta_0 \in C_0 \\ \delta_1 \in \{0\}}} \{\|Z_0 - \delta_0\|^2 + \|Z_1 - \delta_1\|^2\} - \min_{\substack{\delta_0 \in C_0 \\ \delta_1 \in \tilde{C}_1}} \{\|Z_0 - \delta_0\|^2 + \|Z_1 - \delta_1\|^2\}$$

$$= \|Z_1\|^2 - \min_{\delta_1 \in \tilde{C}_1} \|Z_1 - \delta_1\|^2$$

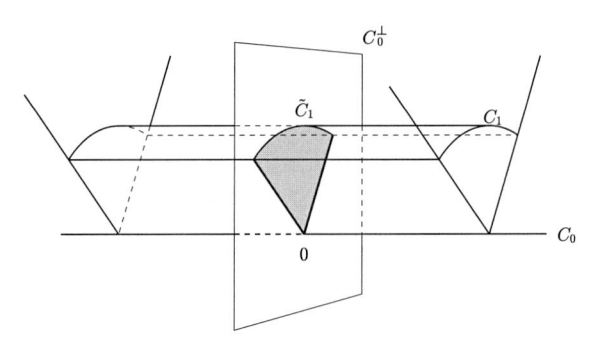

図 20　プロパーでない錐

となり，Θ_0 が真値からなる 1 点集合の場合に帰着する．

2.4　尤度比の極限分布の例

（a）有限混合分布のコンポーネント数の検定

定理 4（Chernoff の定理）は 2 項分布の有限混合分布のコンポーネント数の検定問題に適用できる．

有限混合分布（33）は，有限個の値 $0, 1, \cdots, m$ にマスをもつ離散分布であった．確率変数が値 x をとることを 0-1 ダミー変数表現によって

$$y = (y_1, \cdots, y_m) = \begin{cases} e_x = (\cdots, 0, 1, 0, \cdots) & (x = 1, \cdots, m) \\ (0, \cdots, 0) & (x = 0) \end{cases}$$

と書くことにする．e_x は第 x 要素が 1 で他が 0 の m 次元ベクトルである．x と y は 1 対 1 に対応するので，どちらで考えても情報は変わらない．

確率変数が値 x をとる確率を q_x とおく．m 次元ベクトル $q = (q_1, \cdots, q_m)$ をモデルのパラメータと考えると，確率変数 y の密度は

$$f_q(y) = \prod_{i=0}^{m} q_i^{y_i}, \quad y_0 = 1 - \sum_{i=1}^{m} y_i, \quad q_0 = 1 - \sum_{i=1}^{m} q_i \tag{54}$$

と書ける．1 章（11）で示したように，これは

$$\zeta_i = \log \frac{q_i}{q_0} \qquad (i = 1, \cdots, m)$$

を自然パラメータとする指数型分布族であり，正則モデルである．

定理4における外側の正則モデルとして，この分布の全体

$$\mathcal{R} = \{f_q \mid q \in \Omega\},$$

$$\Omega = \{q = (q_1, \cdots, q_m) \mid q_i > 0, \sum_{i=1}^{m} q_i < 1\} \qquad (55)$$

を考えることができる．パラメータ q に関する Fisher 情報行列は，$m \times m$ 正則行列

$$I(q) = \left(\frac{\delta_{ij}}{q_i} + \frac{1}{q_0} \right)_{1 \le i,j \le m}$$

となる．ここで

$$\delta_{ij} = \begin{cases} 1 & (i = j) \\ 0 & (i \neq j) \end{cases}$$

は Kronecker のデルタである．この逆行列は陽に

$$I(q)^{-1} = \left(\delta_{ij} q_i - q_i q_j \right)_{1 \le i,j \le m}$$

と表わされる．

2項分布の有限混合モデル(33)は，この正則モデル $\mathcal{R}$ の部分モデル $\mathcal{S} = \{f_q \mid q \in \Theta\}$，ただし

$$\Theta = \left\{ q = (1-c)h\left(\frac{1}{2}\right) + ch(p) \in \Omega \,\middle|\, 0 < p \le \frac{1}{2},\ 0 \le c \le 1 \right\} \qquad (56)$$

として記述されていた．ここで

$$h(p) = (h_1(p), \cdots, h_m(p)), \quad h_x(p) = \binom{m}{x} p^x (1-p)^{m-x}$$

は2項分布 $\mathrm{Bin}(m, p)$ の密度関数をベクトル表示したものである．

コンポーネント数が1であるという帰無仮説 H_0 は，Θ の1点 $H_0 : q = h\left(\frac{1}{2}\right) (= q^0$ とおく$)$ である．$q^0 = (q_i^0) = \left(2^{-m} \binom{m}{i} \right)_{1 \le i \le m}$ であった．H_0 を構成するパラメータ空間の接錐は，1点からなる錐 $C_0 = \{0\}$ である．またコンポーネント数が2であるという対立仮説は $H_1 : q \in \Theta \setminus \{q^0\}$

である．H_1 を構成するパラメータ空間の接錐はパラメータ空間 Θ の接錐と同じであるが，それは 1 章で見たように $h(p) - h\left(\dfrac{1}{2}\right)$ で張られる錐

$$C_1 = \mathrm{cl}\left\{ c\left(h(p) - h\left(\frac{1}{2}\right)\right) \;\middle|\; 0 < p \le \frac{1}{2},\, c \ge 0 \right\} \qquad (57)$$

となる．これは星型集合の接錐であるので，補題 8 より C_1 は近似錐となる．

以下では表記を簡単にするために，変数変換 $\phi = 1 - 2p$ を行い，p ではなく ϕ でモデルを記述することにする．$p \in (0, 1/2] \Leftrightarrow \phi \in [0, 1)$ に注意する．ベクトル $h(p) - h\left(\dfrac{1}{2}\right) = h\left(\dfrac{1-\phi}{2}\right) - h\left(\dfrac{1}{2}\right)$ を $g(\phi) = (g_1(\phi), \cdots, g_m(\phi))$ とおく．

$$g_i(\phi) = 2^{-m} \binom{m}{i} \left\{ (1-\phi)^i (1+\phi)^{m-i} - 1 \right\} \qquad (i = 1, \cdots, m)$$

である．また接錐は

$$C_1 = \mathrm{cl}\{ cg(\phi) \mid c \ge 0,\ \phi \in [0, 1] \}$$

となる．

以上の準備のもとで，定理 4 から以下のことがわかる．

$$z = (z_1, \cdots, z_m) \sim N_m(0, I(q^0)^{-1})$$

とする．また内積とノルムを Fisher 情報行列で

$$\langle x, y \rangle = x^T I(q^0) y, \quad \|x\| = \sqrt{\langle x, x \rangle}$$

と定義する．このノルムで定義した単位球面 S^{m-1} と，接錐 C_1 との共通部分 M は

$$M = \left\{ \frac{g(\phi)}{\|g(\phi)\|} \;\middle|\; \phi \in [0, 1] \right\}$$

（ただし $\phi = 0$ のときの値は $\phi \downarrow 0$ の極限で定義する）と書くことができる．前節の結果から尤度比検定統計量の漸近分布は

$$\max\left\{ 0, \max_{0 \le \phi \le 1} Z(\phi) \right\}^2, \quad \text{ただし } Z(\phi) = \frac{\langle g(\phi), z \rangle}{\|g(\phi)\|} \qquad (58)$$

の分布となる．ここで $Z(0) = \lim_{\phi \downarrow 0} Z(\phi)$ と定義している．$Z(\phi)$ は Z の $g(\phi)$ 方向への直交射影である．

$Z(\phi), \phi \in [0, 1]$, は添字 ϕ をもった正規確率場である．平均は 0, 共分散

関数はやや煩雑な計算によって

$$\mathrm{Cov}(Z(\phi), Z(\tilde{\phi})) = \frac{\langle g(\phi), g(\tilde{\phi})\rangle}{\|g(\phi)\| \cdot \|g(\tilde{\phi})\|}$$

$$= \frac{(1 + \phi\tilde{\phi})^m - 1}{\sqrt{(1+\phi^2)^m - 1}\sqrt{(1+\tilde{\phi}^2)^m - 1}}$$

であることがわかる．また分散は一定値 $\mathrm{Var}[Z(\phi)] = 1$ である．

ところで天下り的であるが，式(58)の $Z(\phi)$ の代わりに

$$\tilde{Z}(\phi) = \sum_{i=1}^{m} \tilde{g}_i(\phi)\tilde{z}_i \qquad (\tilde{z}_1, \cdots, \tilde{z}_m \sim N(0,1) \text{ i.i.d.}) \qquad (59)$$

ただし

$$\tilde{g}_i(\phi) = \frac{1}{\sqrt{(1+\phi^2)^m - 1}} \binom{m}{i}^{\frac{1}{2}} \phi^i$$

を考える．このとき $E[\tilde{Z}(\phi)] = 0$ であり，また容易に $\mathrm{Cov}(\tilde{Z}(\phi), \tilde{Z}(\tilde{\phi})) = \mathrm{Cov}(Z(\phi), Z(\tilde{\phi}))$ であることが確認できる．正規確率場の分布は，平均と共分散構造ですべて決まるので，尤度比検定統計量の極限分布(58)は

$$\max\left\{0, \max_{0 \le \phi \le 1} \tilde{Z}(\phi)\right\}^2 \qquad (60)$$

と表わすこともできる．表現(59)のように，正規確率場を有限個あるいは無限個の独立な標準正規確率変数の線形和で表わした表現は，Karhunen-Loève展開(KL展開)とよばれる．

なお Chernoff と Lander(1995)，Lemdani と Pons(1997)は定理4を用いない直接的な計算によって，同じ結果(60)を導いている．

図21は2項分布の有限混合モデル(33)(ただし $m = 3$)について，帰無仮説を H_0：1コンポーネント，対立仮説を H_1：2コンポーネントとする尤度比検定統計量の帰無分布を示したものである．「極限分布」はサンプル数が無限 $(n \to \infty)$ のときの極限分布の上側分布関数である．この曲線は，表現(59)，(60)を用いて生成したシミュレーションデータ(データ数は10000)を描いたものである．

「チューブ法」は，極限分布のチューブ法による近似(3章式(98))である．

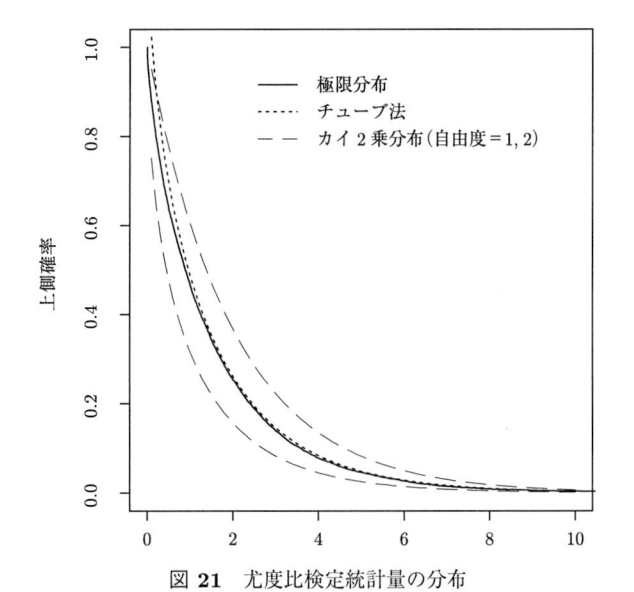

図 **21** 尤度比検定統計量の分布

チューブ法については 3 章で詳しく説明するが, 極限分布を精度良く近似していることがわかる.

「カイ 2 乗分布」の 2 つの曲線は, 自由度 1, 2 のカイ 2 乗分布の上側確率である. 有限混合分布が特異モデルであることを無視して, 正則モデルの漸近分布を用いて検定を行うとすると, このどちらかの分布を用いることになるが, それは実際の極限分布から大きく離れたものとなる.

（**b**） ランダム回帰係数の一様性検定

次にランダム係数回帰モデル (36), (37) における回帰係数 u_i の一様性に関する尤度比検定を考える. 本章 2 節で見たように, この検定は正則モデル (40) において多変量片側検定 $H_0 : \Sigma = \sigma^2 I_p$ vs. $H_1 : \Sigma \geq \sigma^2 I_p$ を考えることと同等であった. 定理 4 (Chernoff の定理) を用いることによって, 個体数 $n \to \infty$ の時の尤度比検定統計量の帰無分布を導くことができる.

いまモデルの真値を $(\xi, \Sigma, \sigma^2) = (\xi_0, \sigma_0^2 I_p, \sigma_0^2)$ (ただし $\sigma_0^2 > 0$) とする. 実は後述の注で説明する群不変性の議論から, 尤度比の帰無分布は ξ_0, σ_0^2 の値に依存しないことがわかる. そこで一般性を失うことなく $\xi_0 = 0 \in \mathbb{R}^p$,

$\sigma_0^2 = 1$ とおく.

この真値まわりの接錐を考える. 正則モデル (40) の接錐 (接空間) は
$$T = \mathbb{R}^p \times \mathrm{Sym}(p) \times \mathbb{R}$$
である. 帰無仮説 H_0 を構成するパラメータ空間の接錐は, T の線形部分空間
$$C_0 = \{(\xi, A, h) \in T \mid A = hI_p\},$$
また対立仮説 H_1 を構成するパラメータ空間の接錐は,
$$C_1 = \{(\xi, A, h) \in T \mid A \geq hI_p\}$$
である.

また正則モデル (40) の $p + \dfrac{p(p+1)}{2} + 1$ 次元パラメータ

$$(\xi_1, \cdots, \xi_p, \sigma_{11}, \cdots, \sigma_{pp}, \sigma_{12}, \cdots, \sigma_{p-1,p}, \sigma^2)$$

$$\text{ただし } \Sigma = (\sigma_{ij})_{1 \leq i,j \leq p}$$

に対する Fisher 情報行列を真値で評価すると, 対角行列

$$I_0 = \mathrm{diag}\Big(\underbrace{1, \cdots, 1}_{p}, \underbrace{\frac{1}{2}, \cdots, \frac{1}{2}}_{p}, \underbrace{1, \cdots, 1}_{p(p-1)/2}, \frac{\nu}{2}\Big) \qquad (\nu = k - p)$$

となる. この行列を計量として, 正則モデルの接空間の要素 $(\delta, A, h) \in T$ のノルムが

$$\sum_{j=1}^{p} (\delta_j)^2 + \frac{1}{2} \sum_{j=1}^{p} (a_{jj})^2 + \sum_{i<j} (a_{ij})^2 + \frac{\nu}{2} h^2 = \delta^T \delta + \frac{1}{2} \mathrm{tr}(A^2) + \frac{\nu}{2} h^2$$

$$\text{ただし } \delta = (\delta_j)_{1 \leq j \leq p}, \ A = (a_{ij})_{1 \leq i,j \leq p}$$

の形で導入される.

ところで C_1 は線形部分空間 C_0 を含む閉凸錐であり,

$$C_1 = C_0 \oplus (\{0\} \times \tilde{C}_1) \qquad (0 \text{ は } \mathbb{R}^p \text{ の原点}),$$

$$\text{ただし } \tilde{C}_1 = \{(A, h) \mid A \geq hI_p, \ \mathrm{tr}(A) + \nu h = 0\}$$

と直交直和分解される. $\tilde{C}_1$ と単位球面との共通部分は

$$M = \Big\{(A, h) \in \mathrm{Sym}(p) \times \mathbb{R} \mid A \geq hI_p, \ \mathrm{tr}(A) + \nu h = 0,$$

$$\frac{1}{2}\operatorname{tr}(A^2) + \frac{\nu}{2}h^2 = 1\Big\} \tag{61}$$

である．定理 4 と，本章 3 節の最後に述べた接錐がプロパーでないときの議論より，次の定理が成り立つことがわかる．

定理 6 $A = (a_{ij}) \in \operatorname{Sym}(p)$ をその対角成分と上三角成分がすべて独立に正規分布

$$a_{ii} \sim N(0, 2), \quad a_{ij} \sim N(0, 1) \quad (i < j)$$

に従うランダム行列とする．また $h \in \mathbb{R}$ は A と独立に $N\left(0, \dfrac{2}{\nu}\right)$ に従うものとする．ランダム係数回帰モデルにおける係数の一様性に関する尤度比検定統計量は，$n \to \infty$ のとき帰無仮説のもとで

$$\max\Big\{0, \max_{(U,u) \in M}\Big\{\frac{1}{2}\operatorname{tr}(AU) + \frac{\nu}{2}hu\Big\}\Big\}^2 \tag{62}$$

に法則収束する． ∎

注 ランダム係数回帰モデルの正準形 (39) に従う確率変数 z_i に対し，1 対 1 変換（群作用）

$$g \,:\, z_i \mapsto cz_i + \begin{pmatrix} \delta \\ 0 \end{pmatrix} \qquad (c > 0,\ \delta \in \mathbb{R}^p)$$

を考える．このとき gz_i は，パラメータを $(c\xi + \delta, c^2\Theta, c^2\sigma^2)$ とおいたときの分布 (39) に従う．このように確率変数の変換に対して統計モデルが閉じる場合に，その統計モデルは変換群モデルという．g がパラメータ空間に引き起こす 1 対 1 変換を

$$\bar{g} \,:\, (\xi, \Theta, \sigma^2) \mapsto (c\xi + \delta, c^2\Theta, c^2\sigma^2)$$

とおく．また $\Theta = 0$ ならば $c^2\Theta = 0$ なので，この変換 $\bar{g}$ は仮説 H_0 についても閉じている．（変換 $\bar{g}$ は仮説 H_0 を不変に保つ．）

ここで z_i の密度関数を $f_{(\xi,\Theta,\sigma^2)}(z_i)$ と書くとき，$z_i' = gz_i$ の密度関数は

$$f_{\bar{g}(\xi,\Theta,\sigma^2)}(z_i') = f_{(\xi,\Theta,\sigma^2)}(z_i)\chi(g)^{-1}, \quad \chi(g) = \left|\frac{\partial(gz_i)}{\partial z_i}\right|$$

の形であることから，H_0 vs. H_1 の尤度比検定を考えたとき，観測値 $\{z_i'\}_{i=1,\cdots,n}$ にもとづく検定統計量と観測値 $\{z_i\}_{i=1,\cdots,n}$ にもとづく検定統計量は等しいこと，すなわち

$$\frac{\displaystyle\sup_{\bar{g}(\xi,\Theta,\sigma^2)\in H_0}\prod f_{\bar{g}(\xi,\Theta,\sigma^2)}(z_i')}{\displaystyle\sup_{\bar{g}(\xi,\Theta,\sigma^2)\in H_1}\prod f_{\bar{g}(\xi,\Theta,\sigma^2)}(z_i')}=\frac{\displaystyle\sup_{(\xi,\Theta,\sigma^2)\in H_0}\prod f_{(\xi,\Theta,\sigma^2)}(z_i)}{\displaystyle\sup_{(\xi,\Theta,\sigma^2)\in H_1}\prod f_{(\xi,\Theta,\sigma^2)}(z_i)}$$

がわかる．そこで $c=\dfrac{1}{\sigma},\ \delta=-\dfrac{1}{\sigma}\xi$ とおけば（尤度比検定統計量の帰無仮説 H_0 のもとでの分布を求めるという目的のためには）一般性を失うことなく $\xi=0,\ \sigma^2=1$ とすることができる． ▌

2.5 定理の証明

　ここで補題 9 および定理 4, 5 の証明を与える．ここでは記法の簡単化のために，内積およびノルムは真値における Fisher 情報行列により定義されたもの

$$\langle x,y\rangle=x^T I(\theta_0)y,\quad \|x\|=\sqrt{\langle x,x\rangle}$$

とする．このように定義しても，近似錐の定義（定義 6）に変更を加える必要はない．また補題 4 も同じ形で成り立つことに注意する．

　また真値における有効スコアベクトル A_n，および 2 階微分行列 B_n を式(48)および式(49)で定義した．

■補題 9 の証明

　定義 1 の正則条件のもとで，θ_0 を含む Ω の開近傍 N_0 が存在し，任意の $\theta\in N_0$ について

$$n^{-1}L_n(\theta)$$
$$=A_n^T(\theta-\theta_0)+\frac{1}{2}(\theta-\theta_0)^T B_n(\theta-\theta_0)+\|\theta-\theta_0\|^3 O_p(1) \quad (63)$$

である．（$L_n(\theta_0)=0$ に注意.）

　n が十分に大きい場合は $\widehat{\theta}_n\in N_0\cap\mathrm{cl}\Theta$ であり，また $\widehat{\theta}_n$ は θ_0 の近傍で尤度関数を最大にする点であったので

$$0\le n^{-1}L_n(\widehat{\theta}_n)$$
$$=A_n^T(\widehat{\theta}_n-\theta_0)+\frac{1}{2}(\widehat{\theta}_n-\theta_0)^T B_n(\widehat{\theta}_n-\theta_0)+\|\widehat{\theta}_n-\theta_0\|^3 O_p(1). \quad (64)$$

ここで $\widehat{\theta}_n - \theta_0 = o_p(1)$, $B_n = -I(\theta_0) + o_p(1)$, $A_n = n^{-\frac{1}{2}} O_p(1)$ であるが, o_p, O_p の定義から任意の $\varepsilon, \varepsilon_0 > 0$ に対して, 定数 $K > 0$ と自然数 n_0 が存在し, $n \geq n_0$ について $1 - \varepsilon_0$ 以上の確率で $\|o_p(1)\| < \varepsilon$, $\|O_p(1)\| < K$ が成り立つ. これらを代入し整理すると, 式(64)の右辺は

$$-\frac{1}{2}\|\widehat{\theta}_n - \theta_0\|^2 + K'(n^{-\frac{1}{2}}\|\widehat{\theta}_n - \theta_0\| + \varepsilon\|\widehat{\theta}_n - \theta_0\|^2) \quad (K' \text{ は定数})$$

で上から抑えられることがわかる. これが非負であることから

$$\|\widehat{\theta}_n - \theta_0\| \leq K'' n^{-\frac{1}{2}} \quad (K'' \text{ は別の定数})$$

となる. ∎

■定理 4 の証明

θ を $\theta - \theta_0 = O_p(n^{-\frac{1}{2}})$ である任意の確率変数とする. また

$$Z_n = n^{\frac{1}{2}} I(\theta_0)^{-1} A_n$$

とおく. このとき $Z_n = O_p(1)$ である. 式(63)において

$$\theta - \theta_0 = n^{-\frac{1}{2}} Z_n - (n^{-\frac{1}{2}} Z_n - (\theta - \theta_0))$$

を代入し整理すると

$$L_n(\theta) = \frac{1}{2} g_n(\theta_0) - \frac{1}{2} g_n(\theta) + o_p(1) \tag{65}$$

$$\text{ただし } g_n(\theta) = \|Z_n - n^{\frac{1}{2}}(\theta - \theta_0)\|^2$$

となる. ($L_n(\theta_0) = 0$ に注意.) 以下では Θ は Θ_0 または Θ_1 のこととする.

Θ のもとでの最尤推定量 $\widehat{\theta}_n$ は $\sqrt{n}$ 一致性をもっていたので

$$L_n(\widehat{\theta}_n) = \frac{1}{2} g_n(\theta_0) - \frac{1}{2} g_n(\widehat{\theta}_n) + o_p(1) \tag{66}$$

である.

$g_n(\theta)$ を $\theta \in \text{cl}\Theta$ において最小にする値を $\tilde{\theta}_n$ とおく. すなわち

$$g_n(\tilde{\theta}_n) = \inf_{\theta \in \Theta} g_n(\theta)$$

である. Θ が凸でない限り $\tilde{\theta}_n$ は必ずしも一意に定まらないが, 最小値は一意に定まる.

$$\|n^{\frac{1}{2}}(\tilde{\theta}_n - \theta_0)\| \leq \|Z_n\| + \|Z_n - n^{\frac{1}{2}}(\tilde{\theta}_n - \theta_0)\| \leq 2\|Z_n\| = O_p(1)$$

であるので，式(65)において θ に $\tilde{\theta}_n$ を代入した式が成り立つ．

さらに

$$0 \leq L_n(\widehat{\theta}_n) - L_n(\tilde{\theta}_n) = -\frac{1}{2}\{g_n(\widehat{\theta}_n) - g_n(\tilde{\theta}_n)\} + o_p(1)$$

および

$$0 \leq g_n(\widehat{\theta}_n) - g_n(\tilde{\theta}_n)$$

より

$$L_n(\widehat{\theta}_n) = L_n(\tilde{\theta}_n) + o_p(1), \quad g_n(\widehat{\theta}_n) = g_n(\tilde{\theta}_n) + o_p(1) \qquad (67)$$

である．

Θ の θ_0 における近似錐を C とする．$g_n(\theta)$ を $\theta \in \theta_0 + C$ において最小にする値を $\check{\theta}_n$ とおく．すなわち

$$g_n(\check{\theta}_n) = \min_{\theta \in \theta_0 + C} g_n(\theta)$$

である．今の場合も C が凸でない限り $\check{\theta}_n$ の一意性は保証されないが，最小値は一意に決まる．

$\|y\| \to 0$ のとき次が成り立っていた（補題4）．

$$\inf_{\theta \in \Theta} \|y - (\theta - \theta_0)\|^2 - \inf_{\theta \in C + \theta_0} \|y - (\theta - \theta_0)\|^2 = o(\|y\|^2).$$

$y = n^{-\frac{1}{2}} Z_n$ の場合を考えると，これは

$$g_n(\tilde{\theta}_n) = g_n(\check{\theta}_n) + o_p(1) \qquad (68)$$

を意味する．$n^{\frac{1}{2}}(\theta - \theta_0)$ を新たに δ とおけば，C の錐としての性質より $\theta \in \theta_0 + C \Leftrightarrow \delta \in C$ であり

$$g_n(\check{\theta}_n) = \min_{\delta \in C} \|Z_n - \delta\|^2 \qquad (69)$$

と書くことができる．

(66)に(67)，(68)，(69)を代入することにより

$$L_n(\widehat{\theta}_n) = \frac{1}{2}\|Z_n\|^2 - \frac{1}{2}\min_{\delta \in C}\|Z_n - \delta\|^2 + o_p(1)$$

である．

ここで右辺第1,2項は Z_n の連続関数である．また Z_n は $n \to \infty$ のとき，

確率ベクトル $Z \sim N_m(0, I(\theta_0)^{-1})$ に法則収束する. 連続写像定理によって $L_n(\widehat{\theta}_n)$ は

$$\frac{1}{2}\|Z\|^2 - \frac{1}{2}\min_{\delta \in C}\|Z - \delta\|^2$$

に法則収束することがわかる.

Θ_0 のもとでの最大対数尤度と Θ_1 のもとでの最大対数尤度を同時に考えることにより, 定理が証明される. ▮

■定理 5 の証明

定理 4 の証明で用いた記号 $Z_n, \widehat{\theta}_n, \bar{\theta}_n, \check{\theta}_n$ をここでも同じ意味に用いる. 以下の 3 つが成り立てばよい. 接錐 C_{θ_0} が凸であることから $\check{\theta}_n$ は一意に定まることに注意する.

(i) $n \to \infty$ のとき, $n^{\frac{1}{2}}(\check{\theta}_n - \theta_0)$ が Z_C に法則収束する.

(ii)(Θ が凸ではない限り $\bar{\theta}_n$ は必ずしも一意に定まらないが) $\bar{\theta}_n$ を適当に定めることにより

$$n^{\frac{1}{2}}(\bar{\theta}_n - \check{\theta}_n) = o_p(1).$$

(iii) 上記の $\bar{\theta}_n$ について

$$n^{\frac{1}{2}}(\widehat{\theta}_n - \bar{\theta}_n) = o_p(1). \tag{70}$$

最初に(i)を示す. ベクトル W の錐 C_{θ_0} への射影を W_C とおくとき

$$n^{\frac{1}{2}}(\check{\theta}_n - \theta_0) = (Z_n)_C$$

と書くことができる. また C_{θ_0} は凸であるので, 関数 $Z \mapsto Z_C$ は連続である. この連続性と, Z_n の極限分布が Z であることから(i)が示される.

次に(ii)を示す. $n^{\frac{1}{2}}(\bar{\theta}_n - \theta_0)$ と $n^{\frac{1}{2}}(\check{\theta}_n - \theta_0)$ は, 関数

$$\|Z_n - \delta\|^2$$

を $\delta \in \Theta - \theta_0$ ならびにその原点における接錐 $\delta \in C_{\theta_0}$ のもとで最小にする点であった. とくに $n^{\frac{1}{2}}(\check{\theta}_n - \theta_0)$ は一意に定まっていたので, (44)より $\bar{\theta}_n$ を適当に定めることにより

$$\|n^{\frac{1}{2}}(\bar{\theta}_n - \theta_0) - n^{\frac{1}{2}}(\check{\theta}_n - \theta_0)\| = o(\|Z_n\|) = o_p(1).$$

最後に(iii)を示す. 定理の仮定のもとで(67)

$$\frac{1}{n}g_n(\widehat{\theta}_n) - \frac{1}{n}g_n(\tilde{\theta}_n) = \|n^{-\frac{1}{2}}Z_n - \widehat{\theta}_n\|^2 - \|n^{-\frac{1}{2}}Z_n - \tilde{\theta}_n\|^2$$
$$= o_p(n^{-1})$$

から(70)が示されることを示す.

$\widehat{\theta}_n = \theta_0 + O_p(n^{-\frac{1}{2}})$, $\tilde{\theta}_n = \theta_0 + O_p(n^{-\frac{1}{2}})$ であったので,十分に 1 に近い確率で $\widehat{\theta}_n, \tilde{\theta}_n \in \mathrm{cl}(\Theta \cap B)$ である.$\tilde{\theta}_n$ は最適化問題

$$\inf_{\theta \in \Theta \cap B} \|n^{-\frac{1}{2}}Z_n - \theta\|$$

の解であり,また $\mathrm{cl}(\Theta \cap B)$ が凸であることから

$$\|\widehat{\theta}_n - \tilde{\theta}_n\|^2 \le \|n^{-\frac{1}{2}}Z_n - \widehat{\theta}_n\|^2 - \|n^{-\frac{1}{2}}Z_n - \tilde{\theta}_n\|^2 = o_p(n^{-1})$$

である*17.これより

$$n^{\frac{1}{2}}(\widehat{\theta}_n - \tilde{\theta}_n) = o_p(1). \qquad \blacksquare$$

---

*17 $x \in \mathbb{R}^m$, $C \subset \mathbb{R}^m$ を閉凸集合とする.$y \in C$ が最適化問題 $\inf_{y \in C} \|x - y\|$ の解であることと,任意の $z \in C$ について $\|z - y\|^2 \le \|x - z\|^2 - \|x - y\|^2$ が成り立つこととが同値である.

3 チューブ法——正規確率場の幾何学

3.1 はじめに

2章でパラメータ制約モデルにおける尤度比検定統計量の漸近分布が正規確率場の最大値の分布として定式化されることを見た．本章では正規確率場の最大値分布（あるいはその近似分布）を導出するためのチューブ法とオイラー標数法とよばれる幾何学的方法について説明する．

はじめに問題を再度数学的に定式化しておく．M を $\mathbb{R}^m$ の単位球面（$m-1$ 次元単位球面 S^{m-1}）の閉部分集合とする．各成分が独立に標準正規分布に従う m 次元正規確率ベクトル

$$z = (z_1, \cdots, z_m) \qquad (z_i \sim N(0,1) \ \text{i.i.d.})$$

を用いて，各 $u \in M$ について以下の量を定義する．

$$Z(u) = \langle u, z \rangle, \quad u \in M.$$

ここで $\langle , \rangle$ は $\mathbb{R}^m$ の標準的な内積である．これは添字集合 M 上の正規確率場で，そのモーメント構造が

$$E[Z(u)] = 0, \quad \text{Cov}(Z(u), Z(v)) = \langle u, v \rangle$$

であるものとみることができる．$\langle u, u \rangle = \|u\|^2 = 1$ であるので，各 u について $Z(u) \sim N(0,1)$ となることに注意する．

本章では，この確率場の添字集合上での最大値の分布（上側裾確率）

$$\Pr\left(\max_{u \in M} \langle u, z \rangle \geq a \right) \tag{71}$$

ならびにその a が大きい場合の近似分布について考察する．2章で見たように，パラメータ制約モデルの尤度比検定統計量の漸近帰無分布は，単位接ベクトルの集合を M として，最大値 $\max_{u \in M} \langle u, z \rangle$ の単調増加関数

$$\max\left\{ 0, \max_{u \in M} \langle u, z \rangle \right\}^2$$

となることが多い．このとき上側確率(71)は検定の p 値に対応する．

これから順次示していくが，上側確率(71)はある場合にはその正確な形を導くことができる．またそうではない場合であっても，適当な条件のもとで，a が大きいとき（すなわち p 値が小さいとき）の実用的な近似分布を導くことができる．

なお，2章で扱った2項分布の有限混合分布では M は球面上の閉曲線となる．また4章で扱う予定の単調回帰モデルは M は球面凸多角形の場合に相当する．

3.2 チューブの体積と正規確率場の最大値分布

集合 M のまわりの半径 θ のチューブ(tube)M_θ とは，球面 S^{m-1} の点でその M からの距離が θ 以下のものの全体をいう．ここで球面 S^{m-1} 上の2点 u, v の間の距離を，2点 u, v を通る大円距離 $\mathrm{dist}(u,v) = \cos^{-1}\langle u,v \rangle$ で定義する．すなわち

$$M_\theta = \left\{ v \in S^{m-1} \mid \mathrm{dist}(M,v) = \min_{u \in M} \mathrm{dist}(u,v) \leq \theta \right\}$$

である．

大円距離を通常のユークリッド距離でおきかえることにより，ユークリッド空間におけるチューブも同様に定義されるが，本書では球面上のチューブだけを扱う．図22に M が1次元，2次元の場合のチューブの例を示す．

チューブ M_θ の $m-1$ 次元球面体積を $\mathrm{Vol}(M_\theta)$ とおく．実はこの体積 M_θ を求めることと，正規確率場の最大値分布(71)を求めることは等価で

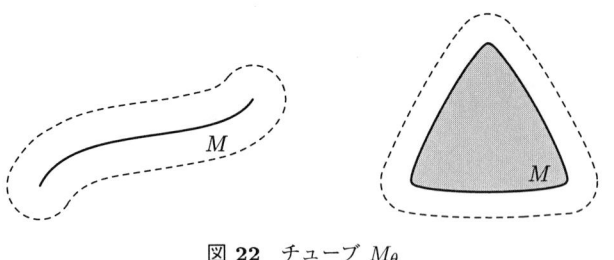

図 22　チューブ M_θ

ある．そのことを以下に説明する．

$z \sim N_m(0, I_m)$ とし，z をその長さ $\|z\|$ で基準化したものを $y = z/\|z\|$ とおく．$\|y\| = 1$ に注意する．正規分布は原点からの長さと方位が独立であるという性質をもつ分布であるので，$\|z\|$ と y は独立に分布する．このことから

$$\Pr\left(\max_{u \in M}\langle u, z\rangle \geq a\right) = \Pr\left(\max_{u \in M}\langle u, y\rangle \geq \frac{a}{\|z\|}\right)$$

$$= \int_{a^2}^{\infty} \Pr\left(\max_{u \in M}\langle u, y\rangle \geq \frac{a}{\sqrt{\xi}}\right) g_m(\xi)\, d\xi \quad (72)$$

となる．ここで

$$g_m(\xi) = \frac{1}{2^{m/2}\Gamma\left(\dfrac{m}{2}\right)} \xi^{\frac{m}{2}-1} e^{-\frac{\xi}{2}}$$

は $\|z\|^2$ の従う分布，すなわち自由度 m のカイ 2 乗分布の密度関数である．また

$$\max_{u \in M}\langle u, y\rangle \geq b \quad \Leftrightarrow \quad \min_{u \in M}\cos^{-1}\langle u, y\rangle \leq \cos^{-1}(b)$$

$$\Leftrightarrow \quad \mathrm{dist}(M, y) \leq \cos^{-1}(b)$$

$$\Leftrightarrow \quad y \in M_{\cos^{-1}(b)}$$

であることと，y が球面上一様分布 $\mathrm{Unif}(S^{m-1})$ に従うということより

$$\Pr\left(\max_{u \in M}\langle u, y\rangle \geq b\right) = \Pr(y \in M_{\cos^{-1}(b)}) = \frac{\mathrm{Vol}(M_{\cos^{-1}(b)})}{\Omega_m} \quad (73)$$

である．ただし

$$\Omega_m = \mathrm{Vol}(S^{m-1}) = \frac{2\pi^{\frac{m}{2}}}{\Gamma\left(\dfrac{m}{2}\right)}$$

は単位球面 S^{m-1} の体積である．これを式(72)に代入すると

$$\Pr\left(\max_{u \in M}\langle u, z\rangle \geq a\right) = \frac{1}{\Omega_m} \int_{a^2}^{\infty} \mathrm{Vol}(M_{\cos^{-1}(a/\sqrt{\xi})})\, g_m(\xi)\, d\xi \quad (74)$$

となる．すなわち，もしすべての $\theta \geq 0$ についてチューブの体積 $\mathrm{Vol}(M_\theta)$ がわかれば $T = \max_{u \in M}\langle u, z\rangle$ の分布がわかる．また式(74)は変数変換 $\xi := a^2(\eta+1)$ により

90 | 3 チューブ法

$$\frac{\Pr\left(\max_{u \in M}\langle u, z\rangle \geq a\right)}{a^m e^{-\frac{a^2}{2}}}$$

$$= \frac{1}{2(2\pi)^{-\frac{m}{2}}} \int_0^\infty \mathrm{Vol}(M_{\cos^{-1}(1/\sqrt{\eta+1})})(\eta+1)^{\frac{m}{2}-1} e^{-\frac{a^2\eta}{2}} d\eta \quad (75)$$

と書き換えることができる. これは任意の $a > 0$ について成り立つので, Laplace 変換の一意性より $\max_{u \in M}\langle u, z\rangle$ の上側確率からチューブの体積が一意に定まることがわかる.

ところで一般にはチューブ M_θ の体積 $\mathrm{Vol}(M_\theta)$ をすべての $\theta \geq 0$ について求めることはやさしい問題ではない. しかしながら次節以降に順次示すように, 添字集合 M の形に適当な正則条件を課すことにより, 半径 θ が小さいときのチューブの体積は一般には以下の形で表わされることが知られている.

$$\mathrm{Vol}(M_\theta) = \Omega_m \sum_{i=0}^d w_{d+1-i} \bar{B}_{\frac{d+1-i}{2}, \frac{m-d-1+i}{2}}(\cos^2 \theta) \quad (0 \leq \theta \leq \theta_c) \tag{76}$$

ここで $d = \dim(M)$ は M の次元, $w_1, \cdots, w_{d+1}$ および $\theta_c \left(0 < \theta_c \leq \frac{\pi}{2}\right)$ は M から決まる幾何量(これらについては後で詳しく述べる), また

$$\bar{B}_{i,j}(x) = \frac{\Gamma(i+j)}{\Gamma(i)\Gamma(j)} \int_x^1 \xi^{i-1}(1-\xi)^{j-1} d\xi$$

はパラメータ (i, j) のベータ分布の上側確率である.

一般に, 正の実軸で定義された関数 $f(x)$ の $x \to 0+$ での挙動と, $f(x)$ の Laplace 変換 $\hat{f}(s)$ の裾 $s \to \infty$ での挙動は 1 対 1 に対応することが知られている(Tauber 型定理. Feller, 1971). この定理を式(75)に適用すると, $\theta \to 0$ のときのチューブ体積 $\mathrm{Vol}(M_\theta)$ の漸近挙動と $a \to \infty$ のときの上側確率 $\Pr\left(\max_{u \in M}\langle u, z\rangle \geq a\right)$ の漸近挙動とが 1 対 1 に対応することがわかる. ここでは $\theta \to 0$ の漸近挙動ばかりでなく $\theta \in [0, \theta_c]$ についてチューブの体積が正確に与えられていると仮定しているので, 上側確率 $\Pr\left(\max_{u \in M}\langle u, z\rangle \geq a\right)$ について, $a \to \infty$ での漸近評価より詳しい評価が可能であることが期待される. 実際, 以下の定理が成り立つ.

定理 7 (Sun, 1993 ; Kuriki and Takemura, 2001)　半径 θ ($\leq \theta_c$) のチュー

ブの体積が式 (76) の形で与えられているとする. $\max_{u \in M}\langle u, z\rangle$, $z \sim N_m(0, I_m)$, の上側裾確率は

$$\Pr\left(\max_{u \in M}\langle u, z\rangle \geq a\right) = \sum_{i=0}^{d} w_{d+1-i}\bar{G}_{d+1-i}(a^2) + O(\bar{G}_m((1 + \tan^2\theta_c)a^2))$$

$$(a \to \infty) \tag{77}$$

と漸近展開の形で評価できる. ただし

$$\bar{G}_i(a) = \Pr(\chi_i^2 \geq a) = \int_a^{\infty} g_i(\xi)\,d\xi$$

は自由度 i のカイ 2 乗分布の上側確率である.

とくに $\theta_c = \dfrac{\pi}{2}$ の場合は, 任意の $a > 0$ について式 (77) の剰余項が 0 となる. すなわち

$$\Pr\left(\max_{u \in M}\langle u, z\rangle \geq a\right) = \sum_{i=0}^{d} w_{d+1-i}\bar{G}_{d+1-i}(a^2) \qquad (a > 0) \tag{78}$$

が成り立つ.

注 カイ 2 乗分布の上側確率は

$$\bar{G}_i(a^2) = O(g_i(a^2)) = O(a^{i-2}e^{-a^2/2}) \qquad (a \to \infty)$$

と漸近評価される. $\theta_c > 0$ ならば式 (77) の剰余項 (右辺の最終項) は右辺の他の項よりも指数オーダーで小さいことがわかる. θ_c が大きいほど ($\dfrac{\pi}{2}$ に近づくほど) 剰余項は小さくなる.

θ_c の値にかかわらず $\max_{u \in M}\langle u, z\rangle$ の上側確率を式 (78) の右辺で近似する方法をチューブ法 (tube method) という.

証明 最初に $\theta_c = \dfrac{\pi}{2}$ の場合を示す. この場合は任意の $a > 0$, $\xi > a^2$ について

$$\text{Vol}\left(M_{\cos^{-1}(a/\sqrt{\xi})}\right) = \Omega_m \sum_{i=0}^{d} w_{d+1-i}\bar{B}_{\frac{d+1-i}{2},\,\frac{m-d-1+i}{2}}\left(\frac{a^2}{\xi}\right)$$

である. ところで

$$\int_{a^2}^{\infty} \bar{B}_{\frac{d+1-i}{2},\,\frac{m-d-1+i}{2}}\left(\frac{a^2}{\xi}\right) g_m(\xi)\,d\xi = \bar{G}_{d+1-i}(a^2) \tag{79}$$

である[*18]．式(74)と式(79)とを併せることにより式(78)は任意の $a > 0$ で成り立つことがわかる．

次に $0 < \theta_c < \dfrac{\pi}{2}$ の場合を考える．

$$\Pr\left(\max_{u \in M} \langle u, z \rangle \geq a\right)$$

$$= \frac{1}{\Omega_m}\left\{\int_{a^2}^{\frac{a^2}{\cos^2 \theta_c}} + \int_{\frac{a^2}{\cos^2 \theta_c}}^{\infty}\right\} \mathrm{Vol}(M_{\cos^{-1}(a/\sqrt{\xi})}) \, g_m(\xi) \, d\xi$$

$$= A_1 + A_2$$

とおく．

A_1 について．積分範囲では $\cos^2 \theta_c \leq a^2/\xi \leq 1$ だから，被積分関数は式(76)で与えられる．

$$A_1 = \left\{\int_{a^2}^{\infty} - \int_{\frac{a^2}{\cos^2 \theta_c}}^{\infty}\right\} \sum_{i=1}^{d+1} w_i \bar{B}_{\frac{i}{2}, \frac{m-i}{2}}\left(\frac{a^2}{\xi}\right) g_m(\xi) \, d\xi = A_3 - A_4.$$

ここで

$$A_3 = \sum_{i=1}^{d+1} w_i \bar{G}_i(a^2), \quad |A_4| \leq \left(\sum_{i=1}^{d+1} |w_i|\right) \bar{G}_m\left(\frac{a^2}{\cos^2 \theta_c}\right).$$

また

$$|A_2| \leq \int_{\frac{a^2}{\cos^2 \theta_c}}^{\infty} g_m(\xi) \, d\xi = \bar{G}_m\left(\frac{a^2}{\cos^2 \theta_c}\right). \qquad \blacksquare$$

3.3 チューブ体積公式

では，チューブの体積公式(76)はどのように導くことができるのであろうか．最初に体積公式(76)に現われる定数 θ_c について説明する．

M のまわりの半径 θ のチューブ M_θ を考える．このときもし曲線 M が滑らかで，かつ半径 θ が十分に小さいならばチューブ M_θ も自己交差，すなわち自分自身で交わることはない．しかしながら半径 θ をだんだん大きくしていくと，いずれはチューブは自己交差することになるだろう（図23）．

[*18] 式(79)は，パラメータ $(\nu_1/2, \nu_2/2)$ のベータ分布に従う確率変数と，自由度 $\nu_1 + \nu_2$ のカイ 2 乗分布に従う確率変数の積が，自由度 ν_1 のカイ 2 乗分布に従うことを意味する．

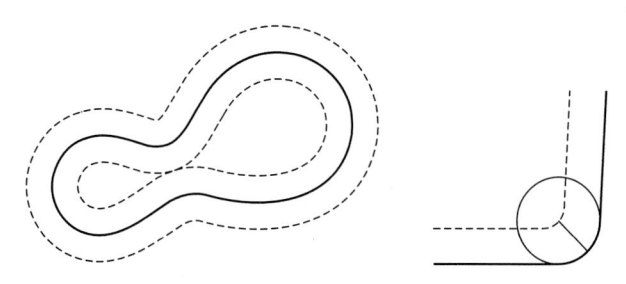

図 23 自己交差したチューブ（左図は大域的な自己交差，右図は局所的な自己交差を表わす）

そのような θ の限界値

$$\theta_c = \sup\{\theta \mid M_\theta \text{ は自己交差しない}\}$$

を**臨界半径**（critical radius, reach）とよぶ．定義から $\theta_c \geq 0$ である．$\theta_c > \dfrac{\pi}{2}$ のときは $\theta_c = \dfrac{\pi}{2}$ とおくことにする．なお「自己交差」については，3.4 節の定義 10 において改めて正確に定義する．

　一般にチューブ M_θ の体積を求めることは難しいが，半径 θ が θ_c 以下の場合は比較的容易に求めることができる．そのため，θ_c が正であることが本質的である．図 24 のように，曲線 M が滑らかでない場合，あるいは M の境界の尖った点（頂点）における角度が 180 度を超える場合には，どんなに半径 θ が小さくても M_θ は自己交差する（すなわち $\theta_c = 0$）であろう．このような場合を排除するために，正則条件を課す必要がある．

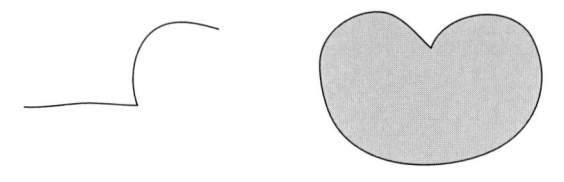

図 24 zero-reach の例

　最初に M が 1 次元の場合，すなわち M が球面上の曲線である場合のチューブ M_θ の体積を考える．

定義 8 $M \subset S^{m-1}$ が線分 $I = [0,1]$ あるいは円周 $I = S^1$ と C^r 同相のと

き M を S^{m-1} 上の C^r 曲線とよぶ[*19]. すなわち C^r 写像 $\varphi : I \to S^{m-1}$ が存在し，(i) $M = \varphi(I)$，(ii) 任意の $t \in I$ に対し $\dot{\varphi}(t) = \partial \varphi(t)/\partial t \neq 0$，(iii) M は自分自身で交わらない（φ は単射）.

M が C^2 曲線のとき，十分小さい正の半径 θ をもつチューブ M_θ は自己交差しない，すなわち $\theta_{\rm c} > 0$ であることを後で証明する（定理 11）.

定理 8（Hotelling の定理；Hotelling, 1939）　$M \subset S^{m-1}$ は定義 8 の意味の C^2 曲線とする. 半径 θ（ただし $0 \leq \theta \leq \theta_{\rm c}$）のチューブの体積は

$$
\mathrm{Vol}(M_\theta) = \frac{\Omega_m}{2\pi} \left\{ |M| \bar{B}_{1, \frac{m-2}{2}}(\cos^2 \theta) + \pi \chi(M) \bar{B}_{\frac{1}{2}, \frac{m-1}{2}}(\cos^2 \theta) \right\}
\tag{80}
$$

と与えられる. ここで $|M|$ は曲線 M の長さを表わす. また

$$
\chi(M) = \begin{cases} 1 & （M \text{ が線分と同相の場合}） \\ 0 & （M \text{ が円周と同相の場合}） \end{cases}
$$

とおく.

証明　以下では M が線分と同相の場合について説明する. M が円周と同相の場合は，以下の議論のうちの V_0 の体積の計算に関する後半部分が不要となる.

弧長をパラメータとすることにより

$$
M = \{ \varphi(t) \in S^{m-1} \mid t \in [0, |M|] \}
$$

と書ける. このときすべての t について $\|\dot{\varphi}(t)\| = 1$ である.

$z \in S^{m-1}$ は M から大円距離で ψ 離れた点

$$
\mathrm{dist}(z, M) = \min_{x \in M} \mathrm{dist}(z, x) = \psi
$$

であったとする. 次節で詳しく述べるように，$\psi < \theta_{\rm c}$ である限り上式で最小を達成する x は唯一に定まる. この点を $p(z)$ とおく. 曲線 M の両端の 2 点を M_0，曲線 M から両端を除いた部分 $M \setminus M_0$ を M_1 とおく.

$$
V_i = \{ z \in M_\theta \mid p(z) \in M_i \} \qquad (i = 0, 1)
$$

[*19]　簡単のためこのようによぶ. 正確には，境界をもった 1 次元 C^r 部分多様体である.

とおく．V_1 はチューブの本体，V_0 は両端のキャップとなる（図25）．$M_\theta = V_1 \cup V_0$，$V_1 \cap V_0 = \emptyset$ であるので V_1, V_0 の体積を別々に求めて足し合わせればよい．最初に V_1 の体積を求める．

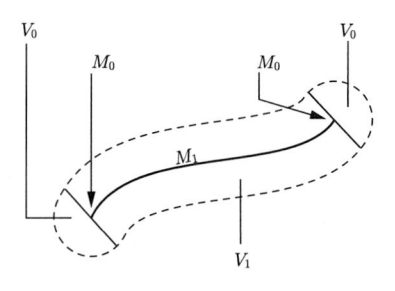

図 25 チューブの本体とキャップ

$z \in V_1$ は，$x = p(z) \in M_1$ を $\varphi(t)$ とおけば

$$z = \varphi(t) \cos\psi + v \sin\psi, \qquad (81)$$
$$v \in S(N_x) \ (= S^{m-1} \cap N_x)$$

ただし

$$N_x = \{ y \in \mathbb{R}^m \mid \langle y, \varphi(t) \rangle = \langle y, \dot\varphi(t) \rangle = 0 \} \qquad (82)$$

と一意に書ける．$S(N_x)$ は $\varphi(t)$ と $\dot\varphi(t)$ に直交する線形部分空間 N_x に制限された単位球面である．（一般に，$L \subset \mathbb{R}^m$ に対して $S(L) = L \cap S^{m-1}$ とおく．）また逆に，任意の

$$t \in (0, |M|), \quad v \in S(N_x), \quad \psi \in [0, \theta) \qquad (83)$$

に対して z を式(81)で定義するとき $z \in V_1$ となる．V_1 の点 z の (x, v, ψ) による表現(81)を z のチューブ座標とよぶ（図26）．

点 z における S^{m-1} の体積要素を (t, v, ψ) を用いて表現することを考える．v は t と，各 t について定義された $m-3$ 次元単位球面 $S(N_x)$ の局所座標である $m-3$ 次元パラメータ $s = (s^1, \cdots, s^{m-3})$ との関数であると考えておく．

いま ψ, t, s^i を，それぞれ他の値を固定したもとで $\psi \mapsto \psi + d\psi, t \mapsto t + dt$，$s^i \mapsto s^i + ds^i$ と微小変化させたときの z の変化量は

96 | 3 チューブ法

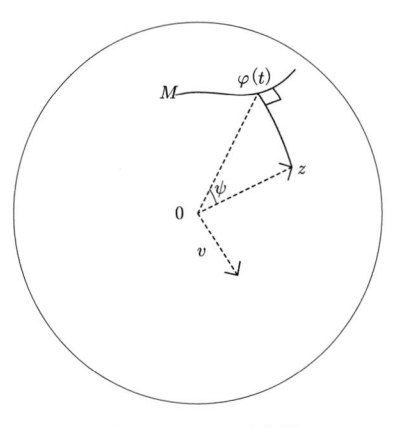

図 26 チューブ座標

$$\frac{\partial z}{\partial \psi} d\psi = (-\varphi \sin \psi + v \cos \psi)d\psi,$$

$$\frac{\partial z}{\partial t} dt = \left(\dot{\varphi} \cos \psi + \frac{\partial v}{\partial t} \sin \psi\right)dt,$$

$$\frac{\partial z}{\partial s^i} ds^i = \frac{\partial v}{\partial s^i} \sin \psi ds^i \qquad (i = 1, \cdots, m-3) \qquad (84)$$

である. $\langle z, z \rangle = 1$ より, たとえば $\langle z, \partial z/\partial \psi \rangle = 0$ がいえるので, これら
の $m-1$ 本のベクトルは z に直交し, 球面 S^{m-1} の z における接空間
$T_z(S^{m-1}) = \{y \in \mathbb{R}^m \mid \langle y, z \rangle = 0\}$ の要素となる. 微小変化を表わすこれら
の $m-1$ 本のベクトルが, この接空間 $T_z(S^{m-1})$ の中で張る平行四角形の
体積が, 点 z における S^{m-1} の体積要素 $dS^{m-1}(z)$ である.

$$\{\varphi, \dot{\varphi}, v, v_1, \cdots, v_{m-3}\}$$

が $\mathbb{R}^m$ の正規直交基底(以下では ONB と略す)であるように $v_1, \cdots, v_{m-3} \in$
$S(N_x)$ を v の関数として選ぶ. ($\langle \varphi, \varphi \rangle = 1$ より $\langle \varphi, \dot{\varphi} \rangle = 0$ であった.)この
とき, 接空間 $T_z(S^{m-1})$ の ONB は

$$\{-\varphi \sin \psi + v \cos \psi, \dot{\varphi}, v_1, \cdots, v_{m-3}\} \qquad (85)$$

である. 平行四角形の体積を求めるために(84)の各ベクトルを, ONB(85)に
よって成分表示する. ONB を並べた $m \times (m-1)$ 行列を

$$E = (-\varphi \sin \psi + v \cos \psi, \dot{\varphi}, v_i)$$

と書くことにする. $\langle \varphi, v \rangle = 0$, $\langle \dot{\varphi}, v \rangle = 0$ より $0 = \partial\langle \varphi, v \rangle/\partial t = \langle \varphi, \partial v/\partial t \rangle$,

また φ は t のみの関数であることから $\langle \varphi, \partial v/\partial s^j \rangle = 0$, $\langle \dot{\varphi}, \partial v/\partial s^j \rangle = 0$ が成り立つ. また $\langle v, v \rangle = 1$ より $\langle v, \partial v/\partial t \rangle = 0$, $\langle v, \partial v/\partial s^j \rangle = 0$ もいえる. 以上の関係式によって

$$
E^T \left(\frac{\partial z}{\partial \psi} d\psi, \ \frac{\partial z}{\partial t} dt, \ \frac{\partial z}{\partial s^j} ds^j \right)
$$

$$
= \begin{pmatrix} d\psi & 0 & 0 \\ 0 & (\cos\psi + \langle \dot{\varphi}, \partial v/\partial t \rangle \sin\psi)dt & 0 \\ 0 & \langle v_i, \partial v/\partial t \rangle \sin\psi dt & \langle v_i, \partial v/\partial s^j \rangle \sin\psi ds^j \end{pmatrix}
$$

である. 体積要素はこの行列の行列式(正確にはその絶対値)

$$
\begin{aligned}
dS^{m-1}(z) &= d\psi \times (\cos\psi + \langle \dot{\varphi}, \partial v/\partial t \rangle \sin\psi)\, dt \\
&\quad \times \det(\langle v_i, \partial v/\partial s^j \rangle) \sin^{m-3}\psi \prod ds^j \\
&= (\cos\psi - \langle \ddot{\varphi}, v \rangle \sin\psi) \sin^{m-3}\psi\, dt\, d\psi\, dS_x^{m-3}(v) \quad (86)
\end{aligned}
$$

となる. ここで

$$
dS_x^{m-3}(v) = \det\Big(\langle v_i, \partial v/\partial s^j \rangle\Big)_{1 \le i,j \le m-3} \prod_{j=1}^{m-3} ds^j
$$

とおいた. また $\langle \dot{\varphi}, v \rangle = 0$ より $\langle \ddot{\varphi}, v \rangle + \langle \dot{\varphi}, \partial v/\partial t \rangle = 0$ となることを用いた. v_i $(i=1,\cdots,m-3)$ は, $m-3$ 次元単位球面 $S(N_x)$ の点 v における接空間の ONB であるので $dS_x^{m-3}(v)$ は $S(N_x)$ の点 v における体積要素である.

半径 θ のチューブの本体の体積を計算するには $dS^{m-1}(z)$ を(83)の範囲で積分すればよい. まず

$$
\int_0^{|M|} dt = |M|. \quad (87)
$$

dS_x^{m-3} は次元 $m-3$ の単位球の体積要素だから

$$
\int_{S(N_x)} dS_x^{m-3}(v) = \mathrm{Vol}(S^{m-3}) = \frac{2\pi^{\frac{m-2}{2}}}{\Gamma(\frac{m-2}{2})}. \quad (88)
$$

また対称性から

$$
\int_{S(N_x)} v\, dS_x^{m-3}(v) = 0.
$$

さらに

$$\int_0^\theta \cos\psi \, \sin^{m-3}\psi \, d\psi = \frac{1}{2}\int_{\cos^2\theta}^1 t^{1-1}(1-t)^{\frac{m-2}{2}-1}dt$$

$$= \frac{\Gamma(1)\Gamma(\frac{m-2}{2})}{2\Gamma(\frac{m}{2})}\bar{B}_{1,\frac{m-2}{2}}(\cos^2\theta). \quad (89)$$

(87), (88), (89)をかけあわせると

$$V_1 = |M|\frac{\pi^{\frac{m-2}{2}}}{\Gamma\left(\frac{m}{2}\right)}\bar{B}_{1,\frac{m-2}{2}}(\cos^2\theta) = \frac{|M|\operatorname{Vol}(S^{m-1})}{2\pi}\bar{B}_{1,\frac{m-2}{2}}(\cos^2\theta)$$

$$(90)$$

となる.

　一方両端のキャップは, 2つ合わせて S^{m-1} における半径 θ の「球帽」となる.（1点のまわりのチューブを球帽とよぶ.）その体積は半径 $\sin\psi$ の $m-2$ 次元球面の体積要素

$$\operatorname{Vol}(S^{m-2})\sin^{m-2}\psi \, d\psi$$

を $0 \leq \psi \leq \theta$ の範囲で積分したものである（図 27）.

$$V_0 = \int_0^\theta \operatorname{Vol}(S^{m-2})\sin^{m-2}\psi \, d\psi$$

$$= \frac{2\pi^{\frac{m-1}{2}}}{\Gamma(\frac{m-1}{2})}\int_0^\theta \sin^{m-2}\psi \, d\psi$$

$$= \frac{\operatorname{Vol}(S^{m-1})}{2}\bar{B}_{\frac{1}{2},\frac{m-1}{2}}(\cos^2\theta). \quad (91)$$

$\operatorname{Vol}(M_\theta)=V_1+V_0$ より定理を得る. ▮

　$M \subset S^{m-1}$ が2次元集合である場合も同様にチューブ体積公式を導くことができる. ここでは以下のような形状の M を扱う.

　定義9　$\tilde{M}$ を S^{m-1} の向きづけ可能な2次元 C^r 部分多様体とし, M を $\tilde{M}$ の閉部分集合とする. M の（$\tilde{M}$ に対する）内点は空でないとする. また（$\tilde{M}$ に対する）境界 ∂M は, もし空でないならばその連結成分のそれぞれは S^1 と同相であり, 有限個の点（これを頂点とよぶ）を除いて, 定義8の意味での C^r 曲線（区分的 C^r 曲線）であるとする. このとき M を境界をもった2次元 C^r 多様体という. ▮

　仮定2　$M \subset S^{m-1}$ は定義9の意味での境界をもった2次元 C^2 多様体

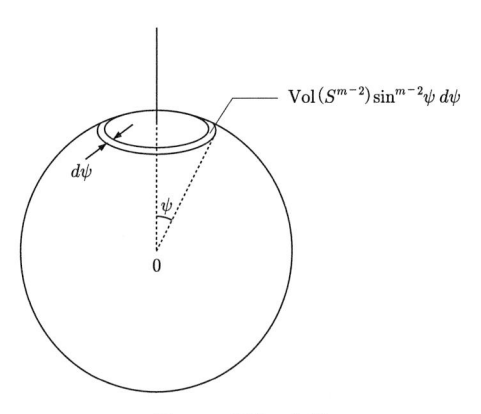

図 27　球帽の体積

であり，その各点で凸の接錐をもつものとする．（すなわち，頂点 $x \in \partial M$ における M の角度 ϕ_x は $0 \leq \phi_x \leq \pi$ であるとする．図 28 を参照.）

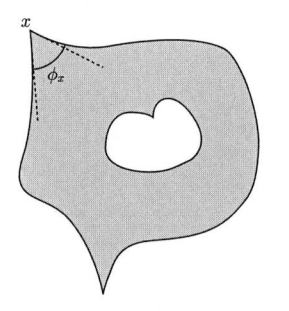

図 28　仮定 2 を満たす 2 次元集合

仮定 2 のもとで $M \subset S^{m-1}$ は正の臨界半径 θ_c をもつ（定理 12）．

定理 9　$M \subset S^{m-1}$ は仮定 2 を満たすとする．M のチューブ M_θ $(0 \leq \theta \leq \theta_c)$ の体積は

$$\mathrm{Vol}(M_\theta) = \frac{\Omega_m}{4\pi} \bigg\{ |M|\bar{B}_{\frac{3}{2}, \frac{m-3}{2}}(\cos^2\theta) + |\partial M|\bar{B}_{1, \frac{m-2}{2}}(\cos^2\theta)$$
$$+ \Big(2\pi\chi(M) - |M|\Big)\bar{B}_{\frac{1}{2}, \frac{m-1}{2}}(\cos^2\theta)\bigg\}. \tag{92}$$

ここで $|M|$ は M の 2 次元体積（面積），$|\partial M|$ は M の境界の 1 次元体積（長

さ），$\chi(M)$ は M のオイラー標数（Euler characteristic, Euler-Poincaré characteristic）である． ▌

証明は，たとえば Knowles と Siegmund（1989）を参照のこと．またオイラー標数の簡単な説明を付録 3 で与えている．

注　定理 9 は，実は図 29 のように 1 次元と 2 次元が混在した図形（あるいは 1 次元図形）に対しても有効である．このときは周の長さ $|\partial M|$ の計算において，曲線 $\overline{ab}$ の部分を 2 回カウントすればよい．

実際，式（92）において $|M| := 0, \, |\partial M| := 2|M|$ とおけば 1 次元の場合の式（定理 8，（80））に帰着する． ▌

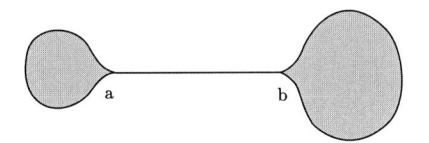

図 **29**　1 次元と 2 次元が混在した図形

▌3.4　チューブ座標と臨界半径

前節で見てきたように，チューブの体積を求めるにあたって M の近傍に導入したチューブ座標の考え方が有効であった．ここではその考え方を整理し，一般化を行う．さらにその考えを押し進めることによって，臨界半径を具体的に計算するための臨界半径公式を与える．ここで紹介する導出は，より一般的な形で Taylor ら（2003）により与えられたものである．

ここでは M は球面 S^{m-1} の閉集合であり，その各点 x で凸の接錐 C_x をもつものと仮定する．C_x は x における S^{m-1} の接空間

$$T_x(S^{m-1}) = \{z \in \mathbb{R}^m \mid \langle z, x \rangle = 0\}$$

の部分集合であることに注意する．また接錐 C_x の $T_x(S^{m-1})$ における双対錐

$$N_x = \{z \in T_x(S^{m-1}) \mid \langle z, y \rangle \leq 0, \, \forall y \in C_x\}$$

を法錐（normal cone）とよぶ．双対錐としての性質から N_x は閉凸錐である．

定理 8 の証明の過程に現われる N_x はここで定義した意味の法錐となっている.

補題 10 $z \in S^{m-1} \setminus M$ に対して，M 上の関数 $\mathrm{dist}(z, \cdot)$（関数 $x \mapsto \mathrm{dist}(z, x)$）の極小値のひとつ（必ず存在する）が $x \in M$ で達成されるとする．z の $T_x(S^{m-1})$ への直交射影を $z' = z - \langle z, x \rangle x$ とするとき，$z' \in N_x$ である． ∎

証明 x が M の集積点であるとする．補題 1 より，任意の $y \in C_x$ $(y \neq 0)$ について

$$\frac{y}{\|y\|} = \lim_{i \to \infty} \frac{x_i - x}{\|x_i - x\|} \in S^{m-1}$$

をみたす列 $\{x_i\}_{i=1,2,\cdots}$ をとることができる．x が極小点であることから i が十分に大きいときに $\mathrm{dist}(z, x) \leq \mathrm{dist}(z, x_i)$，すなわち $\langle z, x_i \rangle \leq \langle z, x \rangle$ である．これより

$$0 \geq \lim_{i \to \infty} \left\langle z, \frac{x_i - x}{\|x_i - x\|} \right\rangle = \frac{\langle z, y \rangle}{\|y\|}$$

となる．$\langle x, y \rangle = 0$ より $0 \geq \langle z', y \rangle$ となる．これは $z' \in N_x$ を意味する．x が孤立点の場合は $N_x = T_x(S^{m-1})$ であるので同様に $z' \in N_x$ となる． ∎

いま $\mathrm{dist}(z, x) = \psi$ とおき

$$v = \frac{z'}{\|z'\|} = \frac{z - \langle z, x \rangle x}{\|z - \langle z, x \rangle x\|} = \frac{z - x \cos \psi}{\sin \psi} \in S(N_x)$$

とおく．これを

$$z = x \cos \psi + v \sin \psi, \quad v \in S(N_x) \tag{93}$$

と書き換える．関数 $\mathrm{dist}(z, \cdot)$ の極小値 x のそれぞれについて表現 (93) が存在する．

3.2 節において，チューブ M_θ が自己交差することのない半径 θ の上界を臨界半径 θ_c と定義したが，そこでは自己交差の定義がやや曖昧であった．ここでこの用語を厳密に定義することにする．

ある $z \in M_\theta$ に対して，$\mathrm{dist}(z, \cdot)$ の極小を達成する M の点でその極小値が θ 以下となる点が複数存在する場合，チューブ M_θ は自己交差していると考えることにする．逆に任意の $z \in M_\theta$ に対して，$\mathrm{dist}(z, \cdot)$ の極小を達成する点でその極小値が θ 以下となる点が一意に定まるとき，チューブ

M_θ は自己交差していないと考える. この定義は, 今までの議論より, 以下のようにいいかえることができる.

定義 10(自己交差, self-overlap) $M_\theta \setminus M$ の任意の点 z が

$$z = x\cos\psi + v\sin\psi \qquad (x \in M, \ v \in S(N_x), \ \psi \in (0,\theta]) \qquad (94)$$

と一意に表わされるとき, チューブ M_θ は自己交差しないという. それ以外の場合, チューブ M_θ は自己交差するという.

逆に(94)の形に書ける z は M_θ の要素であることから, M_θ が自己交差しない限り

$$M_\theta = \{z = x\cos\psi + v\sin\psi \mid x \in M, \ v \in S(N_x), \ \psi \in [0,\theta]\}$$

である. 3つ組 (x,v,ψ) を, 自己交差していないチューブ M_θ のチューブ座標(tubal coordinates)とよぶ.

以下では, $z \in S^{m-1}$ に対して, $\mathrm{dist}(z,\cdot)$ の最小を与える $x \in M$ が唯一に存在するとき, その x を $p(z)$ と書くことにする.

$x \in M$ を固定する. $x = p(z)$ となるような $z \in S^{m-1}$ の集合を特定しよう. x は $\mathrm{dist}(z,\cdot)$ の極小を与えるので, z は(93)の形に書かれていなければならない. x とは異なる任意の $y \in M$ に対して $\langle z,y\rangle < \langle z,x\rangle$ であればよい. $z = x\cos\psi + v\sin\psi$ を代入し, $\langle x,y\rangle < 1$ に注意して変形すると

$$\cot\psi > \frac{\langle v,y\rangle}{1 - \langle x,y\rangle} \qquad (\forall y \in M \setminus \{x\})$$

となる. いま

$$\cot\theta'_{\mathrm{c}}(x,v) = \sup_{y \in M \setminus \{x\}} \frac{\langle v,y\rangle}{1 - \langle x,y\rangle}$$

とおく. これより, 任意の $v \in S(N_x)$ と任意の $\psi < \theta'_{\mathrm{c}}(x,v)$ に対して, $z = x\cos\psi + v\sin\psi$ は $p(z) = x$ となる. またそのとき, $\mathrm{dist}(z,M) = \mathrm{dist}(z,p(z)) = \psi$ である.

$$\cot\theta'_{\mathrm{c}} = \sup_{x \in M, \, v \in S(N_x)} \cot\theta'_{\mathrm{c}}(x,v)$$

とおく.

$\theta < \theta'_{\mathrm{c}}$ とする. 任意の $z \in M_\theta$ は $\mathrm{dist}(z,\cdot)$ の極小を達成するひとつの x を用いて, 式(94)で表わされるが, $\psi < \theta'_{\mathrm{c}}(x,v)$ であるので, この表現は

一意であり，M_θ は自己交差しない．

$\theta > \theta'_c$ とする．ψ を $\theta \geq \psi > \theta'_c$ ととれば，ある $x \in M$, $v \in S(N_x)$ について $\psi > \theta'_c(x,v)$ となる．$z = x\cos\psi + v\sin\psi$ とおけば，$\mathrm{dist}(z,\cdot)$ の最小は x で達成されない．$\mathrm{dist}(z,M) < \mathrm{dist}(z,x) = \psi \leq \theta$ より $z \in M_\theta$ である．最小を達成する x' について $z = x'\cos\psi' + v'\sin\psi'$, $x' \in M$, $v' \in S(N_{x'})$, $\psi' < \psi\,(\leq \theta)$ と表わされるので M_θ は自己交差している．以上は
$$\theta'_c = \inf\{\theta \geq 0 \mid M_\theta \text{ は自己交差しない}\}$$
を意味している．

3.2 節で示したように，チューブ法の誤差評価の目的には，$b > 0$ に対し $\mathrm{Vol}(M_{\cos^{-1}(b)})$ がわかればよいので，θ'_c ではなく $\theta_c = \min\left\{\theta'_c, \dfrac{\pi}{2}\right\}$ が求められれば十分であった．また θ_c を臨界半径と定義していた．この量は
$$\cot\theta_c = \max\left\{\sup_{x \in M, v \in S(N_x)}\sup_{y \in M\setminus\{x\}} \frac{\langle v,y\rangle}{1 - \langle x,y\rangle}, 0\right\}$$
$$= \sup_{x \in M, y \in M\setminus\{x\}} \frac{\max\left\{\displaystyle\sup_{v \in S(N_x)}\langle v,y\rangle, 0\right\}}{1 - \langle x,y\rangle}$$
$$= \sup_{x \in M, y \in M\setminus\{x\}} \frac{\|P(y|N_x)\|}{1 - \langle x,y\rangle}$$
（ただし $P(\cdot|N_x)$ は $\mathbb{R}^m$ における錐 N_x への直交射影）であり，θ'_c よりも計算が容易になる．

定理 10（Federer, 1959 ; Takemura and Kuriki, 2002） M は各点で凸の接錐をもつとする．M の臨界半径を θ_c とすると
$$\cot\theta_c = \sup_{x \neq y \in M} h(x,y), \quad h(x,y) = \frac{\|P(y|N_x)\|}{1 - \langle x,y\rangle}. \tag{95}$$

注 M を含む最小の錐 $K = \mathbb{R}_+ M = \{kx \mid x \in M,\ k \geq 0\}$ が凸の場合，M は球面凸であるという．このとき任意の $x, y \in M$ について $P(y \mid N_x) = 0$ となる．すなわち $\theta_c = \dfrac{\pi}{2}$.

注 接錐 C_x が凸であっても $\theta'_c(x,v) > 0$ とは限らない．（したがって各点で C_x が凸であっても $\theta'_c > 0$ とは限らない．）曲線
$$\{\varphi(t) = (t^2, t^3, \sqrt{1 - t^4 - t^6}) \mid 0 \leq t \leq \varepsilon\} \subset S^2 \tag{96}$$

は点 $x = \varphi(0) = (0,0,1)$ で凸の接錐 $C_x = \{(c,0,0) \mid c \geq 0\}$ をもつ. $N_x = \{(c,d,0) \mid c \leq 0, d \in \mathbb{R}\}$ より $v = (0,1,0) \in S(N_x)$ とおけば $\langle v, \varphi(t) \rangle = t^3$, $\langle x, \varphi(t) \rangle = \sqrt{1 - t^4 - t^6}$ であるので

$$\cot\theta'_c(x,v) \geq \limsup_{t \downarrow 0} \frac{t^3}{1 - \sqrt{1 - t^4 - t^6}} = \infty. \qquad \blacksquare$$

定理 8, 定理 9 において, M が 1,2 次元集合の場合のチューブの体積を求めたが, その定理が意味をもつには臨界半径 θ_c が正であることが必要であった. 以下ではこのことを証明する.

定理 11 M は定理 8 の仮定をみたす S^{m-1} 上 C^2 曲線とする. このとき M の臨界半径 θ_c は正である. $\qquad \blacksquare$

証明 $x \neq y$ で $h(x,y)$ が連続関数であること, および $\lim_{y \to x} h(x,y)$ が存在しそれが有界であることを示す. これらが示されれば $M \times M$ 上の関数

$$\bar{h}(x,y) = \begin{cases} h(x,y) & (x \neq y) \\ \lim_{y \to x} h(x,y) & (x = y) \end{cases}$$

が有界な連続関数となり, $\cot\theta_c = \max_{(x,y) \in M \times M} \bar{h}(x,y) < \infty$ となる.

定理 8 の証明と同様に, 曲線 M の両端の 2 点を M_0, $M_1 = M \setminus M_0$ とおく. 最初に $x \in M_1$ の場合を考える. 弧長パラメータを用いて $x = \varphi(t)$, $y = \varphi(s)$ と座標表示する. N_x は $\mathrm{span}\{\varphi(t), \dot{\varphi}(t)\}$ の直交補空間であるので

$$P(y|N_x) = P(y - x|N_x) = y - x - \langle y - x, \varphi(t) \rangle \varphi(t) - \langle y - x, \dot{\varphi}(t) \rangle \dot{\varphi}(t)$$

である. ここで $y - x = (s-t)\dot{\varphi}(t) + (s-t)^2\ddot{\varphi}(t)/2 + o(|s-t|^2)$ を代入すると

$$P(y|N_x) = \frac{1}{2}(s-t)^2(\varphi + \ddot{\varphi}) + o(|s-t|^2),$$

$$\|P(y|N_x)\|^2 = \frac{1}{4}(s-t)^4(\|\ddot{\varphi}\|^2 - 1) + o(|s-t|^4).$$

一方

$$1 - \langle x, y \rangle = \frac{1}{2}\|y - x\|^2 = \frac{1}{2}(s-t)^2 + o(|s-t|^2)$$

なので $s \to t$ のとき $\lim_{y \to x} h(x,y)^2 = \|\ddot{\varphi}\|^2 - 1$ である.

$P(y \mid N_x)$ は x, y の連続関数であるので, $h(x,y)$ が $x \neq y$ のとき連続で

あることも明らかである.

次に $x = \varphi(0)$, $y = \varphi(s)$ $(s > 0)$ の場合を考える.

$$N_x = \{z \in \mathbb{R}^n \mid \langle z, \varphi(0) \rangle = 0, \ \langle z, \dot{\varphi}(0) \rangle \leq 0\}$$

であるので

$$P(y|N_x) = P(y - x|N_x)$$
$$= y - x - \langle y - x, \varphi(0) \rangle \varphi(0) - \max\{\langle y - x, \dot{\varphi}(0) \rangle, 0\} \dot{\varphi}(0).$$

ここで $y - x = s\dot{\varphi}(0) + s^2 \ddot{\varphi}(0)/2 + o(|s|^2)$ を代入する. $\max\{s + o(|s|^2), 0\} = s + o(|s|^2)$ であるので

$$P(y|N_x) = \frac{1}{2} s^2 (\varphi + \ddot{\varphi}) + o(|s|^2)$$

となる. これより $\lim_{y \to x} h(x, y)^2 = \|\ddot{\varphi}\|^2 - 1$. $x = \varphi(|M|)$ の場合も同様である. ▌

注 先の証明ではパラメータ t を弧長としている. t を一般のパラメータとした場合,

$$\lim_{y \to x} h(x, y)^2 = \frac{\|\ddot{\varphi}\|^2}{\|\dot{\varphi}\|^4} - \frac{\langle \ddot{\varphi}, \dot{\varphi} \rangle^2}{\|\dot{\varphi}\|^6} - 1 \quad (\ = \Delta\rho^2(x) \ \text{とおく}) \quad (97)$$

が成り立つ. これは点 $x = \varphi$ における曲線 M の曲率半径の 2 乗から, 球面 S^{m-1} の曲率半径の 2 乗である 1 を引いた非負の量である.

$$\sup_{x \in M} \Delta\rho^2(x) = \cot^2 \theta_{\mathrm{c,loc}}$$

で定まる $\theta_{\mathrm{c,loc}}$ を局所臨界半径とよぶ. $\theta_{\mathrm{c,loc}} \geq \theta_{\mathrm{c}}$ である. ▌

M が 2 次元の場合も, 1 次元の場合と同様の結果が成り立つ.

定理 12 M は定理 9 の仮定をみたす S^{m-1} 球面上の 2 次元閉集合とする. このとき M の臨界半径 θ_{c} は正である. ▌

添字多様体 M が 3 次元以上の場合であっても, 区分的に滑らかで正の臨界半径をもつ集合の場合には, チューブ座標の方法によってチューブの体積 $\mathrm{Vol}(M_\theta)$ を求めることができる. その場合, M の次元にかかわらず体積公式の形は式 (76) の形になる. その具体的な形は Naiman(1990), 栗木と竹村(1999), Takemura と Kuriki(2002), Adler と Taylor による近刊

106 | 3 チューブ法

を参照されたい.

3.5 チューブ法による極限分布近似の例

(a) 再び有限混合分布のコンポーネント数の検定について

2項分布の有限混合分布におけるコンポーネント数の尤度比検定統計量の漸近分布は 2.4 節式(60)で与えられていた.

$$g(\phi) = (g_1(\phi), \cdots, g_k(\phi)), \quad g_i(\phi) = \frac{1}{\sqrt{\{(1+\phi^2)^k - 1\}/\phi^2}} \binom{k}{i}^{\frac{1}{2}} \phi^{i-1}$$

とおき,添字集合として S^{k-1} の部分集合 $M = \{g(\phi) \mid \phi \in [0,1]\} \subset S^{k-1}$ を考える. $T = \max_{u \in M} \langle u, z \rangle$, $z \sim N_k(0, I_k)$, とおくとき $\max\{0, T\}^2$ の分布が尤度比検定統計量の漸近分布であった.チューブ法によって,T の上側確率のよい近似が得られる.

M の体積要素は

$$\|\dot{g}(\phi)\| \, d\phi = \frac{\sqrt{k\{(1+\phi^2)^k - 1 - k\phi^2\}/\phi^4 \cdot (1+\phi^2)^{k-2}}}{\{(1+\phi^2)^k - 1\}/\phi^2} \, d\phi$$

であり,体積(長さ)は

$$\mathrm{Vol}(M) = \int_0^1 \|\dot{g}(\phi)\| \, d\phi$$

である.また $\chi(M) = 1$ である.

以下では $k = 3$ の場合について詳しく見ていくことにする.

$$g(\phi) = \frac{1}{\sqrt{3 + 3\phi^2 + \phi^4}} (\sqrt{3}, \sqrt{3}\,\phi, \phi^2)$$

である.M の体積(長さ)は

$$\mathrm{Vol}(M) = \int_0^1 \frac{\sqrt{3(3+\phi^2)(1+\phi^2)}}{3 + 3\phi^2 + \phi^4} d\phi \fallingdotseq 0.893$$

と評価されるので,チューブ法による上側確率の近似公式は,定理 7, 定理 8(Hotelling の定理)によって

$$\Pr(T \geq a) \sim \frac{0.893}{2\pi} \bar{G}_2(a^2) + \frac{1}{2} \bar{G}_1(a^2) \qquad (a \to \infty) \qquad (98)$$

となる.

次にこの公式の誤差オーダーの評価のために，M の臨界半径を求める．最初に局所臨界半径を考える．式(97)において

$$\frac{\|\ddot{g}(\phi)\|^2}{\|\dot{g}(\phi)\|^4} - \frac{\langle \ddot{g}(\phi), \dot{g}(\phi) \rangle^2}{\|\dot{g}(\phi)\|^6} - 1 = \frac{4(3 + 3\phi^2 + \phi^4)^3}{3(3 + \phi^2)^3(1 + \phi^2)^3}$$

であり，これは $\phi = 0$ のとき最大値 $\dfrac{4}{3}$ をとることが容易にわかる．したがって局所臨界半径は

$$\tan\theta_{\mathrm{c,loc}} = \frac{\sqrt{3}}{2}, \quad \theta_{\mathrm{c,loc}} \fallingdotseq 0.227\pi \qquad (99)$$

である.

次に大域的な臨界半径を計算する．$m(\phi) = \dot{g}(\phi)/\|\dot{g}(\phi)\|$ とおく．とくに $m(0) = (0, 1, 0)$, $m(1) = (-5, 2, 3\sqrt{3})/2\sqrt{14}$ である．$g(\phi)$ における法錐は

$$N_{g(\phi)} = \begin{cases} \{y \in \mathbb{R}^3 \mid \langle y, g(\phi) \rangle = \langle y, m(\phi) \rangle = 0\} & (\phi \neq 0, 1) \\ \{y \in \mathbb{R}^3 \mid \langle y, g(\phi) \rangle = 0, \ \langle y, m(\phi) \rangle \leq 0\} & (\phi = 0) \\ \{y \in \mathbb{R}^3 \mid \langle y, g(\phi) \rangle = 0, \ \langle y, m(\phi) \rangle \geq 0\} & (\phi = 1) \end{cases}$$

この錐への直交射影は

$$P(z \mid N_{g(\phi)}) = \begin{cases} z - \langle z, g(\phi) \rangle g(\phi) - \langle z, m(\phi) \rangle m(\phi) & (\phi \neq 0, 1) \\ z - \langle z, g(\phi) \rangle g(\phi) - \max\{\langle z, m(\phi) \rangle, 0\} m(\phi) & (\phi = 0) \\ z - \langle z, g(\phi) \rangle g(\phi) - \min\{\langle z, m(\phi) \rangle, 0\} m(\phi) & (\phi = 1) \end{cases}$$

となる．これを用いて，定理10の式(95)を数値計算することができる．2次元をグリッドに刻んで式(95)の最大値を数値的に求めたところ，臨界半径は局所的に達成されていることがわかる．つまり臨界半径 θ_c は，局所臨界半径 $\theta_{\mathrm{c,loc}}$(99)で与えられている．これより，チューブ法近似(98)の誤差は，定理7によって $O\left(\bar{G}_3\left(\dfrac{7}{4}a^2\right)\right)$ $(a \to \infty)$ であることがわかる.

（b） 再びランダム回帰係数の一様性検定について

ランダム係数回帰モデルにおける回帰係数の一様性の尤度比検定の漸近帰無分布は，定理6で与えられていた．本項では $p = 2$ の場合について，そ

の分布を具体的な形で与えることにする[20].

いま $(A, h) \in \mathrm{Sym}(2) \times \mathbb{R}$ に対して

$$
A = \begin{pmatrix} \sqrt{2}\,\tilde{a}_{11} & \tilde{a}_{12} \\ \tilde{a}_{12} & \sqrt{2}\,\tilde{a}_{22} \end{pmatrix}, \quad h = \sqrt{\frac{2}{\nu}}\,\tilde{h}
$$

とおき，$(\tilde{a}_{11}, \tilde{a}_{22}, \tilde{a}_{12}, \tilde{h})$ を $\mathrm{Sym}(2) \times \mathbb{R}$ の座標と考える．このとき

$$
\frac{1}{2}\mathrm{tr}(A^2) + \frac{\nu}{2}h^2 = \tilde{a}_{11}^2 + \tilde{a}_{22}^2 + \tilde{a}_{12}^2 + \tilde{h}^2
$$

であるから，この座標によって $\mathrm{Sym}(2) \times \mathbb{R}$ を通常の 2 乗ノルムをもつ 4 次元ユークリッド空間とみなすことができる．さらに天下り的であるが，直交変換によってもう一度別の座標系に変換する.

$$
\begin{pmatrix} \tilde{a}_{11} \\ \tilde{a}_{22} \\ \tilde{a}_{12} \\ \tilde{h} \end{pmatrix} = \begin{pmatrix} \sqrt{\dfrac{\nu}{2(\nu+2)}} & \dfrac{1}{\sqrt{2}} & 0 & \dfrac{1}{\sqrt{\nu+2}} \\ \sqrt{\dfrac{\nu}{2(\nu+2)}} & -\dfrac{1}{\sqrt{2}} & 0 & \dfrac{1}{\sqrt{\nu+2}} \\ 0 & 0 & 1 & 0 \\ -\sqrt{\dfrac{2}{\nu+2}} & 0 & 0 & \sqrt{\dfrac{\nu}{\nu+2}} \end{pmatrix} \begin{pmatrix} \xi_1 \\ \xi_2 \\ \xi_3 \\ \xi_4 \end{pmatrix}.
$$

この座標系 $(\xi_1, \xi_2, \xi_3, \xi_4)$ のもとで，$\mathrm{Sym}(2) \times \mathbb{R}$ は再び標準的な 2 乗ノルムをもつ $\mathbb{R}^4$ となる．このとき

$$
\tilde{C}_1 = \left\{ (\xi_1, \xi_2, \xi_3, \xi_4) \mid \left(\frac{\nu+2}{\nu}\right)\xi_1^2 \geq \xi_2^2 + \xi_3^2,\ \xi_1 \geq 0,\ \xi_4 = 0 \right\}
$$

は (ξ_1, ξ_2, ξ_3) 平面（平面 $\xi_4 = 0$）に制限された円錐であり，式(61)の M はその円錐 $\tilde{C}_1$ と半径 1 の球面との交わりとなる.

M は 2 次元単位球面 S^2 における半径 $\psi = \tan^{-1}\sqrt{\dfrac{\nu+2}{\nu}}$ の球帽であるので，その 2 次元体積は

$$
|M| = 2\pi(1 - \cos\psi) = 2\pi\left(1 - \sqrt{\frac{\nu}{2(\nu+1)}}\right)
$$

である．また M の境界は半径が $\sin\psi$ の円周であり，その長さは

---

[20] 一般の場合の結果については Kuriki(1993)を参照.

$$|\partial M| = 2\pi \sin \psi = 2\pi \sqrt{\frac{\nu + 2}{2(\nu + 1)}}$$

である．また錐 $\tilde{C}_1$ が凸であることから $\chi(M) = 1$．これらから，尤度比検定統計量の漸近分布（62）（定理 6）の上側確率 $\mathrm{P_r}$（式（62）$\geq a$）のチューブ近似公式として

$$\frac{1}{2}\left(1 - \sqrt{\frac{\nu}{2(\nu + 1)}}\right)\bar{G}_3(a) + \frac{1}{2}\sqrt{\frac{\nu + 2}{2(\nu + 1)}}\bar{G}_2(a) + \frac{1}{2}\sqrt{\frac{\nu}{2(\nu + 1)}}\bar{G}_1(a)$$
（100）

を得る．ところで $\tilde{C}_1$ は凸錐であった．これより M の臨界半径は $\theta_{\mathrm{c}} = \dfrac{\pi}{2}$ となる．これはチューブ近似公式（100）にはすべての $a > 0$ について誤差が含まれないことを意味する．

3.6 オイラー標数法

前節までは，有限 KL 展開をもつ（すなわち有限次元の正規確率ベクトルで記述できる）正規確率場の最大値分布が，チューブ法とよばれる方法によって精度良く近似されることを見てきた．本節では，チューブ法を今までとは別の観点から捉えなおすことによって，その方法の拡張と一般化について考えていくことにする．

y を球面 S^{m-1} 上の一様分布に従うものとするとき，式（73）に示したように

$$\mathrm{Vol}(M_\theta) = \Omega_m \mathrm{Pr}\left(\max_{u \in M}\langle u, y\rangle \geq \cos\theta\right) \qquad (0 \leq \theta \leq \theta_{\mathrm{c}}) \qquad (101)$$

である．つまりチューブ M_θ の体積は，確率場 $\langle u, y\rangle$, $u \in M$, の最大値の上側確率に比例した量であった．

一般に確率場の値が，ある与えられた閾値以上となる添字の全体をエクスカーション集合（excursion set）とよぶ．確率場 $\langle u, y\rangle$, $u \in M$, の閾値 b についてのエクスカーション集合は

$$A_b = A_b(y) = \{u \in M \mid \langle u, y\rangle \geq b\}$$

である．これは y に依存するランダムな集合である．エクスカーション集

110 | 3 チューブ法

合を用いて式(101)は

$$\mathrm{Vol}(M_\theta) = \Omega_m \Pr(A_{\cos\theta} \neq \emptyset)$$
$$= \Omega_m E[I(A_{\cos\theta} \neq \emptyset)]$$

と書き直すことができる．ここで $I(\cdot)$ は引数の命題が真あるいは偽のとき
に，値 1 あるいは 0 を返す指示関数(indicator function)である．したがっ
て，もし確率変数 $I(A_{\cos\theta} \neq \emptyset)$ が，y と b の関数として具体的に表現する
ことができたならば，その期待値をとることによりチューブ M_θ の体積を
計算することができる．実際にこのことが可能であることを順次説明する．

最初に M が 1 次元の場合を扱う．

仮定 3　M は定義 8 の意味の C^3 曲線で $I = [0,1]$ あるいは $I = S^1$ と同
相であるとする．すなわち C^3 関数 $\varphi : I \to S^{m-1}$ で $\dot\varphi(t) \neq 0,\ \varphi(s) \neq \varphi(t)$
$(s \neq t)$ であるものを用いて $M = \varphi(I)$ と書けるとする． ▮

以下では弧長をパラメータととりなおすことにより，$\|\dot\varphi(t)\| \equiv 1$ を仮定
する．

あらためて確率場を

$$f_y(t) = \langle \varphi(t), y \rangle \qquad (t \in I)$$

と書く．

$$\left. \frac{d}{dt} f_y(t) \right|_{t=t^*} = 0$$

を満たす点 t^* を関数 f_y の臨界点(critical point)とよぶ．また臨界点 t^* は

$$\left. \frac{d^2}{dt^2} f_y(t) \right|_{t=t^*} \neq 0$$

であるとき非退化(nondegenerate)であるという．

補題 11　f_y の臨界点は，(y について)確率 1 で非退化である．またそれ
は確率 1 で(臨界点の集合の)孤立点である．臨界点集合は有限集合である． ▮

証明　$\mathbb{R}^m$ における $\mathrm{span}\{\varphi(t), \dot\varphi(t)\}$ の直交補空間の ONB を $n_a(t)$ $(a=1,$
$\cdots, m-2)$ とする．これらは t の滑らかな関数であるように選ぶことがで
きる．

いま $t_1 \in I$ が退化した臨界点であるとする。このとき
$$\langle \dot{\varphi}(t_1), y \rangle = 0, \quad \langle \ddot{\varphi}(t_1), y \rangle = 0$$
である。第 1 の等式より，y は $\varphi(t_1)$ と $n_a(t_1)$ の線形結合
$$y = \cos\psi\,\varphi(t_1) + \sin\psi\sum_a v_a n_a(t_1), \quad \sum_a (v_a)^2 = 1, \quad \psi \in [0, \pi]$$
として書くことができる。これを第 2 の等式に代入して
$$-\cos\psi + \sin\psi\sum_a v_a \langle \ddot{\varphi}(t_1), n_a(t_1) \rangle = 0,$$
すなわち
$$y = \sin\psi\,F(t_1, v), \quad F(t, v) = \sum_a v_a[\langle \ddot{\varphi}(t), n_a(t) \rangle \varphi(t) + n_a(t)]$$
である。さらに $\|y\| = 1$ であるので
$$y = \frac{1}{\|F(t_1, v)\|}F(t_1, v) \quad (\text{ある } t_1 \in I \text{ と，ある } v \in S^{m-3} \text{ について})$$
でなければならない。ところで集合
$$\left\{ \frac{1}{\|F(t_1, v)\|}F(t_1, v) \mid t_1 \in I,\ v \in S^{m-3} \right\} \subset S^{m-1}$$
は $m - 2$ 次元集合 $I \times S^{m-3}$ の連続写像による像であり，その $m - 1$ 次元体積は 0 である。これは f_y の臨界点は確率 1 で非退化であることを意味する。

次にそれが孤立点であることを示す。t^* を f_y の非退化な臨界点であるとする。もし t^* が臨界点集合の集積点ならば，t^* に収束する列 $\{t^{(i)}\}$ で
$$0 = \dot{f}_y(t^{(i)}) = (t^{(i)} - t^*)\ddot{f}_y(t^*) + \frac{1}{2}(t^{(i)} - t^*)^2 f_y^{(3)}(\tilde{t}^{(i)})$$
（$\tilde{t}^{(i)}$ は t^* と $t^{(i)}$ の間の点）
であるものが存在する。
$$0 = \ddot{f}_y(t^*) + \frac{1}{2}(t^{(i)} - t^*)f_y^{(3)}(\tilde{t}^{(i)})$$
において $i \to \infty$ とすれば，$0 = \ddot{f}_y(t^*)$ となり，t^* が非退化な臨界点であるという仮定に矛盾する。

112 | 3 チューブ法

定理 13 y を球面上一様分布 $\mathrm{Unif}(S^{m-1})$ に従う m 次元確率ベクトル
とする. $f_y(t)$ の $t \in \mathrm{int}(I)$ における臨界点の集合を $C_1(y)$ とおく. また M
が線分と同相で端点 $M_0 = \{f_y(t), \ t = 0, |M|\}$ をもつとき

$$C_0(y) = \{t \in \{0, |M|\} \mid \dot{f}_y(t) \leq 0 \ (t = 0), \ \geq 0 \ (t = |M|)\}$$

とおく. M が端点をもたないときは, 形式的に $C_0(y) = \emptyset$ とおく. $C_1(y)$
と $C_0(y)$ の点を合わせて, 拡張された臨界点(augmented critical point)と
よぶ. このとき, 以下が成り立つ.

（ i ） $A_{\cos\theta}$ のオイラー標数 $\chi(A_{\cos\theta})$ は, y について確率 1 で

$$\chi(A_{\cos\theta}) = \sum_{t \in C_1(y)} I(f_y(t) \geq \cos\theta)\mathrm{sgn}(-\ddot{f}_y(t))$$

$$+ \sum_{t \in C_0(y)} I(f_y(t) \geq \cos\theta) \qquad (102)$$

と表わすことができる.

（ ii ） $\theta < \theta_{\mathrm{c}}$ ならば, すべての y について $\chi(A_{\cos\theta}) = I(A_{\cos\theta} \neq \emptyset)$. ∎

注 定理の(i)は,「Morse の定理」とよばれるものの, もっとも簡単な
場合に相当している(ミルナー, 1983 ; Worsley, 1995b). ∎

証明 （ i ） 最初に $M_0 \neq \emptyset$ の場合を示す. 補題 11 より, 確率 1 で関数
$f_y(t)$ の臨界点 $t \in C_1(y)$ は極大か極小のいずれかであり, またそれらは有
限個の孤立点であった. また確率 1 で $\dot{f}_y(t) \neq 0, \ t \in \{0, |M|\}$, を示すこと
ができるので, $t \in C_0(y)$ は確率 1 で極大点である. M は線分に同相なの
で, $\chi(A_{\cos\theta})$ は $A_{\cos\theta}$ の連結成分の数に等しい. $t \in (0, |M|)$ における極
大値の個数を N_+, 同じ区間における極小値の個数を N_-, $t \in \{0, |M|\}$ に
おける極大値の個数を M_+ とおく. 各連結成分ごとに（極大点の個数）−
（極小点の個数）$= 1$ が成り立っているので, $A_{\cos\theta}$ の連結成分の数は

$$\chi(A_{\cos\theta}) = N_+ - N_- + M_+$$

である（図 30）. これは(102)に他ならない.

次に $M_0 = \emptyset$ の場合を示す. $A_{\cos\theta} \neq M$ ならば $\chi(A_{\cos\theta})$ は $A_{\cos\theta}$ の連結
成分の個数であり式(102)右辺の第 1 項に一致する. $A_{\cos\theta} = M$, すなわち
つねに $F_y(t) \geq \cos\theta$ が成り立つときは $\chi(A_{\cos\theta}) = 0$ であるが, 一方で閉じ
た閉曲線の上では極大点と極小点の個数が一致するため式(102)の右辺第 1

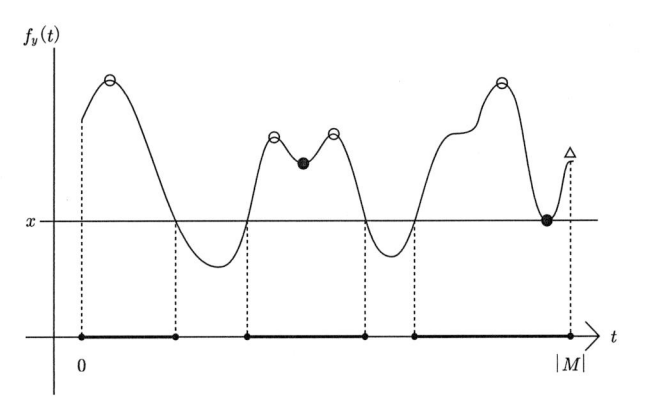

図 **30** Morse の定理(1 次元).
$N_+ = 4$, $N_- = 2$, $M_+ = 1$, $\chi(A_x) = 4 - 2 + 1 = 3$

項は 0 となり一致する.

(ii) $y \notin M_\theta$ のときは $A_{\cos\theta} = \emptyset$ であるので $\chi(A_{\cos\theta}) = I(A_{\cos\theta} \neq \emptyset) = 0$. $y \in M_\theta$ のときには $A_{\cos\theta} \neq \emptyset$ である. そのとき $\chi(A_{\cos\theta}) = 1$ であることを示す. まず $\theta < \theta_c$ なので, y は一意のチューブ座標表現

$$y = x\cos\psi + v\sin\psi \qquad (x \in M,\ v \in S(N_x),\ \psi \in [0, \theta_c)) \qquad (103)$$

をもつことを注意しておく.

最初に M が線分と同相で $M_0 \neq \emptyset$ の場合を考える. $\chi(A_{\cos\theta}) = 1$ でないとすると, $A_{\cos\theta}$ は 2 つ以上の連結成分をもつことになる. 各連結成分には少なくとも拡張された意味での臨界点がひとつ含まれることから, 2 つの異なる点 $t_i \in C_1(y) \cup C_0(y)$ $(i = 1, 2)$ で $f_y(t_i) \geq \cos\theta$ であるものが存在する. ところで $t' \in C_1(y) \cup C_0(y)$ ならば, y は

$$y = \varphi(t')\cos\psi' + v'\sin\psi' \qquad (v' \in S(N_{\varphi(t')})) \qquad (104)$$

と書くことができる. ここで $f_y(t') = \cos\psi' \geq \cos\theta > \cos\theta_c$ であるので, 式 (104) は $t' = t_1, t_2$ についてチューブ座標表現となっている. y のチューブ座標表現は一意であったのでこれは矛盾である.

次に M が円周と同相で $M_0 = \emptyset$ の場合を考える. $A_{\cos\theta}$ が 2 つ以上の連結成分をもつ場合は, 先の証明に帰着される. $A_{\cos\theta} = M$ の場合を考える. このときにも $f_y(t)$ には少なくとも 2 点の臨界点 $t_i \in C_1(y)$, $i = 1, 2$, が存

在し，上の証明に帰着される．∎

次に $\chi(A_{\cos\theta})$ の期待値をとることを考える．与えられた $y \in S^{m-1}$ に
対し

$$t \in C_1(y) \cup C_0(y), \quad \psi = \cos^{-1}\langle y, \varphi(t)\rangle, \quad v = \frac{y - \varphi(t)\cos\psi}{\sin\psi}$$

を満たす $(\varphi(t), v, \psi)$ を対応させる写像 $y \mapsto (\varphi(t), v, \psi)$ を考える．$y = \varphi(t)\cos\psi + v\sin\psi$ に注意する．この写像は一般には 1 対多である．式(102)
は，変数 $(\varphi(t), v, \psi)$ の言葉で次のように書き換えられる．

$$\chi(A_{\cos\theta}) = \sum_{t \in C_1(y)} I(\psi \le \theta)\mathrm{sgn}(\cos\psi - \sin\psi\langle\ddot{\varphi}(t), v\rangle)$$
$$+ \sum_{t \in C_0(y)} I(\psi \le \theta). \qquad (105)$$

この期待値を評価するために，写像のヤコビアンが必要である．しかし
$y = \varphi(t)\cos\psi + v\sin\psi$ であるので，この写像のヤコビアンは，チューブ座
標のヤコビアンそのものであり 3.3 節で与えられていた：
$\varphi(t)\,(=x\text{ とおく}) \in M_1$ のとき

$$dy = |\cos\psi - \langle\ddot{\varphi}, v\rangle\sin\psi|\sin^{m-3}\psi\,dt\,d\psi\,dS_x^{m-3}(v), \qquad (106)$$

$x \in M_0$ のとき

$$dy = \sin^{m-2}\psi\,d\psi\,dS_x^{m-2}(v). \qquad (107)$$

ただし $\psi \ge \theta_{\mathrm{c}}$ の場合はヤコビアンの非負性が保証されないため，式(106)に
おいては絶対値をつける必要がある．

関係式(106)を用いて，$\chi(A_{\cos\theta})$(105)の右辺第 1 項の期待値を計算する
ことができる：

$$\int_0^{|M|} dt \int_{S(N_x)} dS_x^{m-3}(v) \int_0^\theta d\psi \times (\cos\psi - \langle\ddot{\varphi}, v\rangle\sin\psi)\sin^{m-3}\psi.$$

これはチューブの体積公式の第 1 項(90)と同等である．

また関係式(107)を用いて，右辺第 2 項の期待値を計算することができる：

$$\sum_{x \in M_0} \int_{S(N_x)} dS_x^{m-2}(v) \int_0^\theta d\psi \times \sin^{m-2}\psi.$$

これはチューブの体積公式の第 2 項(91)と一致する．

定理 14 $0 \leq \theta \leq \pi$ について

$$E[\chi(A_{\cos\theta})] = \frac{1}{2\pi}\left\{|M|\bar{B}_{1,\frac{m-2}{2}}(\cos^2\theta) + \pi\chi(M)\bar{B}_{\frac{1}{2},\frac{m-1}{2}}(\cos^2\theta)\right\}. \blacksquare$$

これは定理 8 の体積公式と同一であるが, $\theta \geq \theta_c$ の場合にも意味をもつ点で異なる. $\theta < \theta_c$ のときは $\chi(A_{\cos\theta}) = I(A_{\cos\theta} \neq \emptyset)$ であり, それゆえ $\mathrm{Vol}(M_\theta) = \Omega_m E[\chi(A_{\cos\theta})]$ が成り立つ.

M が 2 次元の場合にも定理 14 に対応する定理が得られる.

定理 15 $M \subset S^{m-1}$ は定義 9 の意味の境界をもった 2 次元 C^3 多様体であるとする. $0 \leq \theta \leq \pi$ について

$$\begin{aligned}
E[\chi(A_{\cos\theta})] = \frac{1}{4\pi}\Big\{&|M|\bar{B}_{\frac{3}{2},\frac{m-3}{2}}(\cos^2\theta) + |\partial M|\bar{B}_{1,\frac{m-2}{2}}(\cos^2\theta) \\
&+ \Big(2\pi\chi(M) - |M|\Big)\bar{B}_{\frac{1}{2},\frac{m-1}{2}}(\cos^2\theta)\Big\}. \quad\blacksquare
\end{aligned}$$

ここで定理 14 の導出をふりかえろう. $f_y(t)$ のエクスカーション集合を A_b とするとき, 閾値 b が大きいとき

$$I(A_b \neq \emptyset) = \chi(A_b) \qquad (b \geq \cos^{-1}\theta_c)$$

であることから, 両辺の期待値をとることにより, 最大値の上側裾確率

$$\Pr\Big(\max_{t\in I} f_y(t) \geq b\Big) = E[\chi(A_b)] \qquad (b \geq \cos^{-1}\theta_c)$$

を得ている.

この例のように, 確率場のエクスカーション集合を A_b とするとき, 何らかの意味で

$$I(A_b \neq \emptyset) \approx \chi(A_b) \qquad (b \text{ が大きいとき}) \qquad (108)$$

が成り立つことを仮定し, 両辺の期待値をとることによって確率場の最大値を $E[\chi(A_b)]$ で近似する方法をオイラー標数法(Euler characteristic heuristic)とよぶ.

近似(108)は直感的には次のように説明することができる. 確率場の最大値を b^* とする. もし $b^* < b$ ならば $I(A_b \neq \emptyset) = \chi(A_b) = 0$ であるので(108)は正確に成り立つ. また特別な構造をもった確率場でない限り, 確率場の最大値は確率 1 で 1 点で達成され A_{b^*} は 1 点集合となる. すなわち

$I(A_{b^*} \neq \emptyset) = \chi(A_{b^*}) = 1$ である．また $b^* > b$ の場合であっても $\varepsilon = b^* - b$ が十分に小さければ，確率場の連続性からエクスカーション集合 A_b は連結で 1 点 A_{b^*} に可縮[*21]な集合となり，$I(A_b \neq \emptyset) = \chi(A_b) = 1$ となる．以上から $b^* < b + \varepsilon$ ならば (108) は確率 1 で正確に成り立つ．また，確率場の最大値が $b + \varepsilon$ 以上となる確率は，それが $b + \varepsilon$ 未満である確率に比べて小さいであろうから，事象 $b^* \geq b + \varepsilon$ は無視できるだろう．以上が近似 (108) の妥当性の理由づけである．

では正規確率場

$$\langle u, z \rangle, \quad z \sim N_m(0, I_m), \quad u \in M \tag{109}$$

に直接オイラー標数法を適用してみると，どうなるであろうか．ここで M は境界をもった 1 ないし 2 次元 C^3 多様体とする．エクスカーション集合を

$$A_b(z) = \{ u \in M \mid \langle u, z \rangle \geq b \}$$

とおくと，$A_b(z) = A_{b/\|z\|}(y)$, $y = z/\|z\|$ であるので

$$E[\chi(A_b(z))] = E\Big[E\big[\chi(A_{b/\|z\|}(y)) \mid \|z\| \big] \Big] \tag{110}$$

となる．ここで右辺の内側の期待値は定理 14，定理 15 によってベータ分布の上側確率の線形和で与えられていた．またこれは $b/\|z\| \geq \cos\theta_c$ の範囲で

$$\Pr\Big(\max_{u \in M} \langle u, y \rangle \geq \frac{b}{\|z\|} \mid \|z\| \Big) = \frac{1}{\Omega_m} \mathrm{Vol}(M_{\cos^{-1}(b/\|z\|)}) \tag{111}$$

に正確に一致する．ところでチューブ法近似とは，半径が臨界半径を超えない場合に成り立つチューブ体積公式を，すべての半径について正しいものとみなすという近似であった．この近似は今の場合は (110) 右辺の内側の期待値が，すべての $b/\|z\|$ について (111) に一致するとみなすことに相当する．それゆえ，正規確率場 (109) の最大値分布のチューブ法近似は

$$\Pr\Big(\max_{u \in M} \langle u, z \rangle \geq b \Big) = E\Big[\Pr\Big(\max_{u \in M} \langle u, y \rangle \geq \frac{b}{\|z\|} \mid \|z\| \Big) \Big]$$

の右辺に含まれる条件付き確率を (110) 右辺の内側の期待値で置き換えたも

[*21] 付録 3 を参照．

の，すなわち $E[\chi(A_b(z))]$ となる．つまり正規確率場(109)に対するチューブ法とオイラー標数法は同一の近似式を与える．

ところで一般に，オイラー標数法の誤差はあくまでも近似(108)の良さに依存していた．オイラー標数法は原理的にはいかなる確率場においても適用できる方法であるが，その誤差の見積もりは個々の確率場に立ち返って吟味されなければならないものであった．しかしながら正規確率場(109)に対するチューブ法近似の誤差のオーダーは，定理7によると $o(\bar{G}_1(b^2))$ $(b \to \infty)$ であり，これは $E[\chi(A_b(z))]$ の各項よりも微小量である．その意味で正規確率場(109)に対するオイラー標数法は正当である．

注（Kinematic formula） 3次元ユークリッド空間における単位球面 S^{3-1} を考える．$D_0, D_1 \subset S^{3-1}$ は，定義9の意味の境界をもった2次元 C^3 多様体とする．S^{3-1} 上の運動群，すなわち合同変換の全体を G とおく．$g \in G$ について

$$gD_i = \{g(x) \mid x \in D_i\} \qquad (i = 0, 1)$$

と書く．

g を確率変数と考え，その分布は G 上の一様分布[*22]とする．このとき，次の関係式が知られている．

$$E[\chi(D_0 \cap gD_1)] = E[\chi(gD_0 \cap D_1)]$$
$$= \frac{1}{4\pi}\left\{|D_0|\chi(D_1) + \frac{1}{2\pi}|\partial D_0| \cdot |\partial D_1| + \chi(D_0)|D_1| - \frac{1}{2\pi}|D_0| \cdot |D_1|\right\}.$$

これは Kinematic formula とよばれる積分幾何学の基本的な公式の，ひとつの簡単な場合に相当している（Santaló, 1976 ; Klain and Rota, 1997）．

y_1 を S^{3-1} の1点とし，y_1 を中心とする半径 θ $\left(0 \leq \theta \leq \dfrac{\pi}{2}\right)$ の球帽（チューブ）を $D_1 = \{y_1\}_\theta$ とおく．また $D_0 = M$ とおく．

$$|D_1| = 2\pi(1 - \cos\theta) = 2\pi\bar{B}_{\frac{1}{2}, \frac{2}{2}}(\cos^2\theta),$$
$$|\partial D_1| = 2\pi\sin\theta = 2\pi\bar{B}_{\frac{2}{2}, \frac{1}{2}}(\cos^2\theta),$$
$$\chi(D_1) = 1$$

[*22] コンパクト Lie 群 G 上の Haar 測度を，全測度が1となるように基準化したものを g の確率分布と考える．

より，g が群 G 上の一様分布に従うときの期待値

$$E[\chi(M \cap gD_1)] = \frac{1}{4\pi}\Big\{ |M| + |\partial M|\bar{B}_{\frac{2}{2},\frac{1}{2}}(\cos^2\theta)$$

$$+ 2\pi\chi(M)\bar{B}_{\frac{1}{2},\frac{2}{2}}(\cos^2\theta) - |M|\bar{B}_{\frac{1}{2},\frac{2}{2}}(\cos^2\theta)\Big\}$$

(112)

が得られる．

ところで $y = g(y_1)$ とおくと，$y \sim \mathrm{Unif}(S^{3-1})$ である．$gD_1 = \{y\}_\theta$ より

$$D_0 \cap gD_1 = M \cap \{y\}_\theta = A_{\cos\theta}(y)$$

であるので，(112)は確率場

$$\langle u, y \rangle, \quad y \sim \mathrm{Unif}(S^{3-1}), \quad u \in M$$

のエクスカーション集合のオイラー標数の期待値に他ならない． ▌

3.7 チューブ法の歴史と文献

本章の最後に，チューブ法，オイラー標数法の研究の歴史と現在の状況について簡単にまとめておく．

特異モデルにおける検定問題と球面チューブの体積の関係を最初に指摘したのは，統計学者 Hotelling の 1939 年の論文であった．彼は，1.3 節(b)項で説明した非線形回帰モデル(20)(ただし誤差分散 σ^2 も未知パラメータと考える)において，その特異点 $c = 0$ を帰無仮説とする尤度比検定の帰無分布が式(21)の M のまわりの球面チューブの体積に比例することを指摘し，実際にその体積の公式を与えた(定理 8)．Hotelling が与えた体積公式は，数学者の Weyl(1939)によって M が一般次元の閉多様体の場合へと拡張された．

Weyl の結果は，その後一般次元の Gauss-Bonnet の定理の証明に用いられるなど微分幾何の発展の中で一定の役割を果たすことになる(小林, 1997；Gray, 2004)．一方，チューブ体積公式の統計学への応用は長い間忘れ去られていたが，80 年代末から 90 年代にかけて正規確率場の最大値の裾確率とチューブの体積公式との関係が明確に意識され，主として Stanford 大学の研

究者らによっていくつかの研究がなされた(Knowles and Siegmund, 1989；Johansen and Johnstone, 1990；Sun, 1993). また，錐への射影の分布とチューブの体積の関係も指摘された(Takemura and Kuriki, 1997；Lin and Lindsay, 1997).

また近年は，チューブ法の多変量解析への応用が集中的に研究されている. 多変量解析に現われる統計量で，最大値型とよばれる統計量は，従来の解析的な方法では扱うことが困難とされてきたが，多くの場合はチューブ法で扱えることがわかってきた(Kuriki and Takemura, 2001；Kuriki, 2001；Ninomiya, 2004 など).

一方のオイラー標数法は，確率場(正規確率場とは限らない)の最大値の分布を求めるための発見的方法(ヒューリスティック)として知られていた. 1 次元添字をもつ確率過程 $X(t)$ の最大値に対する近似公式

$$\Pr(\max X(t) \geq a) \approx E[X(t) \text{ が閾値 } a \text{ を超える回数}] \qquad (113)$$

がオイラー標数法のもっとも簡単な場合に相当する. $X(t)$ が滑らかなサンプルパスをもつ場合，式(113)の右辺は計算が容易な量となる. とくに $X(t)$ が定常時系列の場合の右辺は，信号処理の分野で Rice の公式としてよく知られている(たとえば Kedem(1994)). 近似式(113)の右辺はエクスカーション集合の連結成分の個数であるが，これはオイラー標数に他ならないことから，添字集合が一般の次元の場合について式(113)の右辺を $E[\chi\{t \mid X(t) \geq a\}]$ で近似する方法がオイラー標数法であった. オイラー標数法は，Adler(1981)および Worsley(1995a, b)の一連の研究で，近似公式を求めるための手続きとしては完成されたものとなった. とくに Worsley は，さまざまな画像データ解析において，偽の発見を防ぐためにオイラー標数法を使うことを提案している.

しかしながら，オイラー標数法における近似 "$\approx$" は数学的に正当化されたものではない. 本章では，添字集合 M が 1 ないし 2 次元で有限 KL 展開をもつ正規確率場において，チューブ法とオイラー標数法が同等であり，それゆえオイラー標数法の誤差は十分に小さいことを示したが，この事実は M が一般の次元の場合にも成り立っている(栗木，竹村，1999；Takemura and Kuriki, 2002). 近年，Taylor と Takemura ら(2003)によって，正規確

率場が無限 KL 展開をもつ場合のオイラー標数法の正当性が証明された.
しかし,誤差のオーダーの正確な評価や,確率場が非正規である場合の正
当化の議論など,多くの課題が手つかずのままである.

2000 年頃までのチューブ法,オイラー標数法の発展はレビュー論文(Adler,
2000)が詳しい.現時点までの最新の結果は Adler と Taylor による近刊
にまとめられる予定である.

なお本稿では触れることができなかったが,離散集合を添字集合に持つ
正規確率場の,最大値分布の近似のためのオイラー標数法が,アブストラ
クトチューブ法という名前で提案され,その数学的構造や数値計算法が研
究されている.それらについては,Naiman と Wynn(1992, 1997) などを参
照のこと.

4 | 凸多面錐をパラメータ空間とするモデル

　本章ではモデルのパラメータ空間が有限個の線形不等式で制約されているときの推定，検定問題について論じる．前半では応用上重要な順序制約モデルについて詳しく述べ，後半ではそれを一般的な枠組みで扱う．ここで扱うモデルは 2 章で述べたパラメータ制約モデルの特別な場合ではあるが，それらの一般論からは導かれない興味深い性質や数値計算法が知られている．

4.1　順序制約と単調回帰モデル

　実験データや観察データの解析において，解析対象に関する事前知識があるときには，その知識を統計モデルにどのようにして織り込むかが重要な問題となる．そのための方法として，ベイズ法(あるいは経験ベイズ法)はよく知られている．

　ところで，われわれが利用できる事前情報の形としてしばしば現われるものとして，パラメータ間の順序制約(order restriction)がある．1.1 節(c)項では薬効の応答曲線(用量反応曲線)において，応答曲線が単調に増加するという制約をおいた回帰分析モデル(単調回帰)が用いられることを説明した．これは順序制約モデルの典型的な例である．

　応答曲線のモデル化でもっとも簡単なものは次の正規分布モデルである．いま第 i グループの被験者 n_i 人に対し用量 d_i の薬を投与し，それに対する応答を観測する．ただし用量はグループ番号について単調である $(d_1 < \cdots < d_k)$ としておく．各グループにおける反応のサンプル平均 x_i について，それが 1 次元正規分布

$$x_i \sim N(\mu_i, \sigma^2/n_i) \qquad (1 \le i \le k) \tag{113}$$

に独立に従うことを仮定する．ここでは簡単のため σ^2 は既知で，その値は

1 であるとする．ここで用量反応関係には何らかの正の相関があるという事前知識があったとしよう．その知識をモデルに反映する形で，反応の平均パラメータ μ_i が

$$\mu_1 \leq \mu_2 \leq \cdots \leq \mu_k \tag{114}$$

という順序制約を満たすと仮定する．(113)と(114)とを併せたモデルが単調回帰モデルのもっとも簡単な形であった．またこれは，水準に自然な順序がある一元配置モデルとよばれることもある．

各被験者の反応が 2 値変数，すなわち反応の有無で観測される場合は，第 i グループにおける反応総数を r_i，反応比率を $x_i = r_i/n_i$ とするとき，順序制約つきの 2 項分布モデル

$$r_i = n_i x_i \sim \mathrm{Bin}(n_i, p_i) \qquad (1 \leq i \leq k),$$

$$p_1 \leq p_2 \leq \cdots \leq p_k$$

を想定することができる．これは 2 値変数に対する単調回帰モデルである．またこの順序制約は，オッズ比（指数型分布族としての自然パラメータ）

$$\theta_i = \log \frac{p_i}{1 - p_i}$$

の順序制約 $\theta_1 \leq \theta_2 \leq \cdots \leq \theta_k$ と同値である．

ところで，応用上重要な順序制約は不等式制約(114)だけではない．第 1 グループの被験者には，偽薬が投与され，他のグループ i $(2 \leq i \leq k)$ の被験者にはそれぞれ別種の薬が投与されているとする．このとき，どの薬も偽薬よりは劣ることはないという事前知識があるならば，順序制約としては，各グループの反応の平均パラメータ μ_i や 2 項比率 p_i について

$$\mu_1 \leq \mu_i \qquad (2 \leq i \leq k) \tag{115}$$

の形の順序制約が仮定できる．

これらのモデルは k 次元指数型分布族であり，パラメータ空間は不等式のそれぞれに対応した半平面の共通部分，すなわち閉凸多面錐に制限されたパラメータ制約モデルである．

本章の前半では，単調回帰に重点をおいて，最尤推定量の計算方法，ならびにパラメータの一様性の尤度比検定（これは薬効の有無の検定に対応する）について説明する．また後半ではパラメータ空間が一般の凸多面錐に制

約された場合を扱う.

順序制約, 不等式制約を仮定した統計モデルの研究は 1960 年代頃から行われており, 現在にいたるまでに非常に多くの研究がなされている. また Kudô(1963)をはじめとする日本人研究者の貢献も大きい. 詳しくは Robertson ら(1988), Shapiro(1988), 本シリーズ第 2 巻『統計学の基礎 II』第 II 部などを参照のこと.

4.2 単調回帰モデルにもとづく統計推測

(a) 最尤推定量と PAVA

正規分布と 2 項分布にもとづく単調回帰モデルは, より一般的な指数型分布族の枠組みで次のように扱うことができる.

グループは全部で k 個あり, 第 i グループには n_i 個の個体が属するとする. いま第 i グループの j 番目の個体からの反応 x_{ij} が, 測度 ν に対する指数型分布族 $f_{\theta_i}(x) = \exp\{\theta_i x - \psi(\theta_i)\}$ に独立に従う確率変数であるとする. ここで

$$\psi(\theta) = \log \int e^{\theta x} d\nu(x)$$

はキュムラント母関数である. このとき, 第 i グループの反応の算術平均 $x_i = \sum_{j=1}^{n_i} x_{ij}/n_i$ は, 指数型分布族

$$f_{\theta_i, n_i}(x) = \exp\{n_i(\theta_i x - \psi(\theta_i))\} \tag{116}$$

に独立に従う確率変数となる. ただしこのときの基準測度は ν ではなく

$$d\nu_{n_i}(x) = \int \cdots \int_{(1/n_i) \sum_{j=1}^{n_i} x_{ij} \in (x, x+dx)} \prod_{j=1}^{n_i} d\nu(x_{ij})$$

となる.

いま第 i グループの平均は, 1 章で述べたように,

$$\mu_i = E(x_i) = \int x f_{\theta_i}(x) d\nu(x) = \dot{\psi}(\theta_i) \qquad (\dot{\psi} \text{ は } \psi \text{ の導関数})$$

である. この μ_i に対し, 順序制約

$$\mu_1 \leq \mu_2 \leq \cdots \leq \mu_k \tag{117}$$

を仮定する.

正規分布モデルでは $\psi(\theta) = \theta^2/2$, $\mu = \theta$, 2項分布モデルでは $\psi(\theta) = \log(1 + e^\theta)$, $\mu = e^\theta/(1 + e^\theta)$, $\theta = \log\{\mu/(1 - \mu)\}$ とおいた場合に相当する. このときに, 正規分布モデルの第 i グループのサンプル平均, あるいは2項分布モデルにおける第 i グループの反応比率の分布は(116)となる.

キュムラント母関数の2階導関数は各点で $\ddot{\psi}(\theta) > 0$ をみたす. このことから $\dot{\psi}(\cdot)$ は狭義単調関数[*23]であり, 順序制約(117)は自然パラメータに関する順序制約

$$\theta_1 \leq \theta_2 \leq \cdots \leq \theta_k \tag{118}$$

と同等となる.

順序制約(118)のもとでの最尤推定は, 式(118)が定義する閉凸領域における狭義凸関数の最小化問題

$$\min_{\theta_1 \leq \cdots \leq \theta_k} \sum_{i=1}^{k} n_i\{-\theta_i x_i + \psi(\theta_i)\} \tag{119}$$

であるので, その解である最尤推定量はつねに唯一に存在する. これから述べる **PAVA**(pool adjacent violators algorithm)は, このモデルにおいて最尤推定量を求めるための数値解法である. PAVA は単に簡便な数値解法を提供するというだけではなく, その考え方が推定量や検定統計量の分布の導出にも用いられるという意味で重要である. ここではそのアルゴリズムを数値例で説明する.

観測値が $k = 4$, $x = (x_1, x_2, x_3, x_4) = (-1, 4, 1, -1)$, $n = (n_1, n_2, n_3, n_4) = (2, 1, 2, 1)$ のように得られているときの最尤推定量の計算方法を説明する.

初期条件として $\hat{\mu} = (\hat{\mu}_{\{1\}}, \hat{\mu}_{\{2\}}, \hat{\mu}_{\{3\}}, \hat{\mu}_{\{4\}}) = x$ とおく. このとき n も $(n_{\{1\}}, n_{\{2\}}, n_{\{3\}}, n_{\{4\}})$ のように表記しておく. ここで $\hat{\mu}_{\{2\}} = 4$ と $\hat{\mu}_{\{3\}} = 1$ の大小関係が逆転しているので, それらを以下のようにプール(pool)する.

[*23] $\dot{\psi}(\cdot)$ が1対1変換であることから, θ_i と μ_i は1対1となる. それゆえ μ_i も指数型分布族(116)を規定するモデルパラメータである. 自然パラメータ θ_i と対比して, μ_i は期待値パラメータとよばれる.

$$\widehat{\mu}_{\{2,3\}} = \frac{n_{\{2\}}\widehat{\mu}_{\{2\}} + n_{\{3\}}\widehat{\mu}_{\{3\}}}{n_{\{2\}} + n_{\{3\}}} = 2, \quad n_{\{2,3\}} = n_{\{2\}} + n_{\{3\}} = 3.$$

（もし順序の反転が見られる箇所が複数個ある場合は，どの箇所からプールしてもよい．）次に $(\widehat{\mu}_{\{1\}}, \widehat{\mu}_{\{2,3\}}, \widehat{\mu}_{\{4\}})$ を新たに $\widehat{\mu}$，$(n_{\{1\}}, n_{\{2,3\}}, n_{\{4\}})$ を新たに n と思い同じプロセスをたどる．$\widehat{\mu}_{\{2,3\}} = 2$ と $\widehat{\mu}_{\{4\}} = -1$ が逆転しているのでプール

$$\widehat{\mu}_{\{2,3,4\}} = \frac{n_{\{2,3\}}\widehat{\mu}_{\{2,3\}} + n_{\{4\}}\widehat{\mu}_{\{4\}}}{n_{\{2,3\}} + n_{\{4\}}} = 1.25, \quad n_{\{2,3,4\}} = n_{\{2,3\}} + n_{\{4\}} = 4$$

を行う．この時点で $(\widehat{\mu}_{\{1\}}, \widehat{\mu}_{\{2,3,4\}}) = (-1, 1.25)$ には逆転が見られないので，プールの手続きはこれで終わりとする．最終的に得られた期待値パラメータの最尤推定量の値は

$$\widehat{\mu}_1 = \widehat{\mu}_{\{1\}} = -1, \quad \widehat{\mu}_2 = \widehat{\mu}_3 = \widehat{\mu}_4 = \widehat{\mu}_{\{2,3,4\}} = 1.25$$

である．また自然パラメータの最尤推定量の値は $\widehat{\theta}_i = (\dot{\psi})^{-1}(\widehat{\mu}_i)$ である．

この手続きにおいて最終的に一意的な解が得られること，またそれが最尤推定量であることを証明する必要がある．そのことを示すために，PAVAと等価の別の解法を紹介する．これは GCM とよばれる図を用いる解法である．以下にこの解法について説明する．

$$S_0 = 0, \quad N_0 = 0,$$
$$S_i = n_1 x_1 + \cdots + n_i x_i, \quad N_i = n_1 + \cdots + n_i$$

とおき $k+1$ 個の点

$$\{(N_i, S_i) \mid i = 0, 1, \cdots, k\} \tag{120}$$

を結んだ折れ線グラフを描く．このグラフの CM(convex minorant) とは折れ線グラフ

$$\{(N_i, \bar{S}_i) \mid i = 0, 1, \cdots, k\} \tag{121}$$

で，以下の(i)，(ii)を満たすものである．

（ i ）$\bar{S}_i \le S_i$, $i = 0, 1, \cdots, k$,

（ ii ）折れ線(121)は凸関数．

また $\{(N_i, \bar{S}_i^{(1)}) \mid 0 \le i \le k\}$ と $\{(N_i, \bar{S}_i^{(2)}) \mid 0 \le i \le k\}$ がともに CM ならば $\{(N_i, \max(\bar{S}_i^{(1)}, \bar{S}_i^{(2)})) \mid 0 \le i \le k\}$ も CM である．このことから，CM の全体の最大値も CM となる．これを GCM(greatest convex minorant) と

126　4　凸多面錐をパラメータ空間とするモデル

よぶ.

　図31 は，PAVA の数値例に対応するものである．(120)を実線，PAVA
の過程を点線で示す．図からわかるように，PAVA は GCM を求めるため
のアルゴリズムと見ることができる．PAVA のプロセスをどの i から出発
しても同じ解に到達することも明らかであろう.

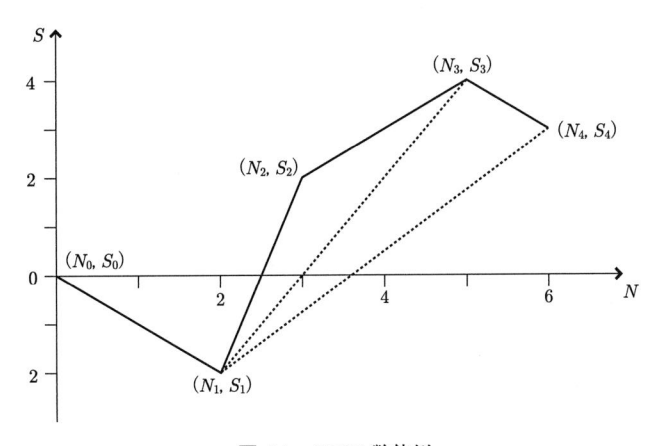

図 **31**　GCM 数値例

補題12　$\{(N_i, S_i) \mid 0 \leq i \leq k\}$ の GCM を $\{(N_i, \bar{S}_i) \mid 0 \leq i \leq k\}$ とおく．また

$$\widehat{\mu}_i = \frac{\bar{S}_i - \bar{S}_{i-1}}{N_i - N_{i-1}} \qquad (i = 1, \cdots, k) \tag{122}$$

とおく．このとき，任意の $\theta_1 \leq \cdots \leq \theta_k$ に対して

$$\sum_{i=1}^{k} n_i \theta_i x_i \leq \sum_{i=1}^{k} n_i \theta_i \widehat{\mu}_i \tag{123}$$

が成り立つ．等号が成り立つための必要十分条件は，$S_i - \bar{S}_i > 0$ をみたす
すべての i について $\theta_{i+1} = \theta_i$ が成り立つことである．またとくに

$$\sum_{i=1}^{k} n_i \widehat{\theta}_i x_i = \sum_{i=1}^{k} n_i \widehat{\theta}_i \widehat{\mu}_i, \quad \widehat{\theta}_i = (\dot{\psi})^{-1}(\widehat{\mu}_i) \tag{124}$$

である. ∎

　証明　式(123)の左辺は

$$\sum_{i=1}^{k} n_i \theta_i x_i = \sum_{i=1}^{k} \theta_i (S_i - S_{i-1}) = \sum_{i=1}^{k} \theta_i S_i - \sum_{i=0}^{k-1} \theta_{i+1} S_i$$

$$= \theta_k S_k - \sum_{i=1}^{k-1} (\theta_{i+1} - \theta_i) S_i,$$

右辺は同様に

$$\sum_{i=1}^{k} n_i \theta_i \widehat{\mu}_i = \theta_k \bar{S}_k - \sum_{i=1}^{k-1} (\theta_{i+1} - \theta_i) \bar{S}_i$$

である. 右辺 − 左辺は

$$\sum_{i=1}^{k-1} (\theta_{i+1} - \theta_i)(S_i - \bar{S}_i) \geq 0$$

である. 等号条件も明らかである.

式(124)の右辺 − 左辺は

$$\sum_{i=1}^{k-1} (\widehat{\theta}_{i+1} - \widehat{\theta}_i)(S_i - \bar{S}_i)$$

であるが, もし $S_i > \bar{S}_i$ ならば PAVA のアルゴリズムから, $\widehat{\mu}_{i+1} = \widehat{\mu}_i$, $\widehat{\theta}_{i+1} = \widehat{\theta}_i$ となる. ▮

定理 16 式(122)の $\widehat{\mu}_i$ に対して $\widehat{\theta}_i = (\dot{\psi})^{-1}(\widehat{\mu}_i)$ $(i = 1, \cdots, k)$ とおいたものは最小化問題(119)の唯一解, すなわち最尤推定量である. とくに PAVA は最尤推定量を与える. ▮

証明 任意の $\theta_1 \leq \cdots \leq \theta_k$ に対して

$$\sum_{i=1}^{k} n_i \{-\theta_i x_i + \psi(\theta_i)\} - \sum_{i=1}^{k} n_i \{-\widehat{\theta}_i x_i + \psi(\widehat{\theta}_i)\}$$

$$= \sum_{i=1}^{k} n_i \theta_i (\widehat{\mu}_i - x_i) - \sum_{i=1}^{k} n_i \widehat{\theta}_i (\widehat{\mu}_i - x_i)$$

$$+ \sum_{i=1}^{k} n_i \{\psi(\theta_i) - \psi(\widehat{\theta}_i) - (\theta_i - \widehat{\theta}_i)\widehat{\mu}_i\}.$$

第 1 項は(123)より非負, 第 2 項は(124)より 0, 第 3 項は $\psi(\cdot)$ の凸性と $\widehat{\mu}_i = \dot{\psi}(\widehat{\theta}_i)$ より非負. とくに第 3 項が 0 になるのはすべての i について $\theta_i = \widehat{\theta}_i$ である場合に限ることから, 尤度最大を与える点は $\widehat{\theta}_i$ に限ることがわかる. ▮

注 定理 16 は Lagrange 乗数法(福島, 2001)から導くこともできる. 最

小化問題(119)を解くための Lagrange 関数を

$$F = \sum_{j=1}^{k} n_j \{-\theta_j x_j + \psi(\theta_j)\} + \sum_{j=1}^{k-1} \lambda_j (\theta_j - \theta_{j+1})$$

とおく．Karush-Kuhn-Tucker 条件より，最小化問題の解は

$$\left. \frac{\partial F}{\partial \theta_i} \right|_{\theta=\widehat{\theta}, \lambda=\widehat{\lambda}} = n_i(-x_i + \widehat{\mu}_i) + \widehat{\lambda}_i - \widehat{\lambda}_{i-1} = 0 \qquad (i = 1, \cdots, k) \quad (125)$$

（ただし $\widehat{\lambda}_0 = \widehat{\lambda}_k = 0$ とおく）

および

$$\widehat{\lambda}_i \geq 0, \quad \widehat{\theta}_i - \widehat{\theta}_{i+1} \leq 0, \quad \widehat{\lambda}_i(\widehat{\theta}_i - \widehat{\theta}_{i+1}) = 0 \qquad (i = 1, \cdots, k-1)$$
$$(126)$$

を満たす．(125), (126)を実際に解くことによって，最尤推定量が GCM で与えられることを見てみよう．

N_i, S_i, $\bar{S}_i$ は今までと同じ意味で用いる．(125)を i について 1 から i まで足し合わせると $\tilde{S}_i = \sum_{j=1}^{i} n_j \widehat{\mu}_j$ とおくとき $-S_i + \tilde{S}_i + \widehat{\lambda}_i = 0$ となる． $\widehat{\mu} = \dot{\psi}(\widehat{\theta})$ は狭義単調増加であったので(126)は

$$S_i - \tilde{S}_i \geq 0, \quad \widehat{\mu}_i - \widehat{\mu}_{i+1} \leq 0, \quad (S_i - \tilde{S}_i)(\widehat{\mu}_i - \widehat{\mu}_{i+1}) = 0 \qquad (127)$$

ただし

$$\widehat{\mu}_i = \frac{\tilde{S}_i - \tilde{S}_{i-1}}{N_i - N_{i-1}}$$

と同値になる．($S_0 - \tilde{S}_0 = S_k - \tilde{S}_k = 0$ に注意.）(127)の 1, 2 番目の不等式は，グラフ $\{(N_i, \tilde{S}_i) \mid i = 0, 1, \cdots, k\}$ が，グラフ $\{(N_i, S_i) \mid i = 0, 1, \cdots, k\}$ の CM であることを意味している．さらにこれは GCM である．（すなわち $\tilde{S}_i \equiv \bar{S}_i$ である.）実際もし GCM でないとすれば，ある $0 < i_1 \leq i_2 < k$ が存在して $\tilde{S}_{i_1-1} = \bar{S}_{i_1-1}$, $\tilde{S}_j < \bar{S}_j$ $(i_1 \leq j \leq i_2)$, $\tilde{S}_{i_2+1} = \bar{S}_{i_2+1}$ となるが，$i_1 \leq j \leq i_2$ について $S_j \geq \bar{S}_j > \tilde{S}_j$ であるので(127)の 3 番目の等式より $\widehat{\mu}_{i_1} = \cdots = \widehat{\mu}_{i_2+1}$ となる．これはグラフ $\{(N_i, \tilde{S}_i)\}$ において，2 点 $(N_{i_1-1}, \tilde{S}_{i_1-1})$, $(N_{i_2+1}, \tilde{S}_{i_2+1})$ は直線で結ばれていることを意味する．$(N_{i_1-1}, \tilde{S}_{i_1-1}) = (N_{i_1-1}, \bar{S}_{i_1-1})$, $(N_{i_2+1}, \tilde{S}_{i_2+1}) = (N_{i_2+1}, \bar{S}_{i_2+1})$ であり，また GCM グラフ $\{(N_i, \bar{S}_i)\}$ は凸であるので $i_1 \leq j \leq i_2$ について $\tilde{S}_j \geq \bar{S}_j$ でなければならない．これは

矛盾である.

注（修正 Cauchy-Schwartz 不等式） 正規分布 $\psi(\theta) = \theta^2/2$ の場合，式 (123)は，任意の $\mu_1 \le \cdots \le \mu_k$ に対して

$$\sum_{i=1}^k n_i \mu_i x_i \le \sum_{i=1}^k n_i \mu_i \widehat{\mu}_i$$

となる．この右辺を Cauchy-Schwartz 不等式で上から押さえることにより

$$\sum_{i=1}^k n_i \mu_i x_i \le \sqrt{\sum_{i=1}^k n_i \mu_i^2 \sum_{i=1}^k n_i \widehat{\mu}_i^2}, \quad \forall (x_1, \cdots, x_k),\ \forall \mu_1 \le \cdots \le \mu_k \quad （128）$$

を得る．ここで式(124)が $\sum n_i \widehat{\mu}_i x_i = \sum n_i \widehat{\mu}_i^2$ となることを用いると

$$0 \le \sum n_i (x_i - \widehat{\mu}_i)^2$$
$$= \sum n_i x_i^2 - 2\sum n_i x_i \widehat{\mu}_i + \sum n_i \widehat{\mu}_i^2$$
$$= \sum n_i x_i^2 - \sum n_i \widehat{\mu}_i^2$$

より $\sum n_i \widehat{\mu}_i^2 \le \sum n_i x_i^2$ であり，また $x_1 \le \cdots \le x_k$ でない限り $\widehat{\mu}_i \ne x_i$ となる i が存在し不等式は厳密に成り立つため，式(128)の右辺は通常の Cauchy-Schwartz 不等式

$$\left| \sum_{i=1}^k n_i \mu_i x_i \right| \le \sqrt{\sum_{i=1}^k n_i \mu_i^2 \sum_{i=1}^k n_i x_i^2}$$

の上界を実質的に改良する.

Moriguti(1953)は(128)を関数空間の言葉で書き直した次の不等式(129)を証明し，修正 Cauchy-Schwartz 不等式と名づけた．区間 $[a, b]$ 上の 2 乗可積分関数の全体を $L_2[a, b]$ とおき，同じ区間上の非減少連続関数の全体を $M[a, b]$ とおく．このとき

$$\int_a^b fg \le \sqrt{\int_a^b \bar{f}^2 \int_a^b g^2}, \quad \forall f \in L_2[a, b],\ \forall g \in M[a, b] \cap L_2[a, b] \quad （129）$$

が成り立つ．ここで $F(t) = \int_a^t f(t)dt$, $\bar{F}$ は F の GCM, $\bar{f}(t) = \dfrac{d}{dt}\bar{F}(t+)$ (右微分).

注（PAVA の物理モデル（Sibuya, Kawai and Shida 1990; 川合, 1992））
1 次元宇宙に k 個の星 $(i = 1, \cdots, k)$ が 1 列に並んでいるとする．時刻 $t = 0$ において，左から i 番目の星は質量 n_i, 速度 x_i をもっているとする（図32）.

130 │ 4 凸多面錐をパラメータ空間とするモデル

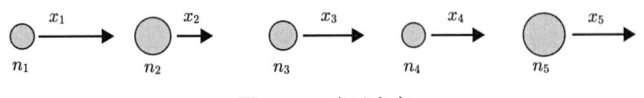

図 **32** 1次元宇宙

星と星が衝突するときは非弾性衝突するとする．すなわち運動量($n_i x_i$ の和)は保存されるがエネルギーは保存されない．ある程度の時間が経ち，星がいくつかのクラスターとして合併した後にはそれ以上の衝突がおきなくなる．このとき各クラスターの速度が最尤推定量 $\hat{\mu}_i$ となる．

（**b**）一様性仮説の検定

$i = 1, \cdots, k$ について x_i は指数型分布族 f_{θ_i, n_i} (116) からの観測値とする．この項ではパラメータ θ_i の一様性仮説 $H_0 : \theta_1 = \cdots = \theta_k$ を帰無仮説，順序制約 $H_1 : \theta_1 \leq \cdots \leq \theta_k$ を対立仮説とする尤度比検定を考える．これは用量反応実験において薬効の有無を検定することに相当する．

順序制約モデル（対立仮説 H_1）のもとでの最尤推定量は，PAVA の解を $\hat{\mu}_i$ とするとき $\hat{\theta}_i = (\dot{\psi})^{-1}(\hat{\mu}_i)$ であった．一方，一様性仮説 H_0 のもとでの最尤推定量は

$$\bar{\theta} = (\dot{\psi})^{-1}(\bar{\mu}), \quad \bar{\mu} = \frac{\displaystyle\sum_{i=1}^{k} n_i x_i}{\displaystyle\sum_{i=1}^{k} n_i}$$

である．これらより尤度比検定統計量は

$$2 \log \lambda_n = 2 \log \frac{\displaystyle\prod_{i=1}^{k} f_{\hat{\theta}_i, n_i}(x_i)}{\displaystyle\prod_{i=1}^{k} f_{\bar{\theta}, n_i}(x_i)} = 2 \sum_{i=1}^{k} n_i \{(\hat{\theta}_i - \bar{\theta}) x_i - \psi(\hat{\theta}_i) + \psi(\bar{\theta})\}$$

(130)

となる．

次に検定の有意点を求めるために，検定統計量の帰無分布を考える．ここでもサンプルサイズが大きいときの漸近近似で考える．次の定理が成り立つ．

定理 17 $n_i / \sum_{i=1}^{k} n_i = w_i \ (0 < w_i < 1)$ のもとで $\sum_{i=1}^{k} n_i \to \infty$ とする. このとき尤度比検定統計量(130)は仮説 H_0 のもとで

$$\sum_{i=1}^{k} w_i (z_i - \bar{z})^2 - \min_{\delta_1 \leq \cdots \leq \delta_k} \sum_{i=1}^{k} w_i (z_i - \delta_i)^2, \quad \bar{z} = \sum_{i=1}^{k} w_i z_i$$

の分布に法則収束する. ただし各 z_i は独立に $N(0, 1/w_i)$ に従う確率変数. ∎

証明 サンプル $x_1, \cdots, x_k$ の従う分布は指数型分布族(116)であり, これ自体は i.i.d. サンプルの列ではない. このままでは定理4(Chernoff の定理)を用いることはできないので, 若干の工夫が必要である.

$m_1, \cdots, m_k$ を互いに素な自然数で $w_i = m_i / \sum_{i=1}^{k} m_i$ であるものとする. $n_i = r m_i$ とおく. 確率密度関数

$$\prod_{i=1}^{k} \prod_{j=1}^{m_i} f_{\theta_i, 1}(y_{ij}) \tag{131}$$

からの r 個の i.i.d. サンプル $(y_{11}^{(t)}, \cdots, y_{1,m_1}^{(t)}, y_{21}^{(t)}, \cdots, y_{k,m_k}^{(t)}) \ (t = 1, \cdots, r)$ を考える. このモデルの十分統計量は

$$x_i = \frac{\sum_{t=1}^{r} \sum_{j=1}^{m_i} y_{ij}^{(t)}}{n_i}$$

であり, その密度関数は $\prod_{i=1}^{k} f_{\theta_i, n_i}(x_i)$ となる. また検定 H_0 vs. H_1 の尤度比統計量は(130)に一致する. したがってここでは, モデル(131)を出発として考え, $r \to \infty$ のときの漸近分布を考察する.

問題は指数型分布族の i.i.d. サンプルにおける尤度比検定の漸近理論に帰着されたので Chernoff の定理が適用可能である. いまモデルの真値を $\theta_1 = \cdots = \theta_k = \theta_0$ とする. 各パラメータ θ_i の Fisher 情報行列を真値で評価すると

$$I_0 = \ddot{\psi}(\theta_0) \mathrm{diag}(m_i)_{1 \leq i \leq k}$$

である. Chernoff の定理からただちに, 尤度比検定統計量の漸近帰無分布が

$$\min_{\delta_1 = \cdots = \delta_k} \sum_{i=1}^{k} m_i \ddot{\psi}(\theta_0)(z_i - \delta_i)^2 - \min_{\delta_1 \leq \cdots \leq \delta_k} \sum_{i=1}^{k} m_i \ddot{\psi}(\theta_0)(z_i - \delta_i)^2$$

ただし $(z_1, \cdots, z_k) \sim N_k(0, I_0^{-1})$

であることがわかる.

$$z_i := z_i \sqrt{\sum_{i=1}^{k} m_i \ddot{\psi}(\theta_0)}, \qquad \delta_i := \delta_i \sqrt{\sum_{i=1}^{k} m_i \ddot{\psi}(\theta_0)}$$

とおきかえることにより定理を得る. ∎

以上の定理 17 より, 単調回帰におけるパラメータの一様性に関する尤度比検定は, 漸近的には正規モデル

$$(x_1, \cdots, x_k) \sim N_k((\mu_i), \mathrm{diag}(1/n_i))$$

における平均の一様性に関する尤度比検定 $H_0 : \mu_1 = \cdots = \mu_k$ vs. $H_1 : \mu_1 \leq \cdots \leq \mu_k$ の帰無分布

$$T = \sum_{i=1}^{k} n_i (x_i - \bar{x})^2 - \sum_{i=1}^{k} n_i (x_i - \widehat{\mu}_i)^2, \quad \bar{x} = \frac{\sum_{i=1}^{k} n_i x_i}{\sum_{i=1}^{k} n_i}$$

に帰着することがわかった. ただし $\widehat{\mu}_i$ は H_1 のもとでの最尤推定量で, PAVA によって得ることができる. T の分布に関しては次が成り立つ.

定理 18 H_0 のもとで

$$\Pr(T \geq a) = \sum_{i=1}^{k} q_i \bar{G}_{i-1}(a). \tag{132}$$

ただし q_i は H_0 のもとで最尤推定量 $\widehat{\mu}_1 \leq \cdots \leq \widehat{\mu}_k$ のうちで異なるものが i 個である確率である. (確率であるので $q_i \geq 0$, $\sum_{i=1}^{k} q_i = 1$ をみたす.) $\bar{G}_i(a)$ は自由度 i のカイ 2 乗分布の上側確率で, また $\bar{G}_0(a) = 1$ $(a \leq 0)$, $\bar{G}_0(a) = 0$ $(a > 0)$ である. ∎

この定理の証明は, 次節においてより一般的な枠組みで行う.

分布 (132) はカイ 2 乗分布の有限混合分布であり, $\bar{\chi}^2$ 分布 (カイバー 2 乗分布) とよばれる. また確率 $(q_1, \cdots, q_k)$ は, レベル確率 (level probability) とよばれる. 重み (分散の逆数) を明記する場合は, レベル確率を

$$q(l, k) = q(l, k; n), \quad n = (n_1, \cdots, n_k), \quad 1 \leq l \leq k$$

と書くことにする. レベル確率に関して知られている事実を以下にまとめておこう.

まず

$$q(k, k; n) = \Pr(x_1 < \cdots < x_k), \quad x_i \sim N(0, 1/n_i)$$

である. 4 以下の k については, 陽な式

$$q(1, 1; n) = 1,$$

$$q(2, 2; n) = \frac{1}{2},$$

$$q(3, 3; n) = \frac{1}{4} + \frac{1}{2\pi} \sin^{-1} \rho_{12},$$

$$q(4, 4; n) = \frac{1}{8} + \frac{1}{4\pi} (\sin^{-1} \rho_{12} + \sin^{-1} \rho_{23}),$$

$$\rho_{i,i+1} = -\sqrt{\frac{n_i n_{i+2}}{(n_i + n_{i+1})(n_{i+1} + n_{i+2})}}$$

が知られている (Robertson, *et al* 1988).

また $q(l, k; n)$ $(2 \le l \le k - 1)$ を求めるための関係式として以下に述べるものがある.

いま連続する数 $1, 2, \cdots, k$ に $l - 1$ 枚 $(1 \le l \le k)$ のしきいを入れて l 個のブロック $B = B_1 | \cdots | B_l$ に分けることを考える. そのような分割 B の全体を $\mathcal{B}_{l,k}$ とおく. 各ブロックの要素数を $|B_j|$ とおく. また

$$n[B_j] = (n_i)_{i \in B_j}, \quad n[B] = \left(\sum_{i \in B_1} n_i, \cdots, \sum_{i \in B_l} n_i \right)$$

とおく. たとえば $B = 12|3 \in \mathcal{B}_{2,3}$ に対し, $n[B_1] = (n_1, n_2)$, $n[B_2] = (n_3)$, $n[B] = (n_1 + n_2, n_3)$ である.

定理 19 $2 \le l \le k - 1$ とする.

$$q(l, k; n) = \sum_{B \in \mathcal{B}_{l,k}} q(l, l; n[B]) \prod_{j=1}^{l} q(1, |B_j|; n[B_j]) \qquad (133)$$

が成り立つ. ($l = 1, k$ のときには自明な関係式 $q(l, k; n) = q(l, k; n)$ となる.) ∎

証明

$$x_{B_j} = \frac{\sum_{i \in B_j} n_i x_i}{\sum_{i \in B_j} n_i}$$

とおく. $x_{B_j} \sim N(0, 1/n[B_j])$ である. $q(l, k; n)$ を求めるには, $\mathcal{B}_{l,k}$ の要素の $B = B_1 | \cdots | B_l$ を固定し

$$\widehat{\mu}_i = x_{B_j} \quad (i \in B_j) \quad \text{かつ} \quad x_{B_1} < \cdots < x_{B_l} \qquad (134)$$

となる確率を計算し，それをすべての $B \in \mathcal{B}_{l,k}$ について足し合わせれば よい.

ところで PAVA は，どの部分からプールしても最終的に得られる解は 同じであった．そこで事象(134)を，次の手順で PAVA を行った結果と 考える．(i)各ブロック B_j の中で PAVA を適用したところ，$x_i \ (i \in B_j)$ がひとつの平均 x_{B_j} としてプールされた．(この事象を E_j とおく.)(ii) 次にブロックを超えて PAVA を行ったが，どこでもプールはおこらなかっ た.

ここで(i)の確率は $\Pr(E_j) = q(1, |B_j|; n[B_j])$ であり，また各 E_j は独立 である．(ii)の確率は，事象 F を $F = \{x_{B_1} < \cdots < x_{B_l}\}$ とおくときの条 件付き確率 $\Pr(F \mid E_1, \cdots, E_l)$ である.

ここで $(l+1)$ 個の事象 $E_1, \cdots, E_l, F$ はすべて独立であることを示す．それ を確認するには，事象 F が $x_{B_1}, \cdots, x_{B_l}$ に関する事象であることから確率変 数 x_{B_j} と事象 E_j とが独立であることを見れば十分である．正規分布の性質か ら，$x_{B_j} = m$ を与えたときの $(x_i)_{i \in B_j}$ の条件付き分布は，$(x_i + m - x_{B_j})_{i \in B_j}$ の無条件分布と同等であることがわかる．PAVA の操作は各平均の差のみ に依存しているので，PAVA の対象 $(x_i)_{i \in B_j}$ に一定の値 $m - x_{B_j}$ を足した ところで(たとえその値が x_i に依存していても)PAVA による組分けの結果 は変わらない．それゆえ事象 E_j の条件付き確率 $\Pr(E_j \mid x_{B_j} = m)$ は m の 値にも依存しない．これは事象 E_j は確率変数 x_{B_j} と独立であることを意 味している.

以上から $\Pr(F \mid E_1, \cdots, E_l) = \Pr(F)$ であり，(134)の確率は

$$\Pr(F) \prod_{j=1}^{l} \Pr(E_j) = q(l, l; n[B]) \prod_{j=1}^{l} q(1, |B_j|; n[B_j])$$

であることがわかる.

関係式(133)と自明な関係式

$$q(1, k; n) = 1 - \sum_{l=2}^{k} q(l, k; n) \qquad (135)$$

より，任意の $q(l, k; n) \ (1 \le l \le k \le K)$ は $q(k, k; n') \ (1 \le k \le K)$ によっ

て書き下せることがわかる。とくに $k \leq 4$ のときは $q(k, k; n)$ は既知であったので，$q(l, k; n)$ $(1 \leq l \leq k \leq 4)$ については解析式が得られる。Miwa ら（2000）は任意の k と任意の重みベクトル n について $q(k, k; n)$ が k の線形時間で数値積分できることを指摘し，それがレベル確率計算に有用であることを示している。

注　このように，レベル確率の評価は一般には容易ではない。しかしながら分散 $1/n_i$ がすべて等しい場合は，対称性を用いた議論によって，すべてのレベル確率が第 1 種 Stirling 数によって表わされることが知られている。とくに任意の k について

$$q(1, k) = \frac{1}{k}, \quad q(k, k) = \frac{1}{k!}$$

が成り立つ（Robertson, *et al* 1988）。

4.3 凸多面錐を対立仮説とする検定

（a）尤度比検定の一般論

本節では前節の単調回帰のパラメータの一様性検定を一般化した検定問題を考える。扱う検定問題は次のとおりである。$K \subset \mathbb{R}^m$ を閉凸多面錐とする。観測値 $x \sim N_m(\mu, \Sigma)$ にもとづく多変量片側検定問題 $H_0 : \mu = 0$ vs. $H_1 : \mu \in K$ を考える。ここで Σ は既知の $m \times m$ 正定値行列であるとする。この行列にもとづいて $\mathbb{R}^m$ の内積とノルムを

$$\langle x, y \rangle = x^T \Sigma^{-1} y, \quad \|x\| = \sqrt{\langle x, x \rangle} \tag{136}$$

と定義する。このとき尤度比検定統計量は x の K への直交射影を x_K とおくとき $T = \|x_K\|^2$ であった。本節でははじめにこの検定統計量の H_0 のもとでの分布を調べることとする。単調回帰における一様性検定が，この問題に帰着することの説明は次項で行う。またこの検定は，回帰モデルなどの線形モデルにおける同時信頼区間の構成に用いることができる。それについては 4.4 節で説明する。

結果を述べるために，凸多面錐に関するいくつかの用語を準備する。K を閉凸多面錐とする。K は有限個の閉半平面の共通部分

$$K = \{x \in \mathbb{R}^m \mid \langle a_i, x \rangle \leq 0, \ \forall i \in I\}$$

として定義される. ここで a_i は長さ 1 の方向ベクトル, また I は有限集合である.

I の部分集合 J に対して

$$F_J = \{x \in \mathbb{R}^m \mid \langle a_i, x \rangle = 0, \ \forall i \in J,$$
$$\langle a_i, x \rangle < 0, \ \forall i \in I \setminus J\}$$

とおく. F_J のうちで空でないものを K のフェイス(face)とよび, その全体を

$$\mathcal{F} = \{F_J \mid J \subset I, \ F_J \neq \emptyset\}$$

とおく. フェイス自身も凸多面錐である. 定義から K は $\mathcal{F}$ の要素によって互いに排反に $K = \bigsqcup_{F \in \mathcal{F}} F$ と分割される. ここで $\bigsqcup$ は排反和を表わす.

$F \in \mathcal{F}$ を含む最小の線形空間を $\mathrm{lin}(F)$ とおく. F の次元を $\mathrm{lin}(F)$ の次元で定義する. たとえば $\mathbb{R}^3$ の凸多面錐において, 0 次元フェイスは頂点, 1 次元のフェイスは辺から頂点を除いたもの, 2 次元フェイスは面から辺を除いたもの, 3 次元フェイスは K の内点となる.

K の $\mathbb{R}^m$ における双対錐(dual cone)は

$$K^* = \{y \in \mathbb{R}^m \mid \langle y, x \rangle \leq 0, \ \forall x \in K\}$$

であった. 一般に双対錐は閉凸錐である. また K が多面錐であれば, K^* も多面錐となる. 各 $F \in \mathcal{F}$ に対して

$$F^\dagger = \mathrm{lin}(F)^\perp \cap K^*$$

とおく. $F^\dagger$ も多面錐であることに注意する.

K は閉凸集合であるので, 各 $x \in \mathbb{R}^m$ に対して $\min_{y \in K} \|x - y\|$ を達成する点 $y = x_K$ が一意に定まる. このことから

$$\mathbb{R}^m = \bigsqcup_{y \in K} \{x \mid x_K = y\} = \bigsqcup_{F \in \mathcal{F}} \bigsqcup_{y \in F} \{x \mid x_K = y\}$$

は $\mathbb{R}^m$ の分割となる. 以下では, $\mathbb{R}^m$ の集合 A, B に対し, $A + B = \{x + y \mid x \in A, y \in B\}$ と書くことにする.

補題 13 K の点 $y \in F \subset K$ における接錐は

$$C_y(K) = \mathrm{lin}(F) + K$$

である.

証明 $z \in K + \mathrm{lin}(F)$ $(z \neq 0)$ とする．このとき $z = z_1 + z_2$, $z_1 \in K$, $z_2 \in \mathrm{lin}(F)$ と書ける．正数列 $r_i \downarrow 0$ に対し $x_i = y + r_i z$ とおくと，十分大きい i について $x_i = r_i z_1 + (y + r_i z_2) \in K + F = K$ であり，一方 $(x_i - y)/\|x_i - y\| = z/\|z\| \to z/\|z\|$ だから $z \in C_y(K)$.

逆に $z \in C_y(K)$ $(z \neq 0)$ ならば，ある列 $x_i \in K$ について $(x_i - y)/\|x_i - y\| \to z/\|z\|$ となる．ここで $(x_i - y)/\|x_i - y\| \in (K + \mathrm{lin}(F)) \cap S^{m-1}$ であるが，集合のコンパクト性から $z \in K + \mathrm{lin}(F)$. ∎

接錐 $C_y(K)$ の双対錐（法錐）は

$$N_y(K) = C_y(K)^* = \mathrm{lin}(F)^* \cap K^* = F^\dagger$$

である．（一般に K_1, K_2 を錐とするとき $(K_1 + K_2)^* = K_1^* \cap K_2^*$ である．）3.4 節の補題 10 と同じ議論によって $\{x \mid x_K = y\} \subset y + N_y(K)$ であるが，いまの場合はさらに K が凸であることから $\{x \mid x_K = y\} = y + N_y(K)$ であり，

$$\{x \mid x_K = y\} = y + F^\dagger$$

が成り立つ．これより $\mathbb{R}^m$ の分割

$$\mathbb{R}^m = \bigsqcup_{F \in \mathcal{F}} \bigsqcup_{y \in F} (y + F^\dagger) = \bigsqcup_{F \in \mathcal{F}} (F \oplus F^\dagger) \tag{137}$$

を得る（図 33，図 34）．ここで記号 $\oplus$ は直交直和を意味する．

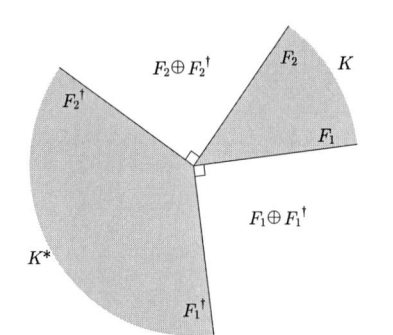

図 33 双対錐と空間の分割（$\mathbb{R}^2$ の場合）

いま $x \in F \oplus F^\dagger$ とする．$L = \mathrm{lin}(F)$ の直交補空間 $L^\perp$ は $\mathrm{lin}(F^\dagger)$ に一致する．x の L, $L^\perp$ への直交直和分解を $x = x_L + x_{L^\perp}$ とおくと，H_1 のもとでの最尤推定量は $\hat{\mu} = x_L$，また H_0 vs. H_1 の尤度比検定統計量は

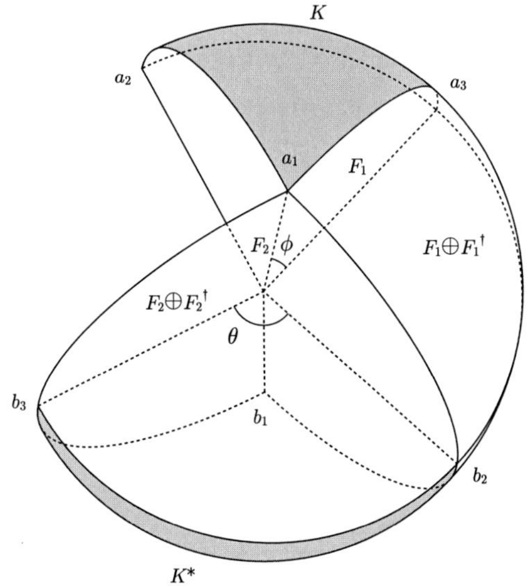

図 34 双対錐と空間の分割($\mathbb{R}^3$ の場合)

$T = \|x - 0\|^2 - \|x - \widehat{\mu}\|^2 = (\|x_L\|^2 + \|x_{L\perp}\|^2) - \|x_{L\perp}\|^2 = \|x_L\|^2$ となる. こ
こで,

$$x \in F \oplus F^\dagger \quad \Leftrightarrow \quad x_L \in F, \quad x_{L\perp} \in F^\dagger$$

$$\Leftrightarrow \quad \frac{x_L}{\|x_L\|} \in F, \quad \frac{x_{L\perp}}{\|x_{L\perp}\|} \in F^\dagger$$

であること, また $x \sim N_m(0, \Sigma)$ ならば

$$x_L \perp\!\!\!\perp x_{L\perp}, \quad \frac{x_L}{\|x_L\|} \perp\!\!\!\perp \|x_L\| \tag{138}$$

($\perp\!\!\!\perp$ は左右の確率変数が独立であることを表わす)

であるという正規分布の性質から

$$\Pr(T \geq a) = \sum_{F \in \mathcal{F}} \Pr(T \geq a, \ x \in F \oplus F^\dagger)$$

$$= \sum_{F \in \mathcal{F}} \Pr\left(\|x_L\|^2 \geq a, \ \frac{x_L}{\|x_L\|} \in F, \ \frac{x_{L\perp}}{\|x_{L\perp}\|} \in F^\dagger\right)$$

$$= \sum_{F \in \mathcal{F}} \Pr(\|x_L\|^2 \geq a) \Pr(x \in F \oplus F^\dagger)$$

$$= \sum_{i=0}^{m} \sum_{F \in \mathcal{F},\, \dim(F)=i} \Pr(\chi_i^2 \geq a) \Pr(\widehat{\mu} \in F)$$

$$= \sum_{i=0}^{m} q_i \, \Pr(\chi_i^2 \geq a)$$

となる. ここで

$$q_i = \sum_{F \in \mathcal{F},\, \dim(F)=i} \Pr(\widehat{\mu} \in F)$$

は $\widehat{\mu}$ が K の i 次元フェイスに含まれる確率である.

以上の結果をまとめると次のようになる.

定理 20 H_1 のもとでの最尤推定量を $\widehat{\mu}$ とおく. H_0 のもとで, $\widehat{\mu}$ が K の i 次元フェイスに含まれる確率を q_i とする. このとき H_0 のもとでの尤度比検定統計量 T の分布は

$$\Pr(T \geq a) = \sum_{i=0}^{m} q_i \, \bar{G}_i(a)$$

である. ∎

注 $\beta(F) = \Pr\left(\dfrac{x_L}{\|x_L\|} \in F\right)$ をフェイス F の内角, $\gamma(F) = \Pr\left(\dfrac{x_{L^\perp}}{\|x_{L^\perp}\|} \in F^\dagger\right)$ をフェイス F の外角という. たとえば図 34 において, $\beta(F_1) = \phi/2\pi$, $\gamma(F_1) = 1/2$, $\beta(F_2) = 1/2$, $\gamma(F_2) = \theta/2\pi$ である.

$\Pr(\widehat{\mu} \in F) = \Pr(x \in F \oplus F^\dagger) = \Pr(x_L \in F) \Pr(x_{L^\perp} \in F^\dagger) = \beta(F)\gamma(F)$ である. ∎

注(滑らかな凸錐の場合) $\mathbb{R}^m$ の閉凸多面錐の全体を $\mathcal{K}$ とおく. $K_1, K_2 \in \mathcal{K}$ の距離(Hausdorff 距離)を

$$\rho(K_1, K_2) = \inf\{\theta \mid (M_1)_\theta \supset M_2,\ M_1 \subset (M_2)_\theta\}$$

で定義する. ここで, $M_1 = K_1 \cap S^{m-1}$, $M_2 = K_2 \cap S^{m-1}$, また $(\cdot)_\theta$ は半径 θ の(球面)チューブを表わす. このとき $\mathcal{K}$ は距離空間になる. また次の2つの性質が成り立つ.

（ i ）多面錐 K に対応する $\bar{\chi}^2$ 分布の混合確率 $q_i = q_i(K)$ $(i=1, \cdots, m)$ は K の関数として連続.

（ ii ）$\mathcal{K}$ のコンパクト化 $\bar{\mathcal{K}}$ は $\mathbb{R}^m$ の凸錐の全体である. すなわち任意の閉凸錐 K に対して閉凸多面錐の列 K_n $(n=1, 2, \cdots)$ が存在し, $K_n \to K$.

（i），（ii）より，（多面錐とは限らない）任意の閉凸錐 K について尤度比検定統計量 $H_0 : \mu = 0$ vs. $H_1 : \mu \in K$ を考えたときにも，その帰無分布は $\bar{\chi}^2$ 分布となる（Takemura and Kuriki, 1997）. ▮

注 本章では凸錐への射影の長さの $\|x_K\|$ 分布を $\mathbb{R}^m$ の分割（137）と正規分布の性質（138）を組み合わせることで導いた．ところで冒頭に述べたように，凸多面錐制約モデルは 2 章で扱ったパラメータ制約モデルの特別な場合であり，$\|x_K\|$ の分布の導出にチューブ法の考え方を用いることもできる.

$M = K \cap S^{m-1}$ とおく．$\|x_K\| = \max\left\{0, \max_{u \in M}\langle u, x\rangle\right\}$ であるので M のまわりのチューブ体積を求めればよい．ところでチューブ体積と正規確率場の裾確率は 1 対 1 であったから，定理 20 は M のまわりのチューブ体積が

$$\text{Vol}(M_\theta) = \sum_{i=0}^{m} q_i \, \bar{B}_{\frac{i}{2}, \frac{m-i}{2}}\left(\cos^2\theta\right)$$

と書けていることを意味する．また M は球面凸集合であるので $\theta_c = \pi/2$ であり，この体積公式は $0 \leq \theta \leq \pi/2$ について成り立つ. ▮

次に示す定理は尤度比検定の検出力に関するものである．検定がみたすべき最低要件である一致性は少なくともみたされていることがわかる.

$x \sim N_m(\mu, \Sigma)$ とする．$\mathbb{R}^m$ の内積とノルムは Σ を計量として式（136）のように定義するものとする．平均パラメータが μ であるときの棄却確率（検出力）を

$$\beta(\mu) = \text{Pr}(\|x_K\| \geq c \mid \mu)$$

とおく.

定理 21 （ i ）μ の K への直交射影を μ_K とおく．$\|\mu_K\| \to \infty$ のとき，$\beta(\mu) \to 1$.

（ ii ）$\delta \in -K^*$ ならば $\beta(\mu + \delta) \geq \beta(\mu)$. ▮

注 （i）は検定の一致性を意味する．また（ii）より，もし $K \subset -K^*$ ならば検定の不偏性

$$\beta(\mu) \geq \beta(0), \quad \forall \mu \in K$$

が成り立つ．容易にわかるように $K \subset -K^*$ であることと

$$\langle x, y\rangle \geq 0, \quad \forall x, y \in K \tag{139}$$

とが同値である．(139)は，錐 K の任意の 2 つのベクトルのなす角度が 90 度よりも小さいという意味であるので，錐 K の頂点が鋭角であるということができる．∎

証明 （ i ）$x \sim N_m(0, \Sigma)$ を用いて $\beta(\mu) = \Pr(\|(x + \mu)_K\| \geq c)$ と書くことができる．ここで凸錐 K について $\mu - \mu_K = \mu_{K^*}$ であることから

$$\|\mu_K\| = \|\mu - \mu_{K^*}\|$$
$$\leq \|\mu - (x + \mu)_{K^*}\|$$
$$\leq \|x\| + \|x + \mu - (x + \mu)_{K^*}\|$$
$$= \|x\| + \|(x + \mu)_K\|.$$

これより

$$\beta(\mu) \geq \Pr(\|\mu_K\| - \|x\| \geq c) = \Pr(\chi_m^2 \leq (\|\mu_K\| - c)^2) \to 1.$$

（ ii ）$\delta \in -K^*$ とする．

$$\|(x + \mu + \delta)_K\| = \|(x + \mu + \delta) - (x + \mu + \delta)_{K^*}\|$$
$$= \|(x + \mu) - \{-\delta + (x + \mu + \delta)_{K^*}\}\|$$
$$\geq \|(x + \mu) - (x + \mu)_{K^*}\|$$
$$= \|(x + \mu)_K\|.$$

ここで $-\delta + (x + \mu + \delta)_{K^*} \in K^*$ より不等式が従う．これより

$$\|(x + \mu)_K\| \geq c \quad \Rightarrow \quad \|(x + \mu + \delta)_K\| \geq c. \quad ∎$$

（b）　複合帰無仮説の場合

$L \subset \mathbb{R}^m$ を d_0 次元の線形部分空間，また $K \subset \mathbb{R}^m$ を L を含むプロパーでない閉凸多面錐とする（図 20 を参照）．$x \sim N_m(\mu, \Sigma)$ にもとづく平均ベクトル μ の尤度比検定 $H_0 : \mu \in L$ vs. $H_1 : \mu \in K$ を考える．ここでも内積とノルムは Σ を計量とするものとする．

$\tilde{K} = K \cap L^\perp$ とおくと $K = L \oplus \tilde{K}$ と直交直和分解される．$x_K = x_L + x_{\tilde{K}} = x_L + (x_{L^\perp})_{\tilde{K}}$ だから尤度比検定統計量 T は

$$T = \|x - x_L\|^2 - \|x - x_K\|^2$$
$$= \|x - x_L\|^2 - \|x - x_L - (x_{L^\perp})_{\tilde{K}}\|^2$$
$$= \|x_{L^\perp}\|^2 - \|x_{L^\perp} - (x_{L^\perp})_{\tilde{K}}\|^2$$
$$= \|(x_{L^\perp})_{\tilde{K}}\|^2$$

となる．この統計量は部分空間 $L^\perp$ $(\dim(L^\perp)=m-d_0)$ において原点を帰無仮説，凸錐 $\tilde{K}$ を対立仮説とする尤度比検定の検定統計量であり，その分布は単純帰無の場合の結果より

$$\Pr(T \geq a) = \sum_{i=0}^{m-d_0} q_i \Pr(\chi_i^2 \geq a)$$

となる．ただし q_i は $(x_{L^\perp})_{\tilde{K}}$ が $\tilde{K}$ の i 次元フェイスに含まれる確率であり，これはまた，x_K が $K = L \oplus \tilde{K}$ の $(i+d_0)$ 次元フェイスに含まれる確率といいかえることができる．添字をつけかえて次の定理を得る．

定理 22

$$\Pr(T \geq a) = \sum_{i=d_0}^{m} q_i \bar{G}_i(a).$$

ただし q_i は x_K が K の i 次元フェイスに含まれる確率である． ▌

また定理 21 に対応して，次が成り立つ．

定理 23　検定 $H_0 : \mu \in L$ vs. $H_1 : \mu \in K$ の検出力関数を $\beta(\mu)$ とする．

（i）$\|\mu_{\tilde{K}}\| = \|\mu_K - \mu_L\| \to \infty$ のとき，$\beta(\mu) \to 1$.

（ii）$\delta \in -(\tilde{K})^* = -K^* \oplus L$ ならば $\beta(\mu+\delta) \geq \beta(\mu)$. ▌

以上の結果を，正規分布の一元配置モデル

$$x \sim N_k(\mu, \Sigma), \quad \Sigma = \mathrm{diag}(n_i^{-1})$$

における単調回帰の一様性検定について適用してみよう．これは

$$L = \{\mu \mid \mu_1 = \cdots = \mu_k\}, \quad \dim(L) = d_0 = 1, \quad K = \{\mu \mid \mu_1 \leq \cdots \leq \mu_k\}$$

とおいた場合に相当している．ここで

$$q_i = \Pr(\hat{\mu} \text{ を含むフェイスの次元が } i)$$
$$= \Pr(\text{最尤推定量 } \hat{\mu}_1, \cdots, \hat{\mu}_k \text{ の中の異なるものの数が } i)$$

であることから，定理 18 が証明される．

また以下に示すように

$$K \subset -K^* \oplus L \tag{140}$$

を示すことができるので，定理 21(ii) より，単調回帰における一様性検定の不偏性

$$\beta(\mu) \geq \beta(0), \quad \mu \in K$$

が示される．（140）は $L^\perp$ への直交射影行列を P とおくとき

$$\langle x, Py \rangle \geq 0, \quad \forall x, y \in K$$

と同値であるが，上式は

$$\langle x, Py \rangle = x^T \Big(\Sigma^{-1} - \frac{\Sigma^{-1} \mathbf{1} \mathbf{1}^T \Sigma^{-1}}{\mathbf{1}^T \Sigma^{-1} \mathbf{1}} \Big) y, \quad \mathbf{1} = (1, \cdots, 1)^T$$

および，錐 K が

$$K = \Big\{ \mu = \sum_{i=1}^{k-1} c_i e_i \in \mathbb{R}^k \mid c_i \geq 0 \Big\}, \quad e_i = (\underbrace{0, \cdots, 0}_{i}, \underbrace{1, \cdots, 1}_{k-i})^T$$

と表現できることから容易に確認できる．

4.4 同時信頼区間の構成

y を m 次元正規分布 $N_m(\mu, \Sigma)$ からの観測値とする．ただし Σ は既知の正定値行列とする．観測値 y にもとづいて未知の平均パラメータの線形結合 $d^T\mu$（d は非零の m 次元ベクトル）の同時推測を行うことを考える．

$$\max_{d \in \mathbb{R}^m \setminus \{0\}} \left| \frac{d^T(y - \mu)}{\sqrt{d^T \Sigma d}} \right| = \sqrt{z^T \Sigma^{-1} z} \qquad (z = y - \mu)$$

の 2 乗が自由度 m のカイ 2 乗分布に従うことから，その上側 $100\alpha\%$ 点 $\chi^2_{m,\alpha}$ を用いて，信頼係数 $1 - \alpha$ の同時信頼区間

$$d^T\mu \in \Big(d^Ty - \sqrt{d^T \Sigma d \chi^2_{m,\alpha}}, d^Ty + \sqrt{d^T \Sigma d \chi^2_{m,\alpha}} \Big), \quad \forall d \in \mathbb{R}^m \setminus \{0\} \tag{141}$$

を構成する方法が Scheffé 法であった．

いま係数 d として，より限定されたかたちだけに興味があるとする．そのような，興味のある係数ベクトル d の集合（閉集合）を D とする．D を含む最小の錐を $K = \mathbb{R}_+ D$ とおく．このとき

$$\max_{d \in D} \frac{d^T(y - \mu)}{\sqrt{d^T \Sigma d}} \leq \|z_K\| \qquad (z = y - \mu \text{ の } K \text{ への射影の長さ})$$

となり，とくに K が凸錐ならば $\|z_K\|$ の分布は K から定まる $\bar{\chi}^2$ 分布の平方根となる．この $\bar{\chi}^2$ 分布の上側 $100\alpha\%$ 点 $\bar{\chi}^2_\alpha$ を用いることにより，信頼係数 $1 - \alpha$ の片側同時信頼区間

$$d^T \mu \in (d^T y - \sqrt{d^T \Sigma d \bar{\chi}_\alpha^2}, \infty), \quad \forall d \in D \qquad (142)$$

が構成される.

また D, K の代わりに $D \cup (-D)$, $K \cup (-K)$ を考えると

$$\max_{d \in D} \left| \frac{d^T(y-\mu)}{\sqrt{d^T \Sigma d}} \right| = \max_{d \in D \cup (-D)} \frac{d^T(y-\mu)}{\sqrt{d^T \Sigma d}} = \|z_{K \cup (-K)}\|$$

となる. いま錐 K が凸であり, またプロパーである $(K \cap (-K) = \{0\})$ とする. このとき $\|z_{K \cup (-K)}\|$ の分布のチューブ法近似は

$$\Pr(\|z_{K \cup (-K)}\| \geq c) \approx 2 \Pr(\|z_K\| \geq c)$$

である. また, 右辺 $-$ 左辺は $\Pr(\|z_K\| \geq c, \|z_{(-K)}\| \geq c)$ となりこれは非負である. このことから, $\|z_K\|^2$ の $\bar{\chi}^2$ 分布の $50\alpha\%$ 点を $\bar{\chi}_{\alpha/2}^2$ とおくとき, 信頼係数 $1 - \alpha$ 以上の同時信頼区間

$$d^T \mu \in (d^T y - \sqrt{d^T \Sigma d \bar{\chi}_{\alpha/2}^2}, d^T y + \sqrt{d^T \Sigma d \bar{\chi}_{\alpha/2}^2}), \quad \forall d \in D \quad (143)$$

を構成できる.

ところでここで $c \to \infty$ のとき

$$\Pr(\|z_K\| \geq c) \sim k \bar{G}_{m'}(c^2),$$

ただし

$$m' = \dim K \ (\leq m), \quad k = \frac{\mathrm{Vol}(K \cap S^{m'-1})}{\mathrm{Vol}(S^{m'-1})}$$

であり, K がプロパーな凸錐である限り $k < 1/2$ である. このことから, 小さい α に対しては $\bar{\chi}_{\alpha/2}^2 < \chi_{m,\alpha}^2$ となること, またそのときは(143)は Scheffé の同時信頼区間(141)を改良している(区間幅を狭くする)ことがわかる.

このような同時信頼区間を考える状況として, たとえば次の単回帰分析モデルがある.

$$y_t = \beta_0 + \beta_1 x_t + e_t, \quad e_t \sim N(0,1) \qquad (t = 1, \cdots, n, \ \text{i.i.d.})$$

を考える. (ここでは x_t は固定して考える.) いま $\beta = (\beta_0, \beta_1)^T$ の最小2乗推定量(最尤推定量)を $\hat{\beta} = (\hat{\beta}_0, \hat{\beta}_1)^T$ とおくと

$$\widehat{\beta} \sim N_2(\beta, (X^T X)^{-1}), \quad X = \begin{pmatrix} 1 & x_1 \\ \vdots & \vdots \\ 1 & x_n \end{pmatrix}$$

である．この $\widehat{\beta}$ にもとづき，$E(y \mid x_0) = \beta_0 + \beta_1 x_0$ の推測を $\widehat{\beta}_0 + \widehat{\beta}_1 x_0$ で行うことができる．ここで x_0 の範囲が，$x_0 \in [a, b]$ のようにある区間に限定されている場合には，$D = \{(1, x_0) \mid x_0 \in [a, b]\}$ から生成される錐 K はプロパーな凸多面錐となり，$\bar{\chi}^2$ 分布を用いた両側同時信頼区間を構成することができる．

図 35 は線形回帰モデル $E[y_t \mid x_t] = 1 + 0.3x_t$ から生成した 10 点のシミュレーションデータ (x_t, y_t) $(t = 1, \cdots, 10)$ にもとづいて構成した 3 種類の 95% 同時信頼区間 (141)，(142)，(143) である．ここで後者の 2 つについては説明変数の範囲を $x \in [5, 7]$ と限定している．

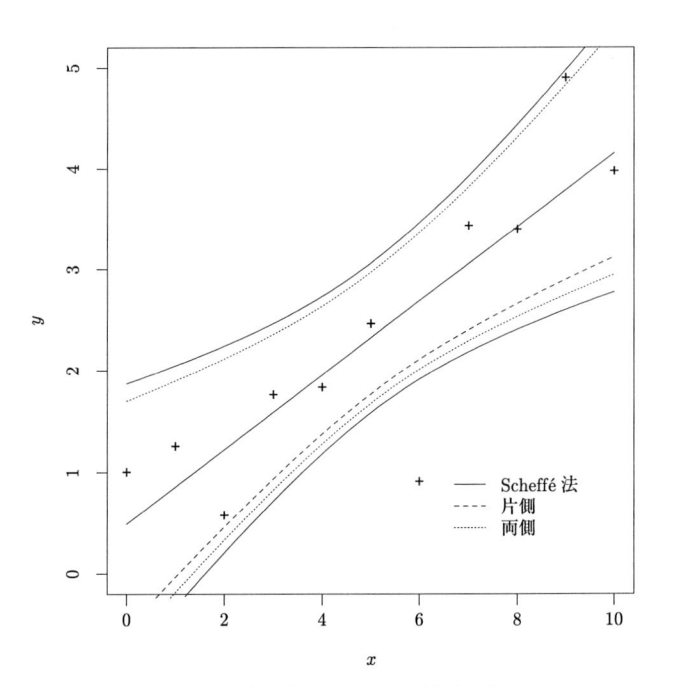

図 **35** 回帰分析における同時信頼区間

5 無限次元の特異モデル

2章から4章までは特異モデルとして有限次元の場合を考えた．そこではモデルを含む正則モデルの存在を仮定しており，局所的性質を記述するための接錐は，正則モデルのスコア関数が張る有限次元ベクトル空間の部分集合として実現されていた．しかしながら，これまで何度も指摘したように，統計モデルの中には特異点における接錐が有限次元ベクトル空間に含まれ得ない場合がある．そのようなモデルでは特異点が局所的に無限自由度をもっていると考えることができ，推定量の漸近挙動は有限次元のときに比べてはるかに多様な様相を呈する．本章ではそのような特異モデルを「無限次元の特異モデル」と称し，最尤推定の漸近挙動に対するアプローチを紹介する．ここで説明する話題はとくに最近の研究によるものが多く，必ずしも完全な理論体系が存在しているわけではないが，無限次元にまつわる複雑で多様な世界の一端を紹介することにより，読者がさらに美しく深い理論の構築に思いを馳せていただければ幸いである．

5.1 無限次元空間の中の接錐

すでに1.2節(b)項において，一般の場合の接錐を関数空間を用いて定義したが，本節ではこれを振り返り，一般の特異モデルの考察に無限次元の関数空間の導入が必然であることを具体例で説明する．次に関数空間内の接錐を扱うための基本的な数学的道具立てをしたあと，尤度比の解析を行うための準備として局所錐型パラメトリゼーションを導入する．

（a）無限次元の必然性

パラメトリックモデルは有限次元のパラメータを用いて定義されているので，一見するとその自由度はつねに有限であり無限次元を考慮する必要

性に疑問をもたれるかもしれない．そこでまず，なぜ無限次元を考える必要があるかを 1.1 節(b)項の正規混合モデルの例を使って説明しておこう．再び式(5)の正規混合モデル

$$f(x|\theta) = c\phi(x|\mu, 1) + (1-c)\phi(x|0, 1) \qquad (\theta = (\mu, c) \in \mathbb{R} \times [0, 1])$$

を考え，このモデルを $\mathcal{S}$ とおく．各 $\mu \in \mathbb{R}$ に対し，$f_0(x) = \phi(x|0, 1)$ を始点とする $\mathcal{S}$ 内の曲線を

$$[0, 1] \ni t \mapsto f(x|\mu, t) = \left\{ t \Big(\exp(\mu x - \mu^2/2) - 1 \Big) + 1 \right\} f_0(x)$$

により定める．すると，$t=0$ における微分

$$u(x; \mu) = \frac{d}{dt} \log f(x|\mu, t) \Big|_{t=0} = \exp(\mu x - \mu^2/2) - 1 \qquad (144)$$

は $\mathcal{S}$ の f_0 における接ベクトルを定めると考えられる．この微分を求める際の極限が $L^2(f_0)$ における収束となっていることは後で見ることにして，議論を先に進めよう．

ここで注目してほしいのは，式(144)の関数族 $\{u(x; \mu) \mid \mu \in \mathbb{R}\}$ を含むような $L^2(f_0)$ の「有限次元」部分空間は存在しないという事実である．このことは $1, e^{\mu_1 x}, \cdots, e^{\mu_N x}$ ($N \in \mathbb{N}, \mu_1 < \cdots < \mu_N$) が $\mathbb{R}$ 上線形独立であることからわかる．したがって，このモデルの f_0 における接錐 $C_{f_0}\mathcal{S}$ は有限次元部分空間に含まれていない．すなわち，このようなモデルの f_0 における局所理論を考えるためには必然的に無限次元空間が必要である．

(b) 関数空間における接錐

前項の正規混合モデルの例で式(144)を計算する際には，各点 x における t での微分のみを計算しており，$L^2(f_0)$ での収束性は後回しにした．一般に各点での微分は容易であっても関数空間内での収束は必ずしも自明ではない．そこで以下では関数空間内で接錐を考える際の基本的な道具をいくつか用意する．数学的な厳密性に興味のない読者は，本項を読み飛ばしても差し支えない．

次の定理は各点での微分が L^2 空間での微分に一致するための有用な十分条件を与えている．

定理 24 統計モデル $\mathcal{S} = \{f(x|\theta) \mid \theta \in \Theta\}$ と $f_0 = f_{\theta_0} \in \mathcal{S}$ に対し，次の

148 | 5 無限次元の特異モデル

2 条件が成り立つとする.

（ⅰ）f_0 の意味でほとんどすべての x に対し，$f(x|\theta)$ は θ について C^1級.

（ⅱ）$\theta = \theta_0$ の近傍で，対称行列

$$E_{f_0}\Big[\frac{\partial \log f(x|\theta)}{\partial \theta}\frac{\partial \log f(x|\theta)}{\partial \theta}^T\Big]$$

は有限かつ正定値であり，また θ について連続である.

このとき，$t_n \to 0$ なる正数列と $\eta_n \to \xi$ なる $\mathbb{R}^m$ の点列に対し，各 x について

$$h(x) = \lim_{n\to\infty} \frac{1}{t_n} \log \frac{f(x|\theta_0 + t_n\eta_n)}{f(x|\theta_0)}$$

とおくと，f_0 の意味でほとんどすべての x に対し $h(x) = \xi^T \dfrac{\partial \log f(x|\theta_0)}{\partial \theta}$ であり，さらに $L^2(f_0)$ の収束の意味で

$$\frac{1}{t_n} \log \frac{f_{\theta_0 + t_n\eta_n}}{f_{\theta_0}} \to h \qquad (n \to \infty)$$

が成り立つ.

証明 仮定(ⅰ)より各点収束は明らか. 簡単のため $f_n = f_{\theta_0 + t_n\eta_n}$ および $\varphi(x|\theta) = \dfrac{\partial \log f(x|\theta)}{\partial \theta}$ と表わす. 仮定(ⅰ)から，ほとんどすべての x に対し，

$$\log f_n(x) - \log f_0(x) = \int_0^1 t_n \eta_n^T \varphi(x|\theta_0 + st_n\eta_n)ds$$

が成り立つ. すると Cauchy-Schwartz の不等式から

$$\Big(\frac{1}{t_n}\log \frac{f_n(x)}{f_0(x)}\Big)^2 \le \int_0^1 \Big|\eta_n^T \varphi(x|\theta_0 + st_n\eta_n)\Big|^2 ds$$

を得る. 仮定(ⅱ)により右辺の積分は有限値をとるので，f_0 によって期待値をとると，Fubini の定理より

$$E_{f_0}\Big|\frac{1}{t_n}\log \frac{f_n(x)}{f_0(x)}\Big|^2 \le E_{f_0}\Big[\int_0^1 \Big|\eta_n^T \varphi(x|\theta_0 + st_n\eta_n)\Big|^2 ds\Big]$$

$$= \int_0^1 E_{f_0}\Big|\eta_n^T \varphi(x|\theta_0 + st_n\eta_n)\Big|^2 ds$$

$$= \frac{1}{t_n}\int_0^{t_n} E_{f_0}\Big|\eta_n^T \varphi(x|\theta_0 + u\eta_n)\Big|^2 du \qquad (145)$$

が成り立つ. 最後の等式では $u = t_n s$ と変数変換した. 仮定(ii)より式(145)の最後の式は $n \to \infty$ のとき $E_{f_0} |\xi^T \varphi(x|\theta_0)|^2$ に収束する. ゆえに

$$\limsup_{n \to \infty} E_{f_0} \left| \frac{1}{t_n} \log \frac{f_n}{f_0} \right|^2 \le E_{f_0} |\xi^T \varphi(x|\theta_0)|^2$$

を得る. すると後に示す補題 14 により $L^2(f_0)$ における収束を得る. ■

とくに接ベクトルが曲線によって定義される場合には, 次のように述べることができる.

系 1 統計モデル $\mathcal{S}$ 内の曲線 f_t ($t \in [0,1]$) に対し, 次の 2 条件が成り立つとする.

（ i ）f_0 の意味でほとんどすべての x に対し $f_t(x)$ は t について C^1 級.

（ ii ）$t = 0$ の近傍で, 積分

$$E_{f_0} \left| \frac{d}{dt} \log f_t(x) \right|^2$$

は正の有限値をとり, t に関して連続.

このとき, 各 x に対して $h(x) = \left. \dfrac{d}{dt} \log f_t(x) \right|_{t=0}$ と定義すると,

$$\frac{1}{t} \log \frac{f_t}{f_0} \to h \qquad (t \downarrow 0)$$

が $L^2(f_0)$ 収束の意味で成り立つ. ■

補題 14 $(\mathfrak{X}, \mathfrak{B}, \nu)$ を測度空間, $p \ge 1$ を実数とする. 関数空間 $L^p(\nu)$ の関数列 f_n と関数 g について, ほとんどすべての $x \in \mathfrak{X}$ に対して

$$\lim_{n \to \infty} f_n(x) = g(x)$$

であり, $L^p(\nu)$ ノルムに関して

$$\limsup_{n \to \infty} \|f_n\|_{L^p(\nu)} \le \|g\|_{L^p(\nu)}$$

が成り立つならば,

$$\lim_{n \to \infty} \|f_n - g\|_{L^p(\nu)} = 0$$

すなわち f_n は g に $L^p(\nu)$ 収束する. ■

証明 まず任意の非負実数 a, b と $p \ge 1$ に対し $(a+b)^p \le 2^p(a^p + b^p)$ が

成り立つことに注意する．すると $|f_n(x) - g(x)|^p \leq (|f_n(x)| + |g(x)|)^p \leq 2^p(|f_n(x)|^p + |g(x)|^p)$ により，ほとんどすべての x に対して

$$0 \leq 2^p|f_n(x)|^p + 2^p|g(x)|^p - |f_n(x) - g(x)|^p \ \to \ 2^{p+1}|g(x)|^p$$

である．Fatou の補題を用いると

$$\int 2^{p+1}|g|^p d\nu \leq \liminf_{n \to \infty} \int \{2^p|f_n|^p + 2^p|g|^p - |f_n - g|^p\} d\nu$$

を得るが，この右辺は仮定を用いて

$$\liminf_{n \to \infty} \int \{2^p|f_n|^p + 2^p|g|^p - |f_n - g|^p\} d\nu$$
$$\leq \limsup_{n \to \infty} \int 2^p|f_n|^p d\nu + \liminf_{n \to \infty} \int \{2^p|g|^p - |f_n - g|^p\} d\nu$$
$$\leq \int 2^{p+1}|g|^p d\nu - \limsup_{n \to \infty} \int |f_n - g|^p d\nu$$

と評価される．したがって

$$\limsup_{n \to \infty} \int |f_n - g|^p d\nu = 0$$

を得る． ∎

　系 1 を用いて，本節(a)項で述べた接ベクトルの候補

$$u(x;\mu) = \exp(\mu x - \mu^2/2) - 1$$

が実際に $L^2(f_0)$ の意味で接ベクトルになっていることを確認しておこう．系の条件のうち(i)は明らかなので(ii)のみ示す．

$$\frac{\partial \log f(x|\mu,t)}{\partial t} = \frac{\exp(\mu x - \mu^2/2) - 1}{1 + t\{\exp(\mu x - \mu^2/2) - 1\}}$$

であるが，$t \in [0, 1/2]$ に対し，$-1 < y < 0$ ならば $\left|\dfrac{y}{1 + ty}\right| \leq 2$，$y \geq 0$ ならば $\left|\dfrac{y}{1 + ty}\right| \leq y$ であることに注意すると，$g(x) = \max\{|\exp(\mu x - \mu^2/2) - 1|, 2\}$ という t に依存しない $L^2(f_0)$ 関数があって

$$\left|\frac{\partial \log f(x|\mu,t)}{\partial t}\right| \leq g(x) \qquad \left(\text{任意の } x \in \mathbb{R}, \ t \in \left[0, \frac{1}{2}\right]\right)$$

が成り立つ．したがって優収束定理により

$$t \mapsto E_{f_0}\Big[\Big(\frac{\partial \log f(x|\mu,t)}{\partial t}\Big)^2\Big]$$

は $t \in [0, 1/2]$ において連続である．よって系 1 により $\log \dfrac{f(x|\mu,t)}{f_0(x)} \to$ $u(x; \mu)$ $(t \to 0)$ が $L^2(f_0)$ の収束の意味で成り立つことがわかる．

定理 2 において，正則モデルの部分モデルに対して接錐の表現を与えたがここでその証明を与えよう．外側の正則モデルが指数型分布族の場合には $\dfrac{\partial \log f(x|\theta)}{\partial \theta} = a(x) - \dfrac{\partial \psi(\theta)}{\partial \theta}$ と書けることから，定理は容易に示すことができる．そこで，以下では Wald 条件（仮定 1）による場合を示す．

定理 25 $\Omega \subset \mathbb{R}^m$ をパラメータにもつ統計モデル $\mathcal{R} = \{f(x|\theta) \mid \theta \in \Omega\}$ と $f_0 = f_{\theta_0}$ に関して次の条件を仮定する．

（ i ） θ_0 は Ω の内点．

（ii） f_0 の意味でほとんどすべての x に対し $f(x|\theta) = f_0(x)$ ならば，$\theta = \theta_0$ である．

（iii）（Wald 条件）Ω の任意の開集合 U に対して

$$h_U(x) = \sup_{\theta' \in U} \log \frac{f(x|\theta')}{f(x|\theta_0)}$$

$$(U = \emptyset \text{ のとき } h_U(x) = -\infty \text{ と定める})$$

とおくとき，$h_U(x)$ は可測で，$V_\rho(\theta) = \{\theta' \in \Omega \mid \|\theta' - \theta\| < \rho\}$ $(\theta \in \Omega, \rho > 0)$ と $U_r = \{\theta' \in \Omega \mid \|\theta'\| > r\}$ $(r > 0)$ に対して次が成り立つ．

$$\lim_{\rho \downarrow 0} E_{f_0}[h_{V_\rho(\theta)}(x)] < \infty \quad (\theta \text{ は任意}), \qquad \lim_{r \to \infty} E_{f_0}[h_{U_r}(x)] < 0.$$

（iv） f_0 の意味でほとんどすべての x に対し，$f(x|\theta)$ は θ について C^1 級．

（ v ） $\theta = \theta_0$ の近傍で，対称行列

$$E_{f_0}\Big[\frac{\partial \log f(x|\theta)}{\partial \theta} \frac{\partial \log f(x|\theta)}{\partial \theta}^T\Big]$$

は有限かつ正定値であり，かつ θ について連続．

Θ を θ_0 を含む Ω の部分集合とし，$\Theta \subset \mathbb{R}^m$ の θ_0 における接錐を K_{θ_0} で表わす．$\mathcal{R}$ の部分モデル $\mathcal{S}$ を $\mathcal{S} = \{f_\theta \in \mathcal{R} \mid \theta \in \Theta\}$ により定めると，$\mathcal{S}$ の f_0 における（定義 4 による）接錐 $C_{f_0}\mathcal{S}$ は次式により与えられる．

$$C_{f_0}\mathcal{S} = \left\{ \xi^T \frac{\partial}{\partial \theta} \log f(x|\theta_0) \,\middle|\, \xi \in K_{\theta_0} \right\}.$$

証明 任意に $\xi \in K_{\theta_0}$ $(\xi \neq 0)$ をとる. すると, 0 に収束する正数列 t_n と θ_0 に収束する Θ の点列 θ_n があって, $\eta_n := (\theta_n - \theta_0)/t_n \to \xi$ とできる. $L^2(f_0)$ 内の点列 g_n を $g_n(x) = f(x|\theta_0 + t_n\eta_n)$ により定めると, 仮定(iv), (v)により, 定理24を使うと

$$\left\| \frac{1}{t_n} \log \frac{g_n}{f_0} - \xi^T \frac{\partial}{\partial \theta} \log f(x|\theta_0) \right\|_{L^2(f_0)} \to 0 \qquad (n \to \infty)$$

を得る. したがって $\xi^T \frac{\partial}{\partial \theta} \log f(x|\theta_0) \in C_{f_0}\mathcal{S}$ である.

次に $g \in C_{f_0}\mathcal{S}$ $(g \neq 0)$ としよう. すると $\mathcal{S}$ 内の点列 f_n と 0 に収束する正数列 s_n があって, $L^2(f_0)$ 収束の意味で

$$\log \frac{f_n}{f_0} \to 0 \quad \text{かつ} \quad \frac{1}{s_n} \log \frac{f_n}{f_0} \to g \qquad (n \to \infty)$$

が成り立つ. 2乗平均収束は確率収束を意味するので, x が f_0 に従うとき $\frac{1}{s_n} \log \frac{f_n}{f_0}(x)$ は $g(x)$ に確率収束する. すると適当な部分列をとることにより, ほとんどすべての x に対し $\frac{1}{s_n} \log \frac{f_n(x)}{f_0(x)}$ は $g(x)$ に収束する[*24]. そこではじめからそのような関数列がとられていたとしておこう.

Θ の点列 θ_n を $f(x|\theta_n) = f_n(x)$ となるようにとる. このとき $\theta_n \to \theta_0$ であることを示そう. まず, $\left| E_{f_0}\left[\log \frac{f_n}{f_0} \right] \right| \leq \left\| \log \frac{f_n}{f_0} \right\|_{L^2(f_0)}$ により,

$$E_{f_0}\left[\log \frac{f_n}{f_0} \right] \to 0 \qquad (n \to \infty) \qquad (146)$$

であることに注意する. このとき $\{\theta_n\}$ は有界列である. 実際, $\limsup_{n\to\infty} \|\theta_n\| = \infty$ とすると, 部分列 $\{\theta_{n_\ell}\}$ があって $\|\theta_{n_\ell}\| \geq \ell$ $(\ell \in \mathbb{N})$ とできる. すると, 仮定(iii)の U_r を用いて

$$E_{f_0}\left[\log \frac{f(x|\theta_{n_\ell})}{f(x|\theta_0)} \right] \leq E_{f_0}[h_{U_\ell}(x)]$$

であるので, $\ell \to \infty$ とすると, 仮定(iii)より式(146)に矛盾する. 次に θ_n が θ_0 に収束しないと仮定しよう. 有界性により適当な部分列 $\{\theta_{n_k}\}$ と $\theta_*(\neq \theta_0)$

[*24] たとえば西尾(1978)3章 §4 を参照.

があって $\|\theta_{n_k} - \theta_*\| < 1/k$ (任意の $k \in \mathbb{N}$) とできる. 仮定(iii)の V_ρ を用いて

$$E_{f_0}\left[\log \frac{f(x|\theta_{n_k})}{f(x|\theta_0)}\right] \le E_{f_0}[h_{V_{1/k}(\theta_*)}(x)]$$

である. $k \to \infty$ の極限を考えると, 仮定(iii)と単調収束定理により右辺は $E_{f_{\theta_0}}\left[\log \frac{f(x|\theta_*)}{f(x|\theta_0)}\right]$ に収束するが, これは仮定(ii)により負の値であり, 式(146)に矛盾する. 以上により $\theta_n \to \theta_0$ が示された.

さて, Taylor 展開により, ほとんどすべての x に対し θ_0 と θ_n を結ぶ線分上に $\delta_n(x)$ があって

$$\frac{1}{s_n} \log \frac{f(x|\theta_n)}{f(x|\theta_0)} = \sum_{j=1}^{m} \frac{\theta_n^j - \theta_0^j}{s_n} \frac{\partial \log f(x|\delta_n(x))}{\partial \theta^j} \qquad (147)$$

と書ける.

$\xi_n = (\theta_n - \theta_0)/s_n$ とおくとき, ξ_n が有界な点列であることを示そう. 有界でないとすると, 部分列 ξ_{n_k} があって $\xi_{n_k} = \lambda_k u_k$ ($\lambda_k \ge 0$, $\|u_k\| = 1$) とおくとき, $u_k \to u_0 \in S^{m-1}$ かつ $\lambda_k \to \infty$ とできる. $u \in S^{m-1}$ に対し $G_n(x; u)$ を

$$G_n(x; u) = \inf_{t \in [0,1]} \left| u^T \frac{\partial \log f(x|\theta_0 + t(\theta_n - \theta_0))}{\partial \theta} \right|^2$$

により定義すると, 式(147)により

$$\lambda_k^2 E_{f_0}\left[G_{n_k}(x; u_k)\right] \le E_{f_0}\left| \frac{1}{s_{n_k}} \log \frac{f(x|\theta_{n_k})}{f(x|\theta_0)} \right|^2 \qquad (148)$$

が成り立つ. 一方 $G_n(x; u)$ の定義と Cauchy-Schwartz の不等式により

$$G_n(x; u) \le \left| u^T \frac{\partial \log f(x|\theta_0)}{\partial \theta} \right|^2 \le \left\| \frac{\partial \log f(x|\theta_0)}{\partial \theta} \right\|^2$$

であるが, 最後の式は n と u に依存しない $L^1(f_0)$ 関数なので, 優収束定理により

$$\lim_{k \to \infty} E_{f_0}\left[G_{n_k}(x; u_k)\right] = u_0^T I(\theta_0) u_0$$

を得る. この右辺は仮定(v)により正であるが, $\lambda_k \to \infty$ なので, (148)の右辺が $E_{f_0}[g^2]$ という有限値に収束することに矛盾する. 以上により ξ_n は

154 | 5 無限次元の特異モデル

有界であることが示せた.

有界性により,適当な部分列 $\xi_{n'_\ell}$ をとると,ある $\xi_0 \in \mathbb{R}^m$ があって $\lim_{\ell \to \infty} \xi_{n'_\ell}$ $= \xi_0 \in \mathbb{R}^m$ とできる.この部分列に対して式(147)の極限をとると,ほとんどすべての x について

$$g(x) = \xi_0^T \frac{\partial \log f(x|\theta_0)}{\partial \theta}$$

が成り立つ.$\xi_0 \in K_{\theta_0}$ であるので定理が証明された. ∎

(c) 局所錐型パラメトリゼーション

本項では,正則モデルの部分モデルとは限らない場合に接錐を具体的に求めることが可能なクラスとして,局所錐型パラメトリゼーションについて述べる.本項の結果を用いて,5.2節で局所錐型パラメトリゼーションをもつモデルに対する尤度比の漸近分布の一般的表示が示される.局所錐型パラメトリゼーションは Dacunha-Castelle ら(1997)によって導入されたものだが,ここでは接錐の役割を強調した形に修正して説明する.まず定義から述べよう.以下では非負実数 $\mathbb{R}_+$ 上の関数の原点における連続性や微分可能性は,それぞれ右連続,右微分可能の意味に解釈することとする.

定義11 $\mathcal{S}$ を統計モデル,Θ_0 を $\mathbb{R}^{m-1}$ のコンパクト集合,Θ を $\Theta_0 \times \mathbb{R}_+$ の閉部分集合とする.$\mathcal{S}$ の Θ によるパラメトリゼーション $\mathcal{S} = \{f(x|\theta) \mid \theta = (\alpha, \beta) \in \Theta\}$ が $f_0 \in \mathcal{S}$ において**局所錐型**(locally conic)であるとは以下の条件を満たすことをいう.

（ⅰ）f_0 の意味でほとんどすべての x に対し $f(x|\theta) = f_0(x)$ となるのは,$\theta \in \Theta_0 \times \{0\}$ の場合である.

（ⅱ）$\alpha \in \Theta_0$ に対し $\delta_\alpha = \sup\{t \geq 0 \mid \{\alpha\} \times [0, t) \in \Theta\}$ とおくと,$\delta_\alpha > 0$.

（ⅲ）f_0 の意味でほとんどすべての x と任意の α に対して,$f(x|\alpha, \beta)$ は β に関して微分可能で,$\dfrac{\partial \log f(x|\alpha, \beta)}{\partial \beta}$ は α, β に関して連続である.

（ⅳ）任意の $\alpha \in \Theta_0$ に対して Fisher 情報量

$$I(\alpha) := E_{f_0} \left| \frac{\partial \log f(x|\alpha, 0)}{\partial \beta} \right|^2$$

は正の有限値である.

（ⅴ）Θ の開部分集合 U に対し

$$h_U(x) = \sup_{\theta \in U} \log \frac{f(x|\theta)}{f_0(x)}$$

（$U = \emptyset$ のとき $h_U(x) = -\infty$ と定める）

とおくとき，$h_U(x)$ は可測で，$V_\rho(\theta) = \{\theta' \in \Theta \mid \|\theta' - \theta\| < \rho\}$ $(\theta \in \Theta,$ $\rho > 0)$ と $U_r = \{\theta = (\alpha, \beta) \in \Theta \mid \beta > r\}$ $(r > 0)$ に対して，次が成り立つ．

$$\lim_{\rho \downarrow 0} E_{f_0}[h_{V_\rho(\theta)}(x)] < \infty \quad (\theta \text{ は任意}), \quad \lim_{r \to \infty} E_{f_0}[h_{U_r}(x)] < 0.$$

（ⅵ）任意の $\alpha \in \Theta_0$ に対し，$\rho > 0$ と $L^2(f_0)$ の関数 $G_\alpha(x)$ が存在して

$$\sup_{\substack{\|\alpha' - \alpha\| \leq \rho \\ 0 \leq \beta \leq \rho}} \left| \frac{\partial \log f(x|\alpha', \beta)}{\partial \beta} \right| \leq G_\alpha(x)$$

が成り立つ． ▮

細かな条件が並んでいてわずらわしく見えるが，着目してほしいのは，局所錐型パラメトリゼーションでは α が f_0 における方向を，β がその方向での曲線（1 次元部分モデル）を決めており，$\mathcal{S}$ はそのような 1 次元部分モデルの和集合とみなせる点である（図 36）．条件(i)は集合 Θ_0 が f_0 を表わすパラメータ集合であることを述べている．Θ_0 が 1 次元以上の連続集合ならば，f_0 を表わすパラメータは識別不能であり，確率密度関数の空間で考えると f_0 は $\mathcal{S}$ の特異点である．(ii)はすべての α に対して β をパラメータにもつ 1 次元部分モデルが定義可能であることを，(iv)はその 1 次元部分モデルの $\beta = 0$ における Fisher 情報量が正であることを要求している．こ

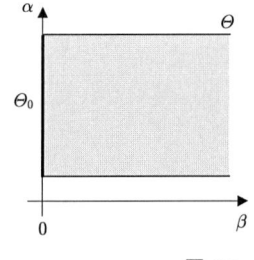
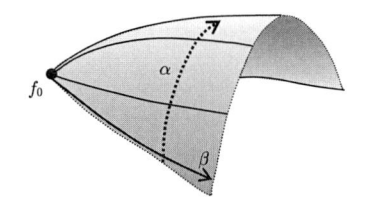

図 36　局所錐型パラメトリゼーション

のとき，任意の $\alpha \in \Theta_0$ に対して

$$\frac{\partial \log f(x|\alpha,0)}{\partial \beta}$$

という f_0 における接ベクトルが自然と考えられるが，重要なのは局所錐型パラメトリゼーションをもつモデルでは接ベクトルがこの形ですべて尽くされる点である．細かな条件はこれを保証するためと，後で漸近展開を行うときのために付けてある．

定理 26 $\mathcal{S}$ を統計モデル，Θ_0 を $\mathbb{R}^{m-1}$ のコンパクト集合，Θ を $\subset \Theta_0 \times \mathbb{R}_+$ の閉集合とする．$\mathcal{S} = \{f_\theta \mid \theta = (\alpha,\beta) \in \Theta\}$ が f_0 における $\mathcal{S}$ の局所錐型パラメトリゼーションであるとき，$\mathcal{S}$ の f_0 における接錐 $C_{f_0}\mathcal{S}$ は

$$C_{f_0}\mathcal{S} = \mathbb{R}_+ \left\{ \left. \frac{\partial \log f(x|\alpha,0)}{\partial \beta} \,\right|\, \alpha \in \Theta_0 \right\}$$

で与えられる．

証明 任意の $\alpha \in \Theta_0$ に対して，$t \in [0,\delta_\alpha)$ で定義された $\mathcal{S}$ 内の曲線 $f_t^{(\alpha)}$ $= f(x|\alpha,t)$ を考える．条件 (vi) と優収束定理により $E_{f_0}\left|\dfrac{d}{dt}\log f(x|\alpha,t)\right|^2$ は連続であるので，条件 (iii) と合わせると，系 1 により $L^2(f_0)$ の意味で

$$\frac{1}{t}\log\frac{f_t^{(\alpha)}}{f_0} \longrightarrow \frac{\partial}{\partial\beta}\log f(x|\alpha,0) \qquad (t\downarrow 0)$$

が成り立つ．したがって $\dfrac{\partial}{\partial\beta}\log f(x|\alpha,0) \in C_{f_0}\mathcal{S}$ である．

逆の包含関係は定理 25 の証明とほぼ同様であるが，重複を厭わず述べておこう．$h \in C_{f_0}\mathcal{S}$ ($h \neq 0$) とすると，0 に収束する正数列 t_n と f_0 に収束する $\mathcal{S}$ の点列 f_n があって，$L^2(f_0)$ 収束の意味で

$$\log\frac{f_n}{f_0} \to 0, \quad \frac{1}{t_n}\log\frac{f_n}{f_0} \to h \qquad (n\to\infty)$$

が成り立つ．L^2 収束は確率収束を意味し，さらに適当な部分列をとることにより概収束するようにできるので，はじめからそのような部分列を考えることにより，f_0 の意味でほとんどすべての x に対し，

$$\lim_{n\to\infty}\frac{1}{t_n}\log\frac{f_n(x)}{f_0(x)} = h(x)$$

と仮定してよい．$f_n(x) = f(x|\alpha_n,\beta_n)$ とおくと，Θ_0 のコンパクト性により，

必要ならさらに部分列をとることによって $\alpha_n \to \alpha_* \in \Theta_0$ を仮定してよい. このときさらに $\beta_n \to 0$ が得られる. これは条件(i), (v)を使うと定理25の証明とまったく同様なので, 読者自ら確認してほしい.

条件(iii)により, Taylor 展開を用いると, ほとんどすべての x に対し $\delta_n(x) \in [0, 1]$ が存在して

$$\frac{1}{t_n} \log \frac{f(x|\alpha_n, \beta_n)}{f_0(x)} = \frac{\beta_n}{t_n} \frac{\partial \log f(x|\alpha_n, \delta_n(x)\beta_n)}{\partial \beta} \tag{149}$$

が成り立つ.

$$g_n(x) = \inf_{\delta \in [0,1]} \left| \frac{\partial \log f(x|\alpha_n, \delta\beta_n)}{\partial \beta} \right|^2$$

とおくと, 式(149)により

$$\left(\frac{\beta_n}{t_n} \right)^2 E_{f_0}[g_n(x)] \le E_{f_0} \left| \frac{1}{t_n} \log \frac{f(x|\alpha_n, \beta_n)}{f_0(x)} \right|^2 \tag{150}$$

である. α_* に対して仮定(vi)の $G_{\alpha_*}(x)$ をとると, 十分大きい n に対して

$$g_n(x) \le \left| \frac{\partial \log f(x|\alpha_n, 0)}{\partial \beta} \right|^2 \le G_{\alpha_*}(x)^2$$

が成り立つので, 優収束定理により

$$\lim_{n \to \infty} E_{f_0}[g_n(x)] = E_{f_0}[\lim_{n \to \infty} g_n(x)] = I(\alpha_*) > 0$$

である. すると, 仮定より式(150)の右辺が有界値 $E_{f_0}[h^2]$ に収束することと合わせて, $\frac{\beta_n}{t_n}$ が有界であることがわかる. よって, 適当な部分列 $\{n_k\}$ に対し $\frac{\beta_{n_k}}{t_{n_k}} \to \xi \in \mathbb{R}_+$ とでき, この部分列に対して式(149)の極限をとることにより

$$h(x) = \xi \frac{\partial \log f(x|\alpha_*, 0)}{\partial \beta}$$

が得られる. ∎

本節(a)項で述べた正規混合モデルの例

$$f(x|\mu, c) = c\phi(x|\mu, 1) + (1 - c)\phi(x|0, 1)$$

で, $0 < \varepsilon < K$ に対して $\Theta_0 = [-K, -\varepsilon] \cup [\varepsilon, K]$ とし, $(\alpha, \beta) = (\mu, c) \in \Theta_0 \times [0, 1]$ とおくと, これは $f_0(x) = \phi(x|0, 1)$ における局所錐型パラメトリゼー

158 | 5 無限次元の特異モデル

ションを与える．これを見るのは容易であるので自ら確認してほしい．したがって接錐は，すべての $\mu \in \Theta_0$ に対する式（144）の接ベクトルで張られる錐となる．

局所錐型パラメトリゼーションにおいて Θ_0 がコンパクトであるという条件は非常に重要である．たとえば上の正規混合モデルで，α と β の役割を入れ替え，μ を β とみて，各 c に対して μ 方向の接ベクトルを考えることも可能である．条件(i)の β に対する識別可能性を保証するため，$\tilde{\Theta} = \{(c, \mu) \mid c \neq 0\}$ をパラメータ空間としてモデルを考えよう．このようにパラメータを制約しても，f_0 は $\mu = 0$ によって別に定義されているので，定義される密度関数族は変化しない．このとき，各 $c \in (0, 1]$ に対して，μ を動かして得られる接ベクトルは

$$\frac{\partial \log f(x|\mu, c)}{\partial \mu}\Big|_{\mu=0} = \frac{\partial}{\partial \mu}\{c \exp(\mu x - \mu^2/2) + (1 - c)\}\Big|_{\mu=0} = cx$$

となり，すべて同一の方向である．これはコンパクト性がないために，パラメータ集合の位相と確率密度関数族の位相が一致しないことによって生じた現象である．本来，接ベクトルの中には，f_0 を与える $\{(\mu, c) \mid c = 0\}$ というパラメータ集合に近づく点列で与えられるものも含まれるが，制約されたパラメータ空間 $\tilde{\Theta}$ 内の点列の収束としてはこれを実現できず，結果として接錐の一部しか得られなかったわけである．接錐の一般的な定義にパラメータ空間を用いなかったのは，このような事情が背景にある．

さて，無限次元の接錐をもつ例をもうひとつ見ておこう．1.3 節(b)項で述べた非線形回帰モデルの一例として，

$$f(y|x; \theta) = \phi_0(y - c \tanh(a(x - b)))$$
$$= \frac{1}{\sqrt{2\pi}} \exp\left\{-\frac{1}{2}\big(y - c \tanh(a(x - b))\big)^2\right\}$$

で定義されるモデルを考える．ここで $\theta = (a, b, c)$ はパラメータ，$\phi_0(u)$ は標準正規分布の確率密度関数である．これは 3 層パーセプトロンのもっとも簡単な場合と考えてもよい．定数 $K > 0$ をとり，

$$\mathcal{S} = \{f(y|x; \theta) \mid \theta = (a, b, c), |a| \leq K, |b| \leq K\}$$

と a, b がコンパクトな領域に制約されたモデルを考えよう．tanh は奇関数

なので，c を非負に制約して
$$\mathcal{S} = \{f(y|x;\theta) \mid \theta = (a,b,c), |a| \leq K, |b| \leq K, c \geq 0\}$$
としてもまったく同じである．1.3 節(b)項で述べたように，このモデルは
定数 0 関数を表わす確率密度関数 $f_0(y|x) = \phi_0(y)$ を特異点にもつ．f_0 にお
ける接錐を定理 26 を用いて求めてみよう．

このモデルの場合，$\alpha = (a,b)$, $\beta = c$ として局所錐型パラメトリゼーショ
ンを考えようとすると，f_0 を表わすケースが $c=0$ および $a=0$ の 2 通り
出てきて条件(i)の識別可能性に不都合を生じるので，これを解決するため
に次のような工夫をする．$\Theta_0 = \{(a,b) \in \mathbb{R}^2 \mid |a| \leq K, |b| \leq K\}$ として，
$(a,b) \in \Theta_0$ をパラメータにもつ関数 $\psi_\pm(x;a,b)$ を

$$\psi_+(x;a,b) = \begin{cases} \dfrac{\tanh(a(x-b))}{a} & (a \neq 0) \\ x - b & (a = 0) \end{cases}$$

$$\psi_-(x;a,b) = \begin{cases} -\dfrac{\tanh(a(x-b))}{a} & (a \neq 0) \\ -(x - b) & (a = 0) \end{cases}$$

で定め，統計モデル $\tilde{\mathcal{S}}$ を
$$\tilde{\mathcal{S}} = \tilde{\mathcal{S}}_+ \cup \tilde{\mathcal{S}}_-, \quad \tilde{\mathcal{S}}_\pm = \{\phi_0(y - \beta\psi_\pm(x;a,b)) \mid ((a,b),\beta) \in \Theta_0 \times \mathbb{R}_+\}$$
により定義する．容易に確かめられるように $\mathcal{S} \subset \tilde{\mathcal{S}}$ である．tanh のべき級
数展開からわかるように $\psi_\pm(x;a,b)$ は a, b, x に関して解析関数であり，任
意の $(a,b) \in \Theta_0$ に対して定数 0 でない．よって，$\tilde{\mathcal{S}}_\pm$ において f_0 を定める
真のパラメータ集合は $\Theta_0 \times \{0\}$ である．これらの性質から，$\tilde{\mathcal{S}}_+$ と $\tilde{\mathcal{S}}_-$ の
パラメトリゼーションがそれぞれ f_0 において局所錐型であることが簡単に
確かめられる．補題 2 で見たように，2 つの集合の和の接錐はそれぞれの
接錐の和になるので，定理 26 を用いて
$$C_{f_0}\tilde{\mathcal{S}} = \mathbb{R}\{y\tanh(a(x-b)) \mid (a,b) \in \Theta_0\} \cup \mathbb{R}\{y(x-b) \mid b \in [-K,K]\}$$
が得られる．$\mathcal{S} \subset \tilde{\mathcal{S}}$ より $C_{f_0}\mathcal{S} \subset C_{f_0}\tilde{\mathcal{S}}$ であるが，$\mathcal{S}$ の曲線
$$[0,1] \ni t \mapsto \log\frac{f(y|x;a,b,t)}{f_0(y|x)} = ty\tanh(a(x-b)) - \frac{1}{2}t^2\tanh^2(a(x-b))$$
により，$\mathbb{R}\{y\tanh(a(x-b)) \mid (a,b) \in \Theta_0\} \subset C_{f_0}\mathcal{S}$ がわかる．また，曲線

160 | 5 無限次元の特異モデル

$$[0,1] \ni t \mapsto \log \frac{f(y|x;t,b,\pm 1)}{f_0(y|x)} = \pm y \tanh(t(x-b)) - \frac{1}{2}\tanh^2(t(x-b))$$

により，$\mathbb{R}\{y(x-b) \mid b \in [-K,K]\} \subset C_{f_0}\mathcal{S}$ も得られる．以上により

$$C_{f_0}\mathcal{S} = C_{f_0}\tilde{\mathcal{S}}$$
$$= \mathbb{R}\{y \tanh(a(x-b)) \mid (a,b) \in \Theta_0\} \cup \mathbb{R}\{y(x-b) \mid b \in [-K,K]\}$$

が得られた．$y\tanh(a(x-b))$ は，a, b が $[-K,K]$ を動くとき $L^2(f_0)$ の有限次元空間に含まれることはないので，このモデルは無限次元の特異モデルの例である．

5.2 ガウス過程による尤度比の解析

（a） 局所錐型パラメトリゼーションによる尤度比の展開

局所錐型パラメトリゼーションを用いると，真のパラメータが識別不能な場合の尤度比の漸近理論が見通しよく行える．以降では，実数 a に対して $(a)_+ = \max\{a,0\}$ という記法を用いる．

$\Theta_0 \subset \mathbb{R}^{m-1}$ をコンパクト集合，Θ を $\Theta_0 \times \mathbb{R}_+$ の閉集合とし，$\mathcal{S} = \{f(x|\alpha, \beta) \mid (\alpha,\beta) \in \Theta\}$ を $f_0 \in \mathcal{S}$ における $\mathcal{S}$ の局所錐型パラメトリゼーションとする．各 $\alpha \in \Theta_0$ に対し

$$\Theta(\alpha) = \{\beta \in \mathbb{R}_+ \mid (\alpha,\beta) \in \Theta\}, \quad \mathcal{S}_\alpha = \{f(x|\alpha,\beta) \in \mathcal{S} \mid \beta \in \Theta(\alpha)\}$$

により 1 次元部分モデル $\mathcal{S}_\alpha$ を定義する．以下の議論の鍵は，$\mathcal{S}$ における尤度比を $\mathcal{S}_\alpha$ における尤度比に分解して考えることである．

モデル $\mathcal{S}$ の尤度比は

$$\sup_{\theta \in \Theta} L_n(\theta) = \sup_{\alpha \in \Theta_0} \sup_{\beta \in \Theta(\alpha)} L_n(\alpha,\beta) = \sup_{\alpha \in \Theta_0} \sup_{\beta \in \Theta(\alpha)} \sum_{i=1}^n \log \frac{f(X_i|\alpha,\beta)}{f_0(X_i)}$$

と書ける．あるいは，各 $\mathcal{S}_\alpha$ における β の最尤推定量 $\widehat{\beta}_\alpha$ が存在すると仮定すれば

$$\sup_{\theta \in \Theta} L_n(\theta) = \sup_{\alpha \in \Theta_0} L_n(\alpha, \widehat{\beta}_\alpha)$$

と表わしてもよい．定義 11 の条件(i)から，1 次元モデル $\mathcal{S}_\alpha$ においては f_0

5.2 ガウス過程による尤度比の解析 | 161

を表わすパラメータが識別可能であり，適当な正則条件のもと，通常の漸近展開が可能である．しかし，各 S_α における漸近展開からモデル S での漸近展開を得るには，$\alpha \in \Theta_0$ に関する展開の一様性が必要となる．そこで以下では，2章で行った漸近展開を，α に関して一様な場合に拡張してみる．拡張に必要な一様性に関する条件は適宜導入する．

まず $\widehat{\beta}_\alpha$ に関して，α について一様な一致性を示そう．$\beta > 0$ であるとき，定義 11 の条件 (i) により $E_{f_0}\left[\log \dfrac{f(x|\alpha,\beta)}{f_0(x)}\right] < 0$ である．すると，条件 (v) と単調収束定理により，$\beta > 0$ である任意の $\theta = (\alpha,\beta)$ に対し，十分小さい任意の $\rho = \rho(\theta) > 0$ をとると $E_{f_0}[h_{V_{\rho(\theta)}}(x)] < 0$ が成り立つ．

任意に $\varepsilon > 0$ を固定する．条件 (v) により $E_{f_0}[h_{U_r}(x)] < 0$ である r をとる．この r と ε に対し

$$B_{\varepsilon,r} = \{\theta = (\alpha,\beta) \in \Theta \mid \varepsilon \le \beta \le r\}$$

とおく．すると，$B_{\varepsilon,r}$ のコンパクト性により，$\theta_1,\cdots,\theta_\ell \in B_{\varepsilon,r}$ があって，$V_j = V_{\rho(\theta_j)}(\theta_j)$ とおくとき，$B_{\varepsilon,r} = \cup_{j=1}^{\ell}(V_j \cap B_{\varepsilon,r})$ とできる．

大数の法則により，

$$\sup_{(\alpha,\beta) \in B_{\varepsilon,r}} \frac{1}{n} L_n(\alpha,\beta) \le \max_{1 \le j \le \ell} \frac{1}{n} \sum_{i=1}^{n} h_{V_j}(X_i) \to \max_{1 \le j \le \ell} E_{f_0}[h_{V_j}]$$

という確率収束が成り立つ．すると $\max_{1 \le j \le \ell} E_{f_0}[h_{V_j}] < 0$ であることから

$$\Pr\Big(\text{ある } \alpha \in \Theta_0 \text{ に対し} \sup_{\beta:(\alpha,\beta) \in B_{\varepsilon,r}} L_n(\alpha,\beta) \ge 0\Big) \to 0 \qquad (n \to \infty)$$

$$\tag{151}$$

である．同様に，

$$\sup_{(\alpha,\beta):\beta > r} \frac{1}{n} L_n(\alpha,\beta) \le \frac{1}{n} \sum_{i=1}^{n} h_{U_r}(X_i) \to E_{f_0}[h_{U_r}] < 0$$

という確率収束により，

$$\Pr\Big(\text{ある } \alpha \in \Theta_0 \text{ に対し} \sup_{\beta > r} L_n(\alpha,\beta) \ge 0\Big) \to 0 \qquad (n \to \infty) \tag{152}$$

である．

ところで，$\theta = (\alpha,0)$ を考えれば明らかに $\sup_{\theta \in \Theta} L_n(\theta) \ge 0$ であるから，あ

る $\alpha \in \Theta_0$ に対して $\sup\limits_{\beta \geq 0} L_n(\alpha, \beta)$ が $\beta \geq \varepsilon$ で達成される確率は式(151)，(152)より 0 に収束する．すなわち

$$\Pr\left(\sup_{\alpha \in \Theta_0} \widehat{\beta}_\alpha \geq \varepsilon\right) \to 0 \qquad (n \to \infty)$$

である．これは α に関する一様な $\widehat{\beta}_\alpha$ の一致性を示している．

次に，この一様一致性を用いて，一様 $\sqrt{n}$ 一致性を示す．そのために次の仮定をおく．

仮定 4　任意の $\alpha \in \Theta_0$ と f_0 に関してほとんどすべての x に対して $f(x|\alpha, \beta)$ は β について 3 階微分可能であり，$E_{f_0}[H(x)] < \infty$ なる関数 $H(x)$ があって

$$\lim_{\delta \downarrow 0} \sup_{\alpha \in \Theta_0, \beta \leq \delta} \left| \frac{\partial^3 \log f(x|\alpha, \beta)}{\partial \beta^3} \right| < H(x)$$

である．　　　　　　　　　　　　　　　　　　　　　　　　　　　　　▋

仮定 4 は，正則モデルの定義 1 の(v)を α に関して一様に拡張したものである．いま，$\widehat{\beta}_\alpha > 0$ を仮定すると，尤度比を Taylor 展開することにより，$\gamma_\alpha \in [0, \widehat{\beta}_\alpha]$ があって

$$\begin{aligned}
L_n(\alpha, \widehat{\beta}_\alpha) &= \frac{1}{\sqrt{n}} \sum_{i=1}^n \frac{\partial \log f(X_i|\alpha, 0)}{\partial \beta} (\sqrt{n}\, \widehat{\beta}_\alpha) \\
&\quad + \frac{1}{2n} \sum_{i=1}^n \frac{\partial^2 \log f(X_i|\alpha, 0)}{\partial \beta^2} (\sqrt{n}\, \widehat{\beta}_\alpha)^2 \\
&\quad + \frac{1}{6n} \sum_{i=1}^n \frac{\partial^3 \log f(X_i|\alpha, \gamma_\alpha)}{\partial \beta^3} (\sqrt{n}\, \widehat{\beta}_\alpha)^2 \widehat{\beta}_\alpha \qquad (153)
\end{aligned}$$

が成り立つ．ここで $I(\alpha) = E_{f_0} \left| \dfrac{\partial \log f(x|\alpha, 0)}{\partial \beta} \right|^2$ とおくと，各 $\alpha \in \Theta_0$ に対する中心極限定理と大数の法則により

$$\frac{1}{\sqrt{n}} \sum_{i=1}^n \frac{\partial \log f(X_i|\alpha, 0)}{\partial \beta} = O_p(1),$$

$$\frac{1}{n} \sum_{i=1}^n \frac{\partial^2 \log f(X_i|\alpha, 0)}{\partial \beta^2} + I(\alpha) = o_p(1)$$

が成り立つが，さらにここではこれらの収束の α に関する一様性を要請しよう．すなわち以下の 2 つを仮定する．

仮定 5

$$A_n := \sup_{\alpha \in \Theta_0} \left| \frac{1}{\sqrt{n}} \sum_{i=1}^{n} \frac{\partial \log f(X_i|\alpha, 0)}{\partial \beta} \right| = O_p(1),$$

$$b_n := \sup_{\alpha \in \Theta_0} \left| \frac{1}{n} \sum_{i=1}^{n} \frac{\partial^2 \log f(X_i|\alpha, 0)}{\partial \beta^2} + I(\alpha) \right| = o_p(1). \qquad \blacksquare$$

ここで $\sup_{\alpha \in \Theta_0} L_n(\alpha, \widehat{\beta}_\alpha) \geq 0$ により，仮定 4 と式(153)から

$$\sup_{\alpha \in \Theta_0} \left[A_n(\sqrt{n}\,\widehat{\beta}_\alpha) - \frac{1}{2} I(\alpha)(\sqrt{n}\,\widehat{\beta}_\alpha)^2 + \frac{b_n}{2}(\sqrt{n}\,\widehat{\beta}_\alpha)^2 + c_n(\sqrt{n}\,\widehat{\beta}_\alpha)^2 \right] \geq 0$$

が得られる．確率変数 c_n は

$$c_n = \frac{1}{6n} \sum_{i=1}^{n} H(X_i) \sup_{\alpha \in \Theta_0} \widehat{\beta}_\alpha$$

であり，$E_{f_0}[H(X)] < \infty$ と $\sup_{\alpha \in \Theta_0} \widehat{\beta}_\alpha = o_p(1)$ により $c_n = o_p(1)$ である．よって，任意の $\varepsilon, \delta > 0$ に対して $K > 0$ が存在し，十分大きい n に対して確率 $1 - \varepsilon$ 以上で $A_n \leq K$ かつ $\frac{b_n}{2} + c_n \leq \delta$ とできる．また，局所錐型パラメトリゼーションの条件(iv)(vi)により，ある $\eta > 0$ があって $\inf_{\alpha \in \Theta_0} I(\alpha) \geq \eta$ とできるので，

$$\Pr\left(\sup_{\alpha \in \Theta_0} \left[K(\sqrt{n}\,\widehat{\beta}_\alpha) - \frac{\eta}{2}(\sqrt{n}\,\widehat{\beta}_\alpha)^2 + \delta(\sqrt{n}\,\widehat{\beta}_\alpha)^2 \right] \geq 0 \right) \geq 1 - \varepsilon$$

が得られる．はじめから $\delta < \eta/2$ にとっておくと，上式の $[\cdot]$ 内が $\sqrt{n}\,\widehat{\beta}_\alpha$ の 2 次式であることを用いて，十分大きい任意の n に対し

$$\sup_{\alpha \in \Theta_0} \sqrt{n}\,\widehat{\beta}_\alpha > \frac{2K}{\eta - 2\delta}$$

となる確率が ε 以下であることがわかる．これは一様 $\sqrt{n}$ 一致性

$$\sup_{\alpha \in \Theta_0} \sqrt{n}\,\widehat{\beta}_\alpha = O_p(1)$$

に他ならない．

次に一様 $\sqrt{n}$ 一致性を用いて，モデル上の尤度比最大化を接錐上の最適化問題によって近似しよう．まず $\sup_{\alpha \in \Theta_0} \tilde{\beta}_{\alpha,n} = O_p(1/\sqrt{n})$ であるような任意の非負確率変数 $\tilde{\beta}_{\alpha,n}$ に対し，Taylor 展開により

$$L_n(\alpha, \tilde{\beta}_{\alpha,n}) = \frac{1}{\sqrt{n}} \sum_{i=1}^{n} \frac{\partial \log f(X_i|\alpha, 0)}{\partial \beta} (\sqrt{n}\, \tilde{\beta}_{\alpha,n})$$

$$+ \frac{1}{2n} \sum_{i=1}^{n} \frac{\partial^2 \log f(X_i|\alpha, 0)}{\partial \beta^2} (\sqrt{n}\, \tilde{\beta}_{\alpha,n})^2$$

$$+ \frac{1}{6n} \sum_{i=1}^{n} \frac{\partial^3 \log f(X_i|\alpha, \gamma_\alpha)}{\partial \beta^3} (\sqrt{n}\, \tilde{\beta}_{\alpha,n})^2 \tilde{\beta}_{\alpha,n}$$

が成り立つ．ここで $\gamma_\alpha \in [0, \tilde{\beta}_{\alpha,n}]$ である．接ベクトル関数 $u_\alpha(x)$ を

$$u_\alpha(x) = \frac{\partial \log f(x|\alpha, 0)}{\partial \beta}$$

で定める．$I(\alpha) = E_{f_0}[u_\alpha^2]$ であることに注意して，一様 $\sqrt{n}$ 一致性の証明と同様に $b_n = o_p(1)$, $c_n = o_p(1)$ を用いると，

$$L_n(\alpha, \tilde{\beta}_{\alpha,n}) = \frac{1}{\sqrt{n}} \sum_{i=1}^{n} u_\alpha(X_i)(\sqrt{n}\, \tilde{\beta}_{\alpha,n}) - \frac{1}{2} E_{f_0}[u_\alpha^2](\sqrt{n}\, \tilde{\beta}_{\alpha,n})^2 + o_p(1) \tag{154}$$

が得られる．末尾の $o_p(1)$ 項は α に依存しない．

各 α に対する最尤推定量 $\widehat{\beta}_\alpha$ は $\sup_{\alpha \in \Theta_0} \widehat{\beta}_\alpha = O_p(1/\sqrt{n})$ を満たすので，式 (154) より

$$L_n(\alpha, \widehat{\beta}_\alpha) = \frac{1}{\sqrt{n}} \sum_{i=1}^{n} u_\alpha(X_i)(\sqrt{n}\, \widehat{\beta}_\alpha) - \frac{1}{2} E_{f_0}[u_\alpha^2](\sqrt{n}\, \widehat{\beta}_\alpha)^2 + o_p(1)$$

$$\leq \sup_{t \in \mathbb{R}_+} \Big[\frac{1}{\sqrt{n}} \sum_{i=1}^{n} u_\alpha(X_i)t - \frac{1}{2} E_{f_0}[u_\alpha^2]t^2 \Big] + o_p(1)$$

が成り立つ．すると，$\mathcal{S}$ の最尤推定量の尤度比に関して

$$\sup_{(\alpha,\beta) \in \Theta} L_n(\alpha, \beta) = \sup_{\alpha \in \Theta_0} L_n(\alpha, \widehat{\beta}_\alpha)$$

$$\leq \sup_{\alpha \in \Theta_0} \sup_{t \in \mathbb{R}_+} \Big[\frac{1}{\sqrt{n}} \sum_{i=1}^{n} u_\alpha(X_i)t - \frac{1}{2} E_{f_0}[u_\alpha^2]t^2 \Big] + o_p(1)$$

$$= \sup_{u \in C_{f_0}\mathcal{S}} \Big[\frac{1}{\sqrt{n}} \sum_{i=1}^{n} u(X_i) - \frac{1}{2} E_{f_0}[u^2] \Big] + o_p(1) \tag{155}$$

を得る．最後の等号は，$C_{f_0}\mathcal{S} = \mathbb{R}_+\{u_\alpha \mid \alpha \in \Theta_0\}$ であることを用いた．

一方，$\check{\beta}_{\alpha,n}$ を

$$\check{\beta}_{\alpha,n} = \frac{1}{\sqrt{n}}\left(E_{f_0}[u_\alpha^2]^{-1}\frac{1}{\sqrt{n}}\sum_{i=1}^{n}u_\alpha(X_i)\right)_+$$

により定義すると, 各 α に対して

$$\sup_{t\in\mathbb{R}_+}\left[\frac{1}{\sqrt{n}}\sum_{i=1}^{n}u_\alpha(X_i)t - \frac{1}{2}E_{f_0}[u_\alpha^2]t^2\right]$$

を達成するのは $t = \sqrt{n}\check{\beta}_{\alpha,n}$ である. 仮定 5 より $\displaystyle\sup_{\alpha\in\Theta_0}\check{\beta}_{\alpha,n} = O_p(1/\sqrt{n})$ であるから, 式 (154) より

$$\sup_{(\alpha,\beta)\in\Theta}L_n(\alpha,\beta) \geq \sup_{\alpha\in\Theta_0}L_n(\alpha,\check{\beta}_{\alpha,n})$$

$$= \sup_{\alpha\in\Theta_0}\sup_{t\in\mathbb{R}_+}\left[\frac{1}{\sqrt{n}}\sum_{i=1}^{n}u_\alpha(X_i)t - \frac{1}{2}E_{f_0}[u_\alpha^2]t^2\right] + o_p(1)$$

$$= \sup_{u\in C_{f_0}\mathcal{S}}\left[\frac{1}{\sqrt{n}}\sum_{i=1}^{n}u(X_i) - \frac{1}{2}E_{f_0}[u^2]\right] + o_p(1) \quad (156)$$

が成り立つ. 式 (155) と式 (156) とにより

$$\sup_{(\alpha,\beta)\in\Theta}L_n(\alpha,\beta) = \sup_{u\in C_{f_0}\mathcal{S}}\left[\frac{1}{\sqrt{n}}\sum_{i=1}^{n}u(X_i) - \frac{1}{2}E_{f_0}[u^2]\right] + o_p(1) \quad (157)$$

が示された.

式 (157) はモデル上の尤度最大化問題を接錐上の最大化問題に置き換えてもよいことを示しており, 2 章の議論の一般化になっている. 2 章とは異なり, 局所錐型パラメトリゼーションをもつモデルでは, 接錐は必ずしも有限次元ベクトル空間に入ってないが, 仮定 4, 仮定 5 のような一様性があれば, 接錐上の最大化が尤度比の漸近的な主要項を与える. この接錐上の最大化問題は, 接ベクトルの方向を固定するごとに長さ方向には陽に解くことができて, その解が $\check{\beta}_{\alpha,n}$ に他ならない. 実際に式 (157) にその解を代入すると,

$$\sup_{(\alpha,\beta)\in\Theta}L_n(\alpha,\beta) = \frac{1}{2}\sup_{\substack{u\in C_{f_0}\mathcal{S}\\ \|u\|_{L^2(f_0)}=1}}\left(\frac{1}{\sqrt{n}}\sum_{i=1}^{n}u(X_i)\right)_+^2 + o_p(1) \quad (158)$$

と表わすことができる.

以上得られた結果を定理の形でまとめておこう.

定理 27 $\Theta_0 \subset \mathbb{R}^{m-1}$ をコンパクト集合, Θ を $\Theta_0\times\mathbb{R}_+$ の閉集合とし, $\mathcal{S} =$

$\{f(x|\alpha,\beta) \mid (\alpha,\beta) \in \Theta\}$ を f_0 における $\mathcal{S}$ の局所錐型パラメトリゼーションとする。このとき仮定 4,仮定 5 のもと,

$$\sup_{(\alpha,\beta) \in \Theta} L_n(\alpha,\beta) = \sup_{u \in C_{f_0}\mathcal{S}} \left[\frac{1}{\sqrt{n}} \sum_{i=1}^{n} u(X_i) - \frac{1}{2} E_{f_0}[u^2] \right] + o_p(1)$$

$$= \frac{1}{2} \sup_{u \in D_{f_0}\mathcal{S}} \left(\frac{1}{\sqrt{n}} \sum_{i=1}^{n} u(X_i) \right)_+^2 + o_p(1)$$

が成り立つ。ここで $D_{f_0}\mathcal{S}$ は $\mathcal{S}$ の f_0 における単位接ベクトル全体のなす集合である。

仮定 4 を具体的なモデルに対して確認するのは比較的容易であるが,仮定 5 はこのままでは使いづらい。仮定 5 が成り立つための十分条件は次項で説明することにする。

さて,話をもう一段進めよう。各 α に対して $\tilde{u}_\alpha = u_\alpha/\|u_\alpha\|_{L^2(f_0)}$ とおくと,定理 26 により $D_{f_0}\mathcal{S} = \{\tilde{u}_\alpha \mid \alpha \in \Theta_0\}$ である。各 $\alpha \in \Theta_0$ に対して,式 (158) の $(\cdot)_+^2$ の中は,中心極限定理により

$$Z_n(\alpha) \equiv \frac{1}{\sqrt{n}} \sum_{i=1}^{n} \tilde{u}_\alpha(X_i) \Longrightarrow Z(\alpha) \sim N(0,1) \qquad (n \to \infty) \quad (159)$$

と標準正規分布に法則収束する。$Z_n(\alpha)$ や $Z(\alpha)$ は,$\alpha \in \Theta_0$ 全体で考えると,Θ_0 を添字集合とする確率過程である。Z はガウス確率過程であり,また Z_n はサンプルの和によって定義されているので,とくに**経験過程**(empirical process)とよばれることもある。

ここで,以下のように式 (159) の法則収束が α に関して「一様」であると仮定しよう。

仮定 6 経験過程 Z_n はガウス過程 Z に一様に収束する。

この収束の一様性を正確に定義するのは少し複雑であるので,次項であらためて述べることにして,ここでは仮定 6 のもと

$$\sup_{\alpha \in \Theta_0} (Z_n(\alpha))_+ = \sup_{\alpha \in \Theta_0} (Z(\alpha))_+ + o_p(1) \qquad (n \to \infty) \qquad (160)$$

が導かれることを認めて先へ進もう。このとき式 (158) から

$$2 \sup_{(\alpha,\beta) \in \Theta} L_n(\alpha,\beta) \Longrightarrow \sup_{\alpha \in \Theta_0} (Z(\alpha))_+^2 \qquad (n \to \infty) \qquad (161)$$

という法則収束が成り立つ. したがって, 尤度比の漸近的性質は $Z(\alpha)$ というガウス確率過程を調べることによって解明できる. 次項で述べるように, ガウス確率過程の性質は, 各平均値 $E[Z(\alpha)]$ と 2 つのパラメータ α_1, α_2 に対する共分散 $E[Z(\alpha_1)Z(\alpha_2)]$ によって規定される. いまの場合, 共分散は

$$E[Z(\alpha_1)Z(\alpha_2)] = \mathrm{Corr}(u_{\alpha_1}, u_{\alpha_2})$$

というように, 接ベクトル u_{α_1} と u_{α_2} の相関で与えられる. したがって式(161)から尤度比の漸近分布を得るには, 上式の共分散構造をもつガウス確率過程の正の最大値を求めればよい.

ところで, ガウス過程の最大値の分布は一般には陽に求められるわけではない. 3 章では, 接錐が有限次元空間に入っている場合に, ガウス過程の最大値の分布を求めるためのアプローチとしてチューブ法を説明したが, これを適用するためには接錐の幾何学的特性を詳しく知る必要があった. 一般の場合に式(161)から尤度比の漸近分布を求めるためにはモンテカルロ・シミュレーションなどによる方法も可能である. しかしその場合にも, 数値的な収束性や漸近的な収束性のよさなどを検討する必要がある.

(b) 経験過程の一様収束

ここでは前項で必要とした経験過程の一様収束に関する理論的事項をまとめて述べる. 可測空間 $(\mathfrak{X}, \mathfrak{B})$ 上の確率 P に従う独立同分布確率変数 $X_1, X_2, \cdots, X_n$ を考える. $\mathbb{R}$ 上の可積分関数の族 $\mathcal{F}$ が, 任意の $x \in \mathfrak{X}$ に対して

$$\sup_{f \in \mathcal{F}} |f(x)| < \infty \tag{162}$$

を満たすと仮定しておく. 大数の法則より, 各 $f \in \mathcal{F}$ に対して,

$$S_n(f) := \frac{1}{n} \sum_{i=1}^{n} f(X_i) \longrightarrow E_P[f(X)] \tag{163}$$

と確率収束するが, この収束が f に関して「一様」であるということをきちんと定義しよう. 経験平均 $S_n(f)$ を $f \in \mathcal{F}$ 全体で考えると, $\mathcal{F}$ の各要素 f に対して実数値 $S_n(f)$ を与える関数

$$\mathcal{F} \ni f \mapsto S_n(f) \in \mathbb{R} \tag{164}$$

168 | 5 無限次元の特異モデル

と思うことができる．この関数はサンプル $(X_1, \cdots, X_n)$ がランダムに変わるとそれにつれて変化するので，$\mathcal{F}$ 上に定義された確率過程と考えられる．式(164)のような $\mathcal{F}$ 上の関数を表わすための関数空間として $\ell^\infty(\mathcal{F})$ を導入しよう．この関数空間は，$\mathcal{F}$ 上の有界関数 $T : \mathcal{F} \to \mathbb{R}$ に一様ノルム

$$\|T\|_\infty := \sup_{f \in \mathcal{F}} |T(f)|$$

を与えることによって定義されるバナッハ空間[*25]である．関数族 $\mathcal{F}$ 上に定義された関数の空間を考えているので多少混乱しやすいかもしれないが，$\ell^\infty(\mathcal{F})$ を考えるときには，f は集合 $\mathcal{F}$ の点とみなしている．式(162)の仮定により，S_n はサンプル $(X_1, \cdots, X_n)$ ごとに式(164)で与えられる $\ell^\infty(\mathcal{F})$ の元をひとつ定めるので，これを $\ell^\infty(\mathcal{F})$ に値を取る確率変数

$$\mathbb{S}_n : \mathfrak{X}^n \to \ell^\infty(\mathcal{F}), \quad (X_1, \cdots, X_n) \mapsto [f \mapsto S_n(f)]$$

とみなすことができる．

たとえば，関数 $H(x)$ を $x \le 0$ に対し $H(x) = 1$, $x > 0$ に対し $H(x) = 0$ で定義し，$\mathcal{F} = \{f_t \mid f_t(x) = H(x - t), t \in \mathbb{R}\}$ を用いると，$S_n(f_t)$ は

$$S_n(f_t) = \frac{1}{n} \sum_{i=1}^n H(X_i - t)$$

となり，経験分布関数の t における値 $F_n(t)$ に一致する．今の場合 $\mathcal{F}$ を添字 t によって $\mathbb{R}$ と同一視すると，$\mathcal{F} \ni f_t \mapsto S_n(f_t) \in \mathbb{R}$ は経験分布関数そのものである．$\ell^\infty(\mathcal{F})$ に値をとる確率変数 $\mathbb{S}_n$ は，サンプル $(X_1, \cdots, X_n)$ に対しその経験分布関数 $F_n \in \ell^\infty(\mathcal{F})$ を与える写像になっている．

いま，$\ell^\infty(\mathcal{F})$ に値をとる確率変数として，$\mathbb{S}_n$ がある確率変数 $\mathbb{S}$ に確率収束したと仮定しよう．確率収束の定義により，任意の $\varepsilon > 0$ に対して

$$\Pr\Big(\|\mathbb{S}_n - \mathbb{S}\|_\infty > \varepsilon\Big) \longrightarrow 0 \qquad (n \to \infty)$$

であるが，一様ノルムの定義により，これは

$$\Pr\Big(\sup_{f \in \mathcal{F}} |S_n(f) - S(f)| > \varepsilon\Big) \longrightarrow 0 \qquad (n \to \infty)$$

───────────
[*25] 完備なノルム付き線形空間をバナッハ空間という．

に他ならない. とくに各 $f \in \mathcal{F}$ に対して $S_n(f)$ は $S(f)$ に確率収束するので, 大数の法則により $S(f) = E_P[f(X)]$ である. すなわち $\mathbb{S}$ は, $\ell^\infty(\mathcal{F})$ に属する定関数 $f \mapsto E_P[f(X)]$ に値をとる退化した確率変数でなければならない. したがって確率収束 $\mathbb{S}_n \to \mathbb{S}$ は, 確率収束

$$\sup_{f \in \mathcal{F}} \left| \frac{1}{n} \sum_{i=1}^{n} f(X_i) - E_P[f] \right| \to 0 \tag{165}$$

と同値であり, f に関して「一様な」大数の法則を表わしている. 式(165)が成り立つかどうかは関数族 $\mathcal{F}$ の性質に依存するが, これが成り立つような関数族のことを Glivenko-Cantelli クラスとよぶことがある. 上で述べた経験分布関数の例はこのクラスに属することが知られており, 確率 P の分布関数 $F(t) = P((-\infty, t])$ に対し, $F_n(t) \to F(t)$ の確率収束は $t \in \mathbb{R}$ に関して一様, すなわち

$$\sup_{t \in \mathbb{R}} |F_n(t) - F(t)| \to 0 \qquad (n \to \infty)$$

である(Glivenko-Cantelli の定理).

次に中心極限定理の一様版を考える. このためには正規化された経験和

$$G_n(f) := \frac{1}{\sqrt{n}} \sum_{i=1}^{n} \big(f(X_i) - E_P[f(X)] \big)$$

の法則収束を議論する必要がある. 簡単のため, 任意の $f \in \mathcal{F}$ に対して $f(X)$ の分散は 1 に正規化されているとしておこう. S_n のときと同様 G_n も $\ell^\infty(\mathcal{F})$ 上に値をとる確率変数 $\mathbb{G}_n$ と捉えることができる. あるいは

$$\mathbb{G}_n := \sqrt{n} \, (\mathbb{S}_n - \mathbb{S})$$

と定義したと考えてもよい. いま, 確率変数 $\mathbb{G}_n$ が $\ell^\infty(\mathcal{F})$ に値をとる緊密な[*26]確率変数 $\mathbb{G}$ に法則収束したと仮定しよう. このときまず, $\{\mathbb{G}(f) \mid f \in \mathcal{F}\}$ がガウス確率過程を定めることを示そう. 任意の $k \in \mathbb{N}$ と $\mathbf{f} = (f_1, \cdots, f_k)$

[*26] 位相空間に値をとる Borel 可測な確率変数 Z が緊密(tight)であるとは, 任意の $\varepsilon > 0$ に対してコンパクト集合 K があって $\Pr(Z \in K) \geq 1 - \varepsilon$ が成り立つことをいう. 添字集合 T 上の緊密なガウス確率過程 $Z(t)$ は, その平均値 $E[Z(t)]$ $(t \in T)$ と共分散 $\mathrm{Cov}(Z(t), Z(s))$ $(t, s \in T)$ に関して一意的であることが知られている(たとえば van der Vaart と Wellner(1996), Lemma 1.5.3.). ここでは緊密という条件はこの一意性を保証するために使っている.

$\in \mathcal{F}^k$ に対し,バナッハ空間 $\ell^\infty(\mathcal{F})$ 上の線形写像 $\Phi_{\mathbf{f}}$ を,各 f_j での値を評価する写像

$$\Phi_{\mathbf{f}} : \ell^\infty(\mathcal{F}) \to \mathbb{R}^k, \quad T \mapsto (T(f_1), \cdots, T(f_k))$$

により定義すると,任意の $T \in \ell^\infty(\mathcal{F})$ に対し $\|\Phi_{\mathbf{f}}(T)\| = \|(T(f_1), \cdots, T(f_k))\| \leq \sqrt{k}\,\|T\|_\infty$ であるので $\Phi_{\mathbf{f}}$ は $\ell^\infty(\mathcal{F})$ 上の連続写像である.したがって法則収束に関する連続写像定理により $\Phi_{\mathbf{f}}(\mathbb{G}_n)$ は $\Phi_{\mathbf{f}}(\mathbb{G})$ に法則収束する.これは,$(G_n(f_1), \cdots, G_n(f_k))$ が $(G(f_1), \cdots, G(f_k))$ に法則収束することに他ならない.通常の中心極限定理から $(G(f_1), \cdots, G(f_k))$ は正規分布に従うので,$\mathbb{G}$ はガウス過程であることがわかる.

緊密なガウス過程の性質はその平均 $E[G(f)]$ と共分散構造 $E[G(f)G(g)]$ $(f, g \in \mathcal{F})$ によって特徴づけられる.いまの場合,$(G_n(f), G_n(g))$ という 2 変数の確率ベクトルの中心極限定理を考えることにより,

$$E[G(f)G(g)] = \mathrm{Cov}(f(X), g(X))$$

である.以上により $\mathbb{G}_n$ が $\mathbb{G}$ に法則収束する場合,$\mathbb{G}$ は平均値 0 で $\mathrm{Cov}(f(X), g(X))$ を共分散にもつ $\mathcal{F}$ 上のガウス過程となる.

$\ell^\infty(\mathcal{F})$ に値をとる確率変数とみたとき,$\mathbb{G}_n$ が法則収束するかどうかは関数族 $\mathcal{F}$ の性質に依存しており,上のような法則収束を成立させる関数族を Donsker クラスとよぶことがある.$\mathbb{G}_n$ が $\mathbb{G}$ に法則収束すれば $\mathbb{S}_n - \mathbb{S}$ は 0 に確率収束するので,Donsker クラスは Glivenko-Cantelli クラスである.ある関数族が Glivenko-Cantelli クラスや Donsker クラスであるための十分条件は詳しく研究されているが,以下の補題でそのひとつの例を示す.また 5.3 節(d)項で VC 次元を用いた特徴づけを示す.

補題 15 $(\Omega, \mathcal{B}, P)$ を確率空間とする.$\mathbb{R}^d$ の有界部分集合 B をパラメータにもつ可測関数の族 $\mathcal{F} = \{g(x; \eta) \mid \eta \in B\}$ に対し,ある $L^2(P)$ 関数 $h(x)$ があって,任意の $\eta_1, \eta_2 \in B$ に対して

$$|g(x; \eta_1) - g(x; \eta_2)| \leq h(x)\|\eta_1 - \eta_2\|$$

が成り立つならば,$\mathcal{F}$ は Donsker クラスである. ▌

この補題の証明や Donsker クラスであるためのその他の十分条件については本書の程度を超えるのでここでは省略する.詳細を知りたい読者は van der Vaart(1998)などを参考にしていただきたい.

経験分布関数の例では,

$$\mathbb{G}_n(f_t) = \sqrt{n}\,(F_n(t) - F(t))$$

であるが, 関数族 $\{f_t\}$ は Donsker クラスに属することが知られている (Donsker の定理). $\mathcal{F}$ を $\mathbb{R}$ と同一視して, 収束先となるガウス過程を $G(t)$ $(t \in \mathbb{R})$ とおくと,

$$\mathrm{Cov}(G(t), G(s)) = F(\min\{t, s\}) - F(t)F(s)$$

という相関構造をもつ. このガウス過程のことをブラウン運動の橋(Brownian bridge)とよぶことがある. P が区間 $[0, 1]$ 上の一様分布である場合の $G_n(t)$ の一例を図 37 に示した.

さて, 局所錐型パラメトリゼーションの場合を考察しよう. 前節でおいた仮定のうち, 仮定 5 と仮定 6 は関数族 $\left\{ u_\alpha = \dfrac{\partial f(x|\alpha, 0)}{\partial \beta} \,\middle|\, \alpha \in \Theta_0 \right\}$ が Donsker クラスであり $\left\{ \dfrac{\partial^2 f(x|\alpha, 0)}{\partial \beta^2} \,\middle|\, \alpha \in \Theta_0 \right\}$ が Glivenko-Cantelli クラスであれば成立する. さらに $\{u_\alpha\}$ が Donsker クラスのとき, 式(160)が成り立つことが次のようにわかる. まず定義 11(iv)より, ある $\eta > 0$ があって任意の α に対して $\|u_\alpha\|_{L^2(f_0)} \geq \eta$ が成り立つ. このとき, $\mathcal{F}' = \{u_\alpha \mid \alpha \in \Theta_0\}$ が Donsker クラスならば $\{\tilde{u}_\alpha = u_\alpha/\|u_\alpha\|_{L^2(f_0)} \mid \alpha \in \Theta_0\}$ も Donsker クラスになる. 実際, $\Psi : \ell^\infty(\mathcal{F}') \to \ell^\infty(\mathcal{F}')$ を $\Psi(T) : u \mapsto \dfrac{T(u)}{\|u\|_{L^2(f_0)}}$ により定義すると Ψ は連続写像であり, 連続写像定理を使うと, $\mathcal{F}'$ が Donsker

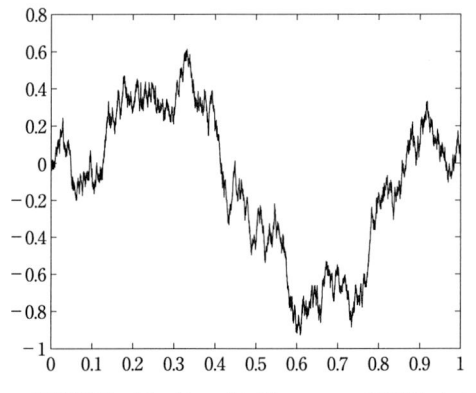

図 **37** 経験過程の例. サンプル数 100000 で計算したもの.

クラスであることから $\{\tilde{u}_\alpha\}$ が Donsker クラスであることが従う. よって $Z_n(\alpha) = \frac{1}{\sqrt{n}} \sum_{i=1}^{n} \tilde{u}_\alpha(X_i)$ は, ある緊密なガウス過程 $Z(\alpha)$ に法則収束する. $\mathcal{F} = \{u \in C_{f_0}\mathcal{S} \mid \|u\|_{L^2(f_0)} = 1\}$ とおくとき,

$$T \mapsto \|(T)_+\|_\infty$$

は $\ell^\infty(\mathcal{F})$ 上の連続写像となり, ここでも連続写像定理から, $\|(Z_n)_+\|_\infty \Rightarrow \|(Z)_+\|_\infty$ $(n \to \infty)$ という法則収束が成立する. これは

$$\sup_{\alpha \in \Theta_0} \left(Z_n(\alpha)\right)_+ \Longrightarrow \sup_{\alpha \in \Theta_0} \left(Z(\alpha)\right)_+ \qquad (n \to \infty)$$

に他ならない.

以上の議論をまとめると以下の定理を得る.

定理 28 $\Theta_0 \subset \mathbb{R}^{m-1}$ をコンパクト集合とし, $\Theta \subset \Theta_0 \times \mathbb{R}_+$ による局所錐型パラメトリゼーション $f(x|\alpha, \beta)$ をもつ統計モデル $\mathcal{S}$ を考える. 仮定 4 が成り立ち, 接錐を張る接ベクトルの集合 $u_\alpha(x) = \left\{ \dfrac{\partial \log f(x|\alpha, 0)}{\partial \beta} \in C_{f_0}\mathcal{S} \, \middle| \, \alpha \in \Theta_0 \right\}$ が Donsker クラスで, かつ関数族 $\left\{ \dfrac{\partial^2 \log f(x|\alpha, 0)}{\partial \beta^2} \, \middle| \, \alpha \in \Theta_0 \right\}$ が Glivenko-Cantelli クラスであるとする. このとき, 尤度比は

$$2 \sup_{(\alpha, \beta) \in \Theta} L_n(\alpha, \beta) \Longrightarrow \sup_{\alpha \in \Theta_0} \left(Z(\alpha)\right)_+^2 \qquad (n \to \infty)$$

と法則収束する. ここで Z は Θ_0 を添字集合とし, 平均 0 共分散

$$E_{f_0}[Z(\alpha_1)Z(\alpha_2)] = \mathrm{Corr}(u_{\alpha_1}(X), u_{\alpha_2}(X))$$

により定まる緊密なガウス過程である. ∎

位相空間 Θ を添字集合にもつ確率過程 $Z(\alpha)$ $(\alpha \in \Theta)$ が連続なパスをもつとは, $\alpha \mapsto Z(\alpha)$ が確率 1 で連続なことと定義される. Donsker クラスの関数族で定義される経験過程の極限分布として得られるガウス過程は, 連続なパスをもつように構成できることが知られている(van der Vaart, 1998, Section 18). 定理 28 の Θ_0 はコンパクト集合なので $\sup_{\alpha \in \Theta_0} (Z(\alpha))_+^2$ はつねに有限の値をとり, したがってとくに尤度比は $O_p(1)$ であることがわかる.

5.3 尤度比の発散とそのオーダー

前節で見たように，局所錐型パラメトリゼーションをもつモデルに対して，適当な正則条件のもと，尤度比の漸近分布は $O_p(1)$ のオーダーであった．本節では尤度比が $n \to \infty$ の時に発散するようなケースについて論じ，その n に関するオーダーについて知られている結果を簡単に紹介する．

尤度比が発散することは，通常の尤度比検定がうまく適用できないという意味において，統計学的な観点からは好ましい現象とはいえない．しかし以下で見ていくように，尤度比がなぜ発散するかを考えることは，モデルの局所的な自由度に関する理解を深めてくれる．したがって，ここでは尤度比を単に検定の道具としてだけでなく，それを通してモデルの幾何学的性質を調べる目的に用いていると考えていただきたい．

（a）無限の局所自由度による尤度比の発散

はじめに厳密さには目をつむって尤度比が発散する理由について概観してみよう．$\mathcal{S} = \{f(x|\theta) \mid \theta \in \Theta\}$ を統計モデルとし，$f_0 \in \mathcal{S}$ を独立同分布サンプルを発生させる真の確率密度関数とする．また $D_{f_0}\mathcal{S}$ によって $\mathcal{S}$ の f_0 における単位接ベクトル全体を表わす．K を自然数として，$u_1, \cdots, u_K \in D_{f_0}\mathcal{S}$ が f_0 を始点とする $\mathcal{S}$ の曲線 $f_t^{(j)} = f(x|\theta_t^{(j)})$ によって与えられている，すなわち $L^2(f_0)$ 収束の意味で

$$\frac{1}{t} \log \frac{f_t^{(j)}}{f_0} \to u_j \qquad (t \downarrow 0)$$

であるとする．各 $f_t^{(j)}$ $(t \in [0, 1])$ は $\mathcal{S}$ の 1 次元部分モデルを定義しているが，さらにこれら 1 次元部分モデルが漸近正規性の正則条件を満たしており，その尤度比が，$n \to \infty$ のとき

$$\sup_{t \in [0,1]} L_n(\theta_t^{(j)}) = \frac{1}{2}\big(Z_n^{(j)}\big)_+^2 + o_p(1), \quad \text{ただし} \quad Z_n^{(j)} := \frac{1}{\sqrt{n}} \sum_{i=1}^{n} u_j(X_i)$$

と展開可能だと仮定しよう．すると $\mathcal{S}$ における尤度比は

$$\sup_{\theta \in \Theta} L_n(\theta) \geq \max_{1 \leq j \leq K} \sup_{t \in [0,1]} L_n(\theta_t^{(j)}) = \frac{1}{2} \max_{1 \leq j \leq K} \left(Z_n^{(j)} \right)_+^2 + o_p(1)$$

と下から抑えられる. $Z_n^{(j)}$ の極限分布を $Z^{(j)}$ $(1 \leq j \leq K)$ とおくと, これらはそれぞれ標準正規分布 $N(0,1)$ に従い,

$$\max_{1 \leq j \leq K} \sup_{t \in [0,1]} L_n(\theta_t^{(j)}) \Longrightarrow \frac{1}{2} \max_{1 \leq j \leq K} \left(Z^{(j)} \right)_+^2 \qquad (n \to \infty)$$

と法則収束する.

いま単位接ベクトル u_j が互いに直交していたとすると, K 次元確率ベクトル $(Z^{(1)}, \cdots, Z^{(K)})$ は $N_K(0, I_K)$ に従う. さらに K が非常に大きい状況を考えると, $Z^{(j)}$ のすべての値が負になる確率は K に関して指数的に小さくなるので,

$$\max_{1 \leq j \leq K} \left(Z^{(j)} \right)_+^2 = \left(\max_{1 \leq j \leq K} Z^{(j)} \right)^2 + o_p(1) \qquad (K \to \infty)$$

と考えてよいであろう. $\max_{1 \leq j \leq K} Z^{(j)}$ は $N(0,1)$ に従う独立同分布確率変数の最大値であるが, この最大値の $K \to \infty$ における挙動は極値理論という分野において詳しく研究されており,

$$\frac{\max_{1 \leq j \leq K} Z^{(j)}}{\sqrt{2 \log K}} \to 1 \qquad (K \to \infty)$$

と確率収束することが知られている[*27]. したがって, もし任意の K に対して K 個の直交する接ベクトルが見つかれば, $\mathcal{S}$ における尤度比は, 任意の K に対しておよそ $\log K$ で下から抑えられており, 有限の範囲に分布することはあり得ない.

以上の説明は次のように厳密化することが可能である. 実は u_j は完全に直交していなくても「ほとんど」直交していれば十分である.

定理 29 $\mathcal{S} = \{f(x|\theta) \mid \theta \in \Theta\}$ を統計モデルとし, $f_0 \in \mathcal{S}$ により独立同分布サンプル $X_1, X_2, \cdots$ が与えられるとする. 任意の $K \in \mathbb{N}$ と $\varepsilon > 0$ に対し, f_0 を始点とする $\mathcal{S}$ の曲線 $f_t^{(j)} = f(x|\theta_t^{(j)})$ により定義される単位接

[*27] 極値理論に関する日本語の解説として高橋(1994)がある. より詳しくは Leadbetter ら(1983)などが本格的教科書である. ここで用いた事実の証明は後者の Theorem 1.5.3 にある.

ベクトル $u_1, \cdots, u_K$ があって，$j \neq k$ に対して $|E_{f_0}[u_j u_k]| \leq \varepsilon$，かつ $f_t^{(j)}$ を 1 次元部分モデルとみたとき，$n \to \infty$ における尤度比の漸近展開

$$\sup_{t \in [0,1]} L_n(\theta_t^{(j)}) = \frac{1}{2}\big(Z_n^{(j)}\big)_+^2 + o_p(1), \quad Z_n^{(j)} = \frac{1}{\sqrt{n}} \sum_{i=1}^{n} u_j(X_i)$$

が成立すると仮定する．このとき，任意の $M > 0$ に対して

$$\Pr\Big(\sup_{\theta \in \Theta} L_n(\theta) \leq M\Big) \to 0 \qquad (n \to \infty)$$

が成り立つ． ∎

証明 $\Phi(t)$ を標準正規分布の累積分布関数とする．任意の $\delta > 0$ と $M > 0$ に対して十分大きい $K \in \mathbb{N}$ をとると $\Phi(\sqrt{2M})^K < \delta/6$ とできる．この K に対し適当な $\varepsilon > 0$ をとると

$$\Big(\frac{1 + (K-1)\varepsilon}{1 - (K+1)\varepsilon}\Big)^{K/2} < 2$$

とできる．以下，このような K と $\varepsilon > 0$ を固定する．この K に対して定理の条件にある単位接ベクトル $u_1, \cdots, u_K$ をとると，漸近展開の仮定により

$$\sup_{\theta \in \Theta} L_n(\theta) \geq \max_{1 \leq j \leq K} \sup_{t \in [0,1]} L_n(\theta_t^{(j)}) = \max_{1 \leq j \leq K} \frac{1}{2}\big(Z_n^{(j)}\big)_+^2 + o_p(1)$$

を得る．$\max_{1 \leq j \leq K}\big(Z_n^{(j)}\big)_+ - \max_{1 \leq j \leq K} Z_n^{(j)}$ が 0 に確率収束することと合わせると，十分大きい n に対して

$$\Pr\Big(\sup_{\theta \in \Theta} L_n(\theta) \leq M\Big) \leq \Pr\Big(\max_{1 \leq j \leq K} Z_n^{(j)} \leq \sqrt{2M}\Big) + \frac{\delta}{3} \qquad (166)$$

が成り立つことがわかる．

中心極限定理により，K 次元確率ベクトル $Z_n = (Z_n^{(1)}, \cdots, Z_n^{(K)})$ は，平均 0 で分散共分散行列

$$\Sigma = (\Sigma_{jk}), \quad \Sigma_{jk} = E_{f_0}[u_j u_k]$$

をもつ K 次元正規分布 Z に法則収束するので，$\Pr\big(Z_n \in (-\infty, \sqrt{2M}]^K\big) \to \Pr\big(Z \in (-\infty, \sqrt{2M}]^K\big)$ である．したがって十分大きい n をとると

$$\Pr\Big(\max_{1 \leq j \leq K} Z_n^{(j)} \leq \sqrt{2M}\Big) \leq \Pr\Big(\max_{1 \leq j \leq K} Z^{(j)} \leq \sqrt{2M}\Big) + \frac{\delta}{3} \qquad (167)$$

が成り立つ．

ところで，Σ の対角成分は 1 で非対角成分の絶対値はすべて ε で抑えられているので，Geršgorin の定理[*28]により，半正定値行列の半順序の意味で $(1 - (K+1)\varepsilon)I_K \leq \Sigma \leq (1 + (K-1)\varepsilon)I_K$ が成り立つ．これを用いると

$$
\Pr\Big(\max_{1 \leq j \leq K} Z^{(j)} \leq \sqrt{2M} \Big)
$$

$$
\leq \int_{(-\infty, \sqrt{2M}]^K} \frac{1}{\sqrt{(2\pi)^K |\Sigma|}} \exp\Big(- \frac{u^T u}{2(1 + (K-1)\varepsilon)} \Big) du
$$

$$
\leq \frac{(1 + (K-1)\varepsilon)^{K/2}}{|\Sigma|^{1/2}} \int_{(-\infty, \sqrt{2M}]^K} \frac{1}{(2\pi)^{K/2}} \exp\Big(-\frac{1}{2} v^T v \Big) dv
$$

$$
\leq \Big(\frac{1 + (K-1)\varepsilon}{1 - (K+1)\varepsilon} \Big)^{K/2} \Phi(\sqrt{2M})^K \leq \frac{\delta}{3} \tag{168}
$$

である．3 行目の不等式では $v = u/\sqrt{1 + (K-1)\varepsilon}$ の変数変換を行った．

式(166)，(167)，(168)により，十分大きい n に対して

$$
\Pr\Big(\sup_{\theta \in \Theta} L_n(\theta) \leq M \Big) \leq \delta
$$

が成立する．∎

尤度比の発散現象で重要なのは，接錐の中にほとんど直交する方向が無限個存在することであった．単位接ベクトル u に対して

$$
Z_n(u) = \frac{1}{\sqrt{n}} \sum_{i=1}^{n} u(X_i)
$$

と定めると，尤度比の漸近的挙動を本質的に決めるのは，経験過程 $\{Z_n(u) \mid u \in D_{f_0} \mathcal{S}\}$ だと考えてよい．これらは各 u に対して正規分布に法則収束するが，仮にこれらが一様に正規分布（有限次元とは限らないのでガウス過程とよぶべきであるが）に近いと考えれば，正規分布としての自由度（独立にふるまう変数の数）すなわち直交する方向の数がその経験過程の自由度だとみなしてよいであろう．したがって，直交する接ベクトルが無限個存在する場合には，f_0 の近傍における $\mathcal{S}$ の局所的な自由度が無限大であり，無限個の $Z_n(u)$ がほぼ独立にふるまっていると考えられる．

一方，接錐が m 次元ベクトル空間に入っている場合には，自由度は m を

[*28]　たとえば Horn と Johnson(1990)6.1 節を参照．

超えることはなく，尤度比が発散することはない．とくに正則モデルでは，モデルの自由度はちょうど m であり，尤度比の 2 倍はその自由度を持つカイ 2 乗分布に法則収束した．また，局所錐型パラメトリゼーションでは添字集合 Θ_0 のコンパクト性が仮定されていたため，もし $\Theta_0 \ni \alpha \mapsto u_\alpha \in L^2(f_0)$ が連続だとすると，単位接ベクトル集合 $D_{f_0}\mathcal{S}$ はコンパクトとなり無限個の直交方向が含まれることはあり得ない．実際，定理 28 の後で述べたように尤度比は $O_p(1)$ である．このように，尤度比の発散は単位接ベクトル集合がコンパクトでない場合に特有の現象といえる．

では接錐の中にほとんど直交するベクトルが無限個があるかどうかは，どうやって見分ければよいのであろうか．次の補題は，この問題に対する有用な十分条件を与える．

補題 16 P を確率測度とする．$L^2(P)$ の点列 $\{u_n\}_{n=1}^\infty$ が $\|u_n\|_{L^2(P)} = 1$，かつ $n \to \infty$ のとき 0 に確率収束すると仮定すると，任意の $\varepsilon > 0$ に対して $\{u_n\}_{n=1}^\infty$ の部分列 $\{u_{n(k)}\}_{k=1}^\infty$ が存在し，相異なる任意の $k, h \in \mathbb{N}$ に対して

$$E_P|u_{n(k)}u_{n(h)}| \le \varepsilon$$

が成り立つ． ∎

証明 任意の $\delta > 0$ に対して

$$
\begin{aligned}
E_P|u_n u_m| &\le \int_{\{|u_n|>\delta\}} |u_n u_m| dP + \delta \int |u_m| dP \\
&\le \left(\int_{\{|u_n|>\delta\}} |u_n|^2 dP \right)^{1/2} \left(\int_{\{|u_n|>\delta\}} |u_m|^2 dP \right)^{1/2} + \delta \|u_m\|_{L^2(P)} \\
&\le \left(\int_{\{|u_n|>\delta\}} |u_m|^2 dP \right)^{1/2} + \delta
\end{aligned}
$$

が成り立つ．仮定により $\lim_{n\to\infty} P(|u_n| > \delta) = 0$ なので，m を固定すると，積分の絶対連続性により

$$\lim_{n\to\infty} \int_{\{|u_n|>\delta\}} |u_m|^2 dP = 0$$

が得られる．以上により，任意の m に対して

$$\lim_{n\to\infty} E_P|u_n u_m| = 0 \tag{169}$$

を得る．補題のような部分列を得るには，まず式(169)により，$n(1) = 1$ に対して $n(2) > n(1)$ が存在し，$n \geq n(2)$ ならば $E|u_{n(1)}u_n| \leq \varepsilon$ とできる．以下同様に $n \geq n(k+1)$ ならば $E|u_{n(k)}u_n| \leq \varepsilon$ となるように $n(k+1) > n(k)$ を決めていけばよい． ∎

L^2 ノルムが 1 のままで 0 に確率収束するということを不思議に感じる読者もいるかもしれないが，これは少しも病的なことではない．たとえば，図 38 のように非常に大きい値をもつ領域が少しだけあるような場合を想定すれば，L^2 ノルムが 1 のままほとんどすべての x で 0 に収束する関数列の例はいくらでもつくれる．このとき，関数列は有界にならないことにも注意しておこう．実際，有界でかつ 0 に概収束するならば，優収束定理により L^2 ノルムも 0 に収束してしまう．

補題 16 と定理 29 により以下の定理を得る．

定理 30 $\mathcal{S} = \{f(x|\theta) \mid \theta \in \Theta\}$ を統計モデルとし，$f_0 \in \mathcal{S}$ により独立同分布サンプル $X_1, X_2, \cdots$ が与えられるとする．$\mathcal{S}$ の f_0 における単位接ベクトルの系列 $\{u_j\}_{j=1}^{\infty}$ が存在して，f_0 のもと 0 に確率収束すると仮定する．さらに，各 u_j が f_0 を始点とする $\mathcal{S}$ の曲線 $f_t^{(j)} = f(x|\theta_t^{(j)})$ により定まり，かつ $f_t^{(j)}$ を 1 次元部分モデルとみたとき，$n \to \infty$ における尤度比の漸近展開

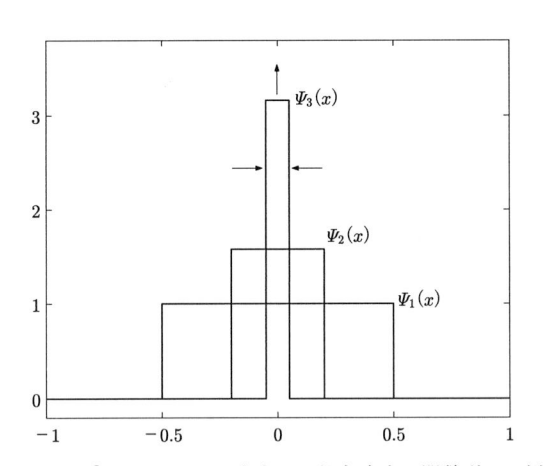

図 38 L^2 ノルムが 1 のまま 0 に概収束する関数列の一例

$$\sup_{t \in [0,1]} L_n(\theta_t^{(j)}) = \frac{1}{2}\left(Z_n^{(j)}\right)_+^2 + o_p(1), \quad Z_n^{(j)} = \frac{1}{\sqrt{n}} \sum_{i=1}^{n} u_j(X_i)$$

が成り立つとする．このとき，任意の $M > 0$ に対して

$$\Pr\left(\sup_{\theta \in \Theta} L_n(\theta) \le M\right) \to 0 \qquad (n \to \infty)$$

が成り立つ． ∎

　定理 29, 30 の仮定のうち，1 次元部分モデルに対する尤度比の漸近展開については，定理 28 により，各 1 次元モデルに対して Θ_0 を 1 点とした局所錐型パラメトリゼーションの定義と仮定 4 の正則条件が成り立てば十分である．定理 30 は具体的なモデルに適用するのが容易で，さまざまなモデルにおける尤度比の発散を示すことができる．以下でそのような例として正規混合モデルと多層パーセプトロンについてとりあげよう．この他にも ARMA モデルの尤度比が発散することが知られており（Veres, 1987），接錐による考察が可能であるが，本書で主に議論してきた独立同分布とは若干異なる扱いが必要なためここでは説明を省く．

（b）　正規混合モデルにおける尤度比の発散

　はじめに，本書で何度もとりあげた，一方が標準正規分布に固定された 2 コンポーネントの正規混合モデル

$$f(x|c, \mu) = c\phi(x|\mu, 1) + (1 - c)\phi(x|0, 1)$$

について考えよう．定理 30 の仮定を厳密に満たすかどうかは後で一般的に示すことにして，5.1 節（b）項で求めた，$f_0 = \phi(x; 0, 1)$ における接ベクトル

$$u_\mu(x) = \exp\left(\mu x - \mu^2/2\right) - 1$$

から，0 に確率収束する単位接ベクトルの系列が構成できることを見る．u_μ の $L^2(f_0)$ ノルムは陽に計算することができて，$\|u_\mu\|_{L^2(f_0)}^2 = e^{\mu^2} - 1$ を得る．したがって $\mu \ne 0$ に対し，u_μ 方向の単位ベクトルは

$$\tilde{u}_\mu(x) = \frac{e^{\mu x - \frac{\mu^2}{2}} - 1}{\sqrt{e^{\mu^2} - 1}}$$

で与えられる．この関数は図 39 で示したような x に関する単調増加関数

180 | 5　無限次元の特異モデル

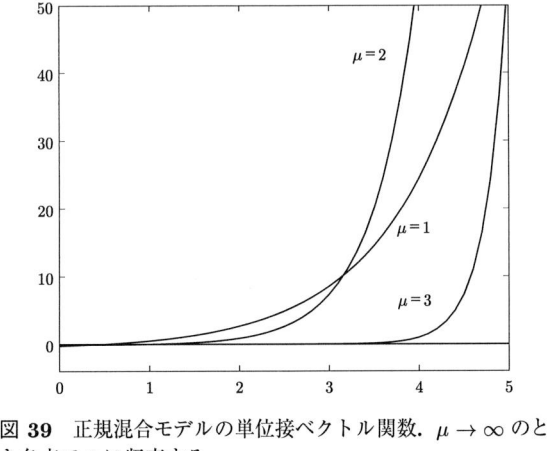

図 39　正規混合モデルの単位接ベクトル関数. $\mu \to \infty$ のとき各点で 0 に収束する.

であり, 任意に固定された $x \in \mathbb{R}$ に対し, $\mu \to \infty$ のとき 0 に収束する. これは 0 に概収束する単位接ベクトルの系列を与え, 尤度比発散の重要な条件が満たされていることを意味する.

以下に示すように, 一般の正規混合モデルにおいて, 真の確率密度関数が, モデルのもつコンポーネント数よりも少ないコンポーネント数で実現されれば尤度比は無限大に発散する. これを尤度比検定統計量に関する定理の形で述べておこう. ただし 1.4 節で述べたように, 有限個のサンプルに対する尤度関数の値が無限大になる現象を防ぐため, コンポーネントの分散パラメータの比率が 0 に近づかないように制限して考える.

定理 31　$\delta \in (0, 1)$ を固定する. $K \in \mathbb{N}$ に対し, パラメータ集合 $\Theta_K = \{\theta = (c_1, \cdots, c_{K-1}, \mu_1, \cdots, \mu_K, \sigma_1, \cdots, \sigma_K) \mid c_j \geq 0 \ (1 \leq j \leq K-1), \sum_{j=1}^{K-1} c_j \leq 1,$
$\mu_j \in \mathbb{R}, \sigma_j > 0 \ (1 \leq j \leq K), \sigma_i/\sigma_j \geq \delta \ (1 \leq i \neq j \leq K)\}$ 上で

$$f^{(K)}(x|\theta) = \sum_{j=1}^{K} c_j \phi(x|\mu_j, \sigma_j^2)$$

により定義される K コンポーネントの正規混合モデルを $\mathcal{S}_K$ で表わす. また, Θ_K の元のうち $\mathcal{S}_K \setminus \mathcal{S}_{K-1}$ の密度関数を与えるもの全体, すなわち $c_j > 0, \sum_{j=1}^{K-1} c_j < 1,$ および $\mu_i \neq \mu_j$ または $\sigma_i \neq \sigma_j \ (i \neq j)$ を満たすもの全体を Θ_K^* で表わす. $H < K$ として, 独立同分布サンプル $X_1, \cdots, X_n$ を

発生させる真の確率密度関数 f_0 が Θ_H^* により与えられると仮定する. このとき任意の $M > 0$ に対し,

$$\lim_{n \to \infty} \mathrm{Pr} \left(\frac{\displaystyle \sup_{\theta^{(K)} \in \Theta_K} \sum_{i=1}^{n} \log f(X_i | \theta^{(K)})}{\displaystyle \sup_{\theta^{(H)} \in \Theta_H} \sum_{i=1}^{n} \log f(X_i | \theta^{(H)})} \leq M \right) = 0$$

が成り立つ. すなわち, 尤度比検定統計量は $O_p(1)$ ではない.

証明 まず

$$\frac{\displaystyle \sup_{\theta^{(K)} \in \Theta_K} \sum_{i=1}^{n} \log f(X_i | \theta^{(K)})}{\displaystyle \sup_{\theta^{(H)} \in \Theta_H} \sum_{i=1}^{n} \log f(X_i | \theta^{(H)})} = \sup_{\theta^{(K)} \in \Theta_K} L_n(\theta^{(K)}) - \sup_{\theta^{(H)} \in \Theta_H} L_n(\theta^{(H)})$$

である. ここで, 右辺第 2 項は $O_p(1)$ である. 実際, Θ_H においては最尤推定量の一致性が成り立つことが知られている(Hathaway, 1985)ので, f_0 が Θ_H^* のパラメータで与えられていると, Θ_H の中で f_0 を与える真のパラメータはコンポーネントの置換を除いて局所的に一意であり, その十分小さい近傍は正則モデルの条件を満たしている. したがって局所的に考えれば尤度比はカイ 2 乗分布に法則収束し, とくにその尤度比は $O_p(1)$ となる. よって, 定理を証明するには上式の右辺第 1 項の発散を示せばよく, $K = H + 1$ の場合に $\mathcal{S}_K$ が定理 30 の仮定を満たすことをいえば十分である.

真の確率密度関数 f_0 を

$$f_0(x) = \sum_{j=1}^{H} \gamma_j \phi(x | \eta_j, \tau_j^2)$$

と表わす. 一般性を失わずに $\tau_1 \leq \tau_2 \leq \cdots \leq \tau_H$ と仮定してよい. 簡単のため $\sigma = \tau_H$ とおき, $\mu > \max_{1 \leq j \leq H} \eta_j$ なる μ 対し, f_0 を始点とする $\mathcal{S}_K$ 内の曲線 $g_t^\mu(x)$ $(t \in [0, 1])$ を

$$g_t^\mu(x) = (1 - t) f_0(x) + t \phi(x | \mu, \sigma^2)$$

により定義する.

$g_t^\mu(x)$ における尤度比の漸近展開に対する十分条件を示そう. これには

$\{g_t^\mu(x) \mid t \in [0,1]\}$ が Θ_0 を 1 点とした局所錐型パラメトリゼーションであり，かつ仮定 4 を満たすことをいえばよい．このうち自明でないのは定義 11 の (v), (vi) と仮定 4 のみなので，これらを示す．まず，任意の $x \in \mathbb{R}$ に対し $\log(1+x) \le x$ であることから

$$\log \frac{g_t^\mu(x)}{f_0(x)} = \log\Big(1 + t\Big\{\frac{\phi(x|\mu,\sigma^2)}{f_0(x)} - 1\Big\}\Big) \le t\Big\{\frac{\phi(x|\mu,\sigma^2)}{f_0(x)} - 1\Big\}$$

が成り立つ．よって $h(x) = \sup\limits_{t \in [0,1]} \log \dfrac{g_t^\mu(x)}{f_0(x)}$ とおくとき，

$$h(x) \le \left(\frac{\phi(x|\mu,\sigma^2)}{f_0(x)} - 1\right)_+$$

となるので，

$$E_{f_0}[h(x)] \le E_{f_0}\left[\left|\frac{\phi(x|\mu,\sigma^2)}{f_0(x)} - 1\right|\right] \le 2$$

となり，(v) が成り立つ．

また，微分を実行することにより

$$\frac{\partial \log g_t^\mu(x)}{\partial t} = \frac{\phi(x|\mu,\sigma^2) - f_0(x)}{g_t^\mu(x)},$$

$$\frac{\partial^2 \log g_t^\mu(x)}{\partial t^2} = -\Big(\frac{\phi(x|\mu,\sigma^2) - f_0(x)}{g_t^\mu(x)}\Big)^2,$$

$$\frac{\partial^3 \log g_t^\mu(x)}{\partial t^3} = 2\Big(\frac{\phi(x|\mu,\sigma^2) - f_0(x)}{g_t^\mu(x)}\Big)^3$$

を得る．ここで

$$\left|\frac{\phi(x|\mu,\sigma^2) - f_0(x)}{g_t^\mu(x)}\right| = \left|\frac{(\phi(x|\mu,\sigma^2)/f_0(x)) - 1}{1 + t\{(\phi(x|\mu,\sigma^2)/f_0(x)) - 1\}}\right|$$

と書ける．$t \in [0, 1/2]$ のとき，$-1 < y < 0$ に対して $\left|\dfrac{y}{1+ty}\right| \le 2$, $y \ge 0$ に対して $\left|\dfrac{y}{1+ty}\right| \le y$ であることから，

$$G(x) = \max\{2, |(\phi(x|\mu,\sigma^2)/f_0(x)) - 1|\}, \quad H_3(x) = 2G(x)^3$$

とおくと，任意の $x \in \mathbb{R}$, $t \in [0, 1/2]$ に対し $\left|\dfrac{\partial \log g_t^\mu(x)}{\partial t}\right| \le G(x)$ および $\left|\dfrac{\partial^3 \log g_t^\mu(x)}{\partial t^3}\right| \le H_3(x)$ が成り立つ．このとき，$\tau_j \le \sigma$ に注意すると $|\phi(x|\mu,\sigma^2)/f_0(x)| \le Ce^{ax}$ (C, a は正の定数) の形の上界をもつので，$E_{f_0}[G(x)^2] < \infty$ かつ $E_{f_0}[H_3(x)] < \infty$ である．これは定義の (vi) と仮

定 4 を示している．以上により，定理 27 から漸近展開が成り立つことがわかり，また定理 26 より

$$u_\mu = \left. \frac{\partial \log g_t^\mu(x)}{\partial t} \right|_{t=0} = \frac{\phi(x|\mu, \sigma^2)}{f_0(x)} - 1$$

は f_0 における接ベクトルを与える．

u_μ から作られる単位接ベクトルについて，任意の x に対して

$$\lim_{\mu \to \infty} \frac{u_\mu(x)}{\|u_\mu\|_{L^2(f_0)}} = 0 \tag{170}$$

であることを示そう．$\lim_{\mu \to \infty} u_\mu(x) = -1$ であるので，

$$\|u_\mu\|_{L^2(f_0)}^2 = E_{f_0}\left[\left(\frac{\phi(x|\mu, \sigma^2)}{f_0(x)} \right)^2 \right] - 1$$

により，この第 1 項が $\mu \to \infty$ のとき無限大に発散することを示す．$J_0 = \{j \in \{1, \cdots, H\} \mid \tau_j = \sigma\}$，$J_1 = \{1, \cdots, H\} - J_0$ とおき，$\xi > \max\{\eta_j \mid j \in J_0\}$ なる ξ をひとつ固定して $\mu > \xi$ の範囲で考える．分子と分母に $\exp\left(\frac{x^2}{2\sigma^2} - \frac{\xi}{\sigma^2}x \right)$ をかけることにより

$$\frac{\phi(x|\mu, \sigma^2)}{f_0(x)}$$
$$= \frac{e^{\frac{1}{\sigma^2}(\mu - \xi)x - \frac{1}{2\sigma^2}\mu^2}}{\displaystyle\sum_{j \in J_0} \gamma_j e^{\frac{1}{\sigma^2}(\eta_j - \xi)x - \frac{1}{2\sigma^2}\eta_j^2} + \sum_{k \in J_1} \gamma_j \phi(x|\eta_k, \tau_k^2) e^{\frac{1}{2\sigma^2}x^2 - \frac{1}{\sigma^2}\xi x}}$$

を得る．$k \in J_1$ に対して $\sigma > \tau_k$ なので，分母の第 2 項は有界な関数である．また ξ の取り方により $x \geq 0$ に対して分母の第 1 項は 1 で抑えられる．したがって，ある定数 $C > 0$ があって任意の $x \geq 0$ に対し

$$\left| \frac{\phi(x|\mu, \sigma^2)}{f_0(x)} \right| \geq C \exp\left\{ \frac{\mu - \xi}{\sigma^2}x - \frac{\mu^2}{2\sigma^2} \right\}$$

が成り立つ．これにより

$$E_{f_0}\left|\frac{\phi(x|\mu,\sigma^2)}{f_0(x)}\right|^2$$

$$\geq \int_0^\infty \left|\frac{\phi(x|\mu,\sigma^2)}{f_0(x)}\right|^2 f_0(x)dx$$

$$\geq C^2\gamma_H \int_0^\infty e^{-\frac{1}{\sigma^2}\{2(\mu-\xi)x-\mu^2\}}\phi(x|\eta_H,\sigma^2)dx$$

$$= C^2\gamma_H \int_0^\infty \phi(x|2\mu-2\xi+\eta_H,\sigma^2)dx\, e^{-\frac{1}{\sigma^2}\{\mu^2-\mu(4\xi-2\eta_H)+2\xi^2-2\xi\eta_H\}}$$

を得る. 上の最後の式で, 積分は $2\mu-2\xi+\eta_H>0$ のとき $\frac{1}{2}$ よりも大きい値をもち, 指数関数の部分は $\mu\to\infty$ のとき無限大に発散する. したがって $\lim_{\mu\to\infty}\|u_\mu\|_{L^2(f_0)}=\infty$ を得る. 以上により式(170)が示され, 定理が証明された. ∎

（c）多層ニューラルネットワークにおける尤度比の発散

3層ニューラルネットワークに対して尤度比の発散を示そう. ここでは簡単のため $\mathbb{R}$ 上定義されたネットワークのみを考える. K 個の中間素子をもつ3層ニューラルネットワークは関数族

$$\psi(x;\theta)=\sum_{j=1}^K c_j\varphi(a_jx+b_j)+d \tag{171}$$

で与えられ, 統計モデルとしては, 条件付確率密度関数 $r(y|u)$ と x の密度関数 $q(x)$ を導入することにより,

$$f(x,y|\theta)=r(y|\psi(x;\theta))q(x)$$

で定義された. これを $\mathcal{S}_K$ で表わすことにする. 以下では $\varphi(t)$ がロジスティック関数 $\varphi(t)=\frac{1}{1+e^{-t}}$ の場合を考察する. 1章で見たように, $H<K$ のとき $\mathcal{S}_H$ に含まれる密度関数はモデル $\mathcal{S}_K$ の中で特異点になっている.

尤度比の発散を見るために, 簡単な場合として条件付確率をガウスノイズ $r(y|u)=\frac{1}{\sqrt{2\pi}}e^{-\frac{1}{2}(y-u)^2}$ とし, さらに f_0 を定数 0 の関数, すなわち

$$f_0(x,y)=\frac{1}{\sqrt{2\pi}}e^{-\frac{1}{2}y^2}q(x)$$

と仮定しよう. 5.1節（c）項の最後で求めたように, $a\neq 0,\ b\in\mathbb{R}$ に対して $\varphi(x;a,b)=\varphi(a(x-b))$ と定め, f_0 を始点とする $\mathcal{S}_K$ 内の曲線 $g_t(x,y;a,b)=$

$$\frac{1}{\sqrt{2\pi}} \exp\left\{-\frac{1}{2}\left(y - t\varphi(x;a,b)\right)^2\right\} q(x) \; (t \in [0,1])$$ を考えると，$t\varphi(x;a,b)$ が有界関数であることと $\dfrac{\partial^3}{\partial t^3} \log g_t(x,y;a,b) = 0$ であることから，これが局所錐型パラメトリゼーションの定義と仮定4を満たすことは容易に確認できる．よって漸近展開に関する条件が成り立ち，また接ベクトル

$$u_{a,b}(x,y) = \left.\frac{\partial \log g_t(x;a,b)}{\partial t}\right|_{t=0} = y\varphi(a(x-b))$$

が得られる．このとき，Q で x の確率分布を表わすと，簡単な計算により

$$\|u_{a,b}\|_{L^2(f_0)} = \left(E_Q[\varphi(x;a,b)^2]\right)^{\frac{1}{2}}$$

を得る．$b \to \infty$ のとき $u_{a,b}(x,y) \to 0$ であるが，同時に $\|u_{a,b}\|_{L^2(f_0)} \to 0$ となるので，0に確率収束する系列を構成するにはやや細かな議論が必要である．以下ではさらに任意の $x \in \mathbb{R}$ に対し $q(x) > 0$ を仮定して $\lim\limits_{n \to \infty} u_{a_n,b_n}(x)/\|u_{a_n,b_n}\|_{L^2(f_0)} \to 0$ なる点列を構成しよう．

集合 A の指示関数を $1_A(x)$ とし，x の確率 Q の累積分布関数を $F_Q(t) = E_Q[1_{(-\infty,t]}]$ で表わす．すると，任意の $b \in \mathbb{R}$ と $x \in \mathbb{R}$ に対し

$$\lim_{c \to \infty} \varphi\left(x; -c^2, b + \frac{1}{c}\right) = 1_{(-\infty,b]}(x) \tag{172}$$

が成り立ち（図40），また優収束定理により

$$\lim_{c \to \infty} E_Q[\varphi(x; -c^2, b + 1/c)^2] = F_Q(b) \tag{173}$$

である．$b_n \to -\infty$ なる減少数列をひとつ固定する．このとき $F_Q(b_n)$ は0に収束する正数列である．各 b_n に対し十分大きい c_n をとると，式(173)より

$$E_Q[\varphi(x; -c_n^2, b_n + 1/c_n)^2] \geq F_Q(b_n)/4$$

が成り立つようにできる．また，式(172)の事実と $\varphi(x; -c^2, b + 1/c)$ が x の単調減少関数であることから，b_n に対して十分大きい c_n をとると

$$\varphi(x; -c_n^2, b_n + 1/c_n) \leq \frac{1}{n}\sqrt{F_Q(b_n)} \qquad \left(\forall x \geq b_n + \frac{1}{n}\right)$$

が成立する．したがって，上のような c_n に対し，

$$\frac{\varphi(x; -c_n^2, b_n + 1/c_n)}{\sqrt{E_Q[\varphi(x; -c_n^2, b_n + 1/c_n)^2]}} \leq \frac{2}{n} \qquad \left(\forall x \geq b_n + \frac{1}{n}\right)$$

を得る．$n \to \infty$ のとき $b_n + \dfrac{1}{n} \to -\infty$ なので，任意の $x \in \mathbb{R}$ に対し

186 | 5 無限次元の特異モデル

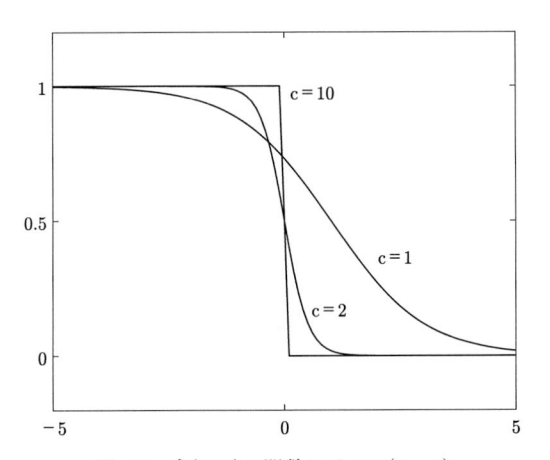

図 **40** 式(172)の関数のグラフ($b=0$)

$$\lim_{n \to \infty} \frac{\varphi(x; -c_n^2, b_n + 1/c_n)}{\sqrt{E_Q[\varphi(x; -c_n^2, b_n + 1/c_n)^2]}} = 0$$

となり，0に概収束する単位接ベクトルの系列が得られた．よって定理 30 により尤度比は発散することがわかる．

この議論を少し拡張することにより，モデルのもつ中間素子数よりも少ない中間素子で真の関数が実現できるとき，ノイズモデル $r(y|u)$ に関する弱い条件のもと，0に概収束する単位接ベクトルの系列が存在し，尤度比が発散することが示される．詳細は Fukumizu(2003)を見ていただきたい．

（**d**）　尤度比のオーダー

ここまで尤度比の発散を説明してきたが，漸近理論としては発散するというだけではまったく不十分であり，適切なオーダーに正規化した後に漸近分布が求まってはじめて理論が完成したといえる．しかしながら，尤度比がサンプル数に対して $O_p(1)$ よりも大きいオーダーをもつ場合には，漸近分布の一般論はおろか，具体的なモデルに限ってみても漸近分布が正確にわかっている例は非常に少ないのが現状である．そこで本項では，尤度比が発散する場合にそのオーダーに関して知られている結果を述べる．なお，本項の結果に対する厳密な証明は多くのページを要するため，直感的

な説明を加えるのみとした.

まず,一般の統計モデルに対して尤度比の「自然な」上界を考えてみよう. 本章では, 特異点の近傍を 1 次元部分モデルの集まりとして議論してきたが, そのような場合の尤度比の漸近論においては, 単位接ベクトル u を添字集合とする経験過程

$$\frac{1}{\sqrt{n}} \sum_{i=1}^{n} u(X_i)$$

のもつ自由度が重要であり, それは接錐内の直交する方向の数により規定された. サンプル数 n に依存した尤度比のオーダーを考えるためには, この経験過程の自由度を n に依存して考える必要がある. このとき, n 個のサンプルから作られる経験過程においては, 独立にふるまう方向は n を超えないと考えるのが自然であろう. すると, 仮にこの経験過程がガウス過程に十分近いとするならば, 尤度比の 2 倍は, 標準正規分布から独立に発生させた n 個のサンプルの最大値 M_n の 2 乗を超えないであろう. 極値理論により $M_n/\sqrt{\log n} = O_p(1)$ なので, 結果として尤度比のオーダーは $\log n$ を超えないと考えるのが自然である.

実際, 上の推論はある意味で正しい. しかしそのためには確率密度関数族の複雑度にある程度の制約が必要である. これを確かめるためにガウスノイズをもつ非線形回帰モデル

$$f(x|\theta) = \frac{1}{\sqrt{2\pi}} \exp\left\{-\frac{1}{2}(y - \psi(x;\theta))^2\right\}$$

を考えてみよう. 真の関数が 0 定数, すなわち真の確率密度関数が $f_0 = \frac{1}{\sqrt{2\pi}} \exp\left\{-\frac{1}{2}y^2\right\}$ であるとき, 尤度比は

$$\sup_{\theta} L_n(\theta) = \frac{1}{2} \sum_{i=1}^{n} Y_i^2 - \min_{\theta} \frac{1}{2} \sum_{i=1}^{n} (Y_i - \psi(X_i;\theta))^2$$

となり, 最尤推定量は最小 2 乗誤差推定量と一致する. もし関数族が十分豊かであり, 任意の $\{(X_i, Y_i)\}_{i=1}^{n}$ に対して経験誤差が 0 になる関数 $\psi(x;\theta)$ が存在すると仮定すると, 尤度比は $\sup_{\theta} L_n(\theta) = \frac{1}{2} \sum_{i=1}^{n} Y_i^2$ というオーダー n の確率変数となる. たとえば, 関数族がすべての連続関数などを含んで

いればこのようなことが生じる.

　現実に用いられるパラメトリックな回帰曲線の多くは，上の例のような大きい複雑度を有していない．たとえば，m 次多項式が通ることができる任意に配置された点は高々 $m+1$ 個である．また，H 個の中間素子をもつ 3 層パーセプトロンが，任意の個数の点を通るようにはできないことも（厳密な証明は面倒だが）直感的に納得がいくと思う．そこで以下では，回帰モデルに考察の対象を絞って，関数族の複雑度をはかる尺度としてよく用いられる，**Vapnik-Červonenkis 次元（VC 次元）** を導入しよう．まず，集合 A の指示関数を $1_A(x)$ と書くとき，集合族の VC 次元は以下のように定義される.

　定義 12　集合 Ω の部分集合からなる族 $\mathcal{A}$ の VC 次元とは，Ω の m 個の点 $x_1,\cdots,x_m$ が存在して，$\{(1_A(x_1),\cdots,1_A(x_m)) \in \{0,1\}^m \mid A \in \mathcal{A}\} = \{0,1\}^m$ となるような最大の自然数 m のことをいう.

　すなわち，m 個の点のうち $A \in \mathcal{A}$ に含まれるもので部分集合をつくるとき，2^m 種類のすべての部分集合が $\mathcal{A}$ で与えられるような m 点集合が存在する最大の m が VC 次元である．たとえば $\mathbb{R}^d$ の部分集合の族として半平面全体 $\{H_{a,b}=\{x \in \mathbb{R}^d \mid a^T x + b \ge 0\} \mid a \in \mathbb{R}^d \setminus \{0\}, b \in \mathbb{R}^d\}$ をとると，その VC 次元は $d+1$ になる．図 41 に 2 次元の場合の例を示した.

　次に，$\mathcal{F}$ を集合 $\mathcal{X}$ 上の実数値関数からなる族とする．$\varphi \in \mathcal{F}$ のサブグラフを $A_\varphi = \{(x,y) \in \mathcal{X} \times \mathbb{R} \mid y \le \varphi(x)\}$ により定義する（図 42）．このとき，$\mathcal{F}$ の VC 次元は，サブグラフからなる $\mathcal{X} \times \mathbb{R}$ の部分集合の族

$$\{A_f \subset \mathcal{X} \times \mathbb{R} \mid f \in \mathcal{F}\}$$

の VC 次元により定義し，$\dim_{VC}\mathcal{F}$ で表わす.

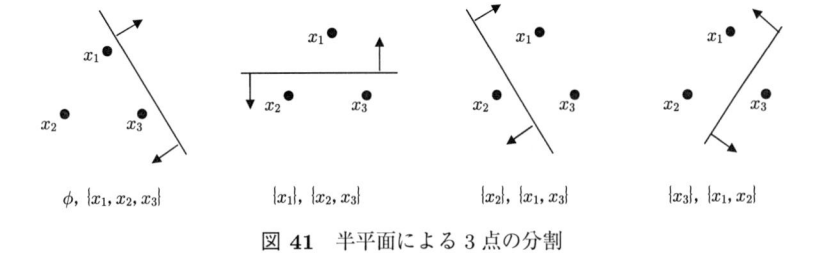

図 **41**　半平面による 3 点の分割

5.3 尤度比の発散とそのオーダー | 189

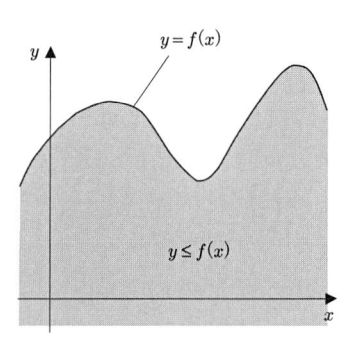

図 **42** サブグラフ

関数族 $\mathcal{F}$ の VC 次元が有限値 d のとき,ある $d+1$ 個の点 $\{(X_i,Y_i)\}_{i=1}^{d+1}$ ($i \neq j$ なら $X_i \neq X_j$)に対し,それを通らない関数が $\mathcal{F}$ に存在することは簡単に確認できる.また,集合族 $\mathcal{A}$ の VC 次元が d のとき,$n > d$ なる自然数 n と任意の n 点集合 X に対し,$\mathcal{A}$ でつくられる部分集合族 $\{X \cap A \mid A \in \mathcal{A}\}$ の要素数は,定義により 2^n より小さいが,さらに n の多項式オーダー $O(n^d)$ であることが知られている(Sauer の定理(Vapnik, 1998)).

さまざまなパラメトリックな関数族の VC 次元が有限次元であることが知られている.たとえば,m 個の関数 $\phi_1(x), \cdots, \phi_m(x)$ の線形結合により作られる関数族 $\mathcal{F} = \left\{ \sum_{i=1}^{m} a_i \phi_i(x) \mid a_i \in \mathbb{R} \right\}$ に対しては,$\dim_{VC} \mathcal{F} \leq m+1$ である.よって $\mathbb{R}$ 上の d 次以下の多項式全体のなす関数族の VC 次元は $d+2$ 以下である.また,式(171)で定義される 3 層パーセプトロンモデルの VC 次元は有限であることが知られている(Koiran and Sontag, 1996).

VC 次元の有限性は Donsker クラスと密接な関係がある.$(\mathfrak{X}, \mathfrak{B}, P)$ を確率空間,$\mathcal{F}$ を $\mathbb{R}$ 上の可測関数の族とするとき,任意の $x \in \mathbb{R}$ に対し

$$\sup_{f \in \mathcal{F}} |f(x)| \leq F(x)$$

を満たす可測関数 F を $\mathcal{F}$ の包絡関数(envelope)とよぶ.このとき,$\mathcal{F}$ が Donsker クラスであるための十分条件が以下のように与えられる.

定理 32 関数族 $\mathcal{F}$ の VC 次元が有限で,かつ包絡関数 F が $E_P|F|^2 \leq \infty$ を満たすとする.このとき,$\mathcal{F}$ は P に関して Donsker クラスである. ∎

この証明も van der Vaart(1998)に譲る.この定理により多くの関数族が

190 │ 5 無限次元の特異モデル

Donsker クラスであることを示すことができる.

尤度比の上界に話を戻そう. 関数族の VC 次元が有限のとき, 次のように, 回帰問題の尤度比に関して一般的な $O_p(\log n)$ の上界が得られる.

定理33 可測空間 $(\mathfrak{X}, \mathfrak{B})$ 上の実数値可測関数の族 $\mathcal{F}$ の VC 次元が有限とする. 確率モデル $r(y|u)$ が指数型分布族 $r(y|u) = \exp\{a(y)u + b(y) - \psi(u)\}$ であるとし, これがロジスティックモデル $r(y|u) = \exp\{y \log u - \log(1 + e^u)\}$ であるか, あるいは, 連続関数 $F(u)$ と $\beta > 1$ に対し

$$\psi(u_2) - \psi(u_1) \leq \psi'(u_1)(u_2 - u_1) + F(u_1)|u_2 - u_1|^\beta$$

を満足すると仮定する. ここで $\psi'(u)$ は ψ の微分を表わす. $\varphi_0 \in \mathcal{F}$ とし, 与えられた $\boldsymbol{X}_n = \{X_i\}_{i=1}^n$ に対し $\{Y_i\}$ を $r(y|\varphi_0(X_i))$ で決まる分布から発生した独立なサンプルとする. このとき, $\mathcal{F}$ と $r(y|u)$ により定義される回帰モデル

$$f(y|x; \varphi) = r(y|\varphi(x)) \qquad (\varphi \in \mathcal{F})$$

に対し, φ に対する対数尤度比を

$$L_n(\varphi) = \sum_{i=1}^n \log \frac{f(Y_i|X_i; \varphi)}{f(Y_i|X_i; \varphi_0)}$$

により定義すると, ある定数 $T, a > 0$ があって, 十分大きい n に対し

$$\Pr\left(\sup_{\varphi \in \mathcal{F}} L_n(\varphi) \geq T \log n \,\Big|\, \boldsymbol{X}_n\right) \leq n^{-a}$$

が成り立つ. ▌

証明は Fukumizu と Hagiwara(2003)を見てほしい. 定理の確率モデル $r(y|u)$ に関する条件は, x に対して $y = 1$ なる確率が $0 < p(y = 1|x) < 1$ を満たすようなすべての二値回帰(y のとり得る値が $\{0, 1\}$ である回帰)を含んでいる. また, $\psi(u) = u^2$, $\beta = 2$ とおけばわかるようにガウスノイズモデルも含まれる. このように広いクラスの回帰問題に対して $O_p(\log n)$ オーダーが一般的な上界であることをこの定理は主張している.

では, $\log n$ オーダーを実際に達成する回帰モデルのケースはあるのであろうか. 実は以下で示すように多層パーセプトロンがその例となっている. VC 次元の有限性から, 定理33 の確率モデルの仮定のもと, 3 層パーセプトロンの尤度比は $O_p(\log n)$ である. 実際に $\log n$ オーダーになることを示

すためには尤度比の下界を知る必要があるが，これに関して次の定理が知られている．

定理 34 $q(x)$ を $\mathbb{R}$ 上の確率密度関数とする．式(171)で定まる K 個の中間素子をもつ 3 層パーセプトロンモデルと，適当な正則条件を満たす確率モデル $r(y|u)$ とにより定義される回帰モデル

$$f(x, y|\theta) = r(y|\psi(x;\theta))q(x)$$

を考える．真の確率密度関数 $f_0(x, y)$ が H 個の中間素子をもつ 3 層パーセプトロンで実現可能な関数 $\psi_0(x)$ により $f_0(x, y) = r(y|\psi_0(x))q(x)$ と与えられているとする．$K \geq H - 2$ であるとき，ある定数 $M > 0$ があって

$$\liminf_{n \to \infty} \Pr\left(\sup_{\theta} L_n(\theta) \geq M \log n\right) > 0$$

が成り立つ． ∎

上の定理は尤度比が $\log n$ より小さいオーダーをもち得ないことを意味しているので，定理 33 とあわせて，中間素子が 2 個以上余った 3 層パーセプトロンモデルを用いた時の尤度比はちょうど $\log n$ のオーダーをもつことがわかる．この定理の厳密な証明や，確率モデルに関する正確な仮定は煩雑であるのでここでは省略する．詳しくは Fukumizu(2003) を見ていただきたい．本項の冒頭で述べたことから，$\log n$ のオーダーを得るためには n^γ $(0 < \gamma < 1)$ 個ぐらいのほとんど直交する単位接ベクトルを見つければよいと考えられるが，定理の証明では，中間素子が 2 個以上冗長であることを用いて，このような単位接ベクトルを実際に構成している．

ところで，尤度比が発散する際のオーダーはモデルによってさまざまである．たとえば，本書で何度もとりあげた，一方を標準正規分布に固定した 2 個のコンポーネントからなる正規混合モデルの尤度比は，$\log \log n$ のオーダーをもつ確率変数だと予想されている．また，閾値関数

$$H(x) = \begin{cases} 1 & (x > 0) \\ 0 & (x \leq 0) \end{cases}$$

を用いて

$$f(y|x;a,b) = \frac{1}{\sqrt{2\pi}} \exp\left\{-\frac{1}{2}(y - bH(x - a))^2\right\}$$

により定義される非線形回帰モデルにおいて，定数 0 を真の関数とするとき，その尤度比の漸近分布は知られており，これも $\log\log n$ のオーダーをもつ（Hayasaka *et al.*, 1996）．これは変化点問題と考えてもよい．

$\log n$ のオーダーをもつ場合と $\log\log n$ のオーダーをもつ場合とでは，真のパラメータの近傍の自由度に関して本質的な違いがあるといえるであろう．しかしながら，特異点を真のパラメータとするときの尤度比のオーダーを一般的に与える方法は今のところ知られておらず，接錐のどのような関数論的性質がそのオーダーを特徴づけるのかは未解決である．このような問題に関しては今後の研究が待たれるところであり，それが特異モデルの局所理論をより豊かなものにしていくであろう．

6 その他の話題

本章では，特異モデルを考える上で重要であるが，今までとりあげなかった話題について簡単に触れる．第1は尤度関数の大域的性質に関する話題である．ここまで述べてきた漸近理論はいわば尤度関数の局所的性質であったが，特異点をもつようなモデルの中には，その特異点を生むモデルの性質によって興味深い大域的構造を有するものがある．第2は，最尤推定以外の目的関数を最大化する推定法，とくに特異モデルにおける罰則付き最尤推定に関する話題である．最後に，特異モデルの Bayes 推定についてとりあげる．Bayes 推定は最尤法ととも統計的推測の2つの大きな方法論をなしており，特異モデルにおいても重要な話題である．

6.1 対数尤度関数の大域的性質

モデルに存在する特異点は対数尤度関数の大域的性質，そしてパラメータ最適化の過程に大きな影響をもつ．その一般的な性質は必ずしも明らかでないが，有限混合モデルや多層パーセプトロンの対数尤度関数は，共通の興味深い大域的性質を有している．この性質は，一般の特異性よりも特殊な構造に依存しているが，その構造は統計モデルの特異性の原因でもある．以下では，有限混合モデルの対数尤度関数に関する一般的な結果を述べる．この結果は少し修正すれば3層パーセプトロンの場合にも適用できるが（Fukumizu and Amari, 2000），簡単のため混合分布に話題を絞った．

コンポーネント数 K の有限混合モデル

$$f_K\big(x|\theta^{(K)}\big) = \sum_{j=1}^{K} c_j g(x\,|\,b_j)$$

を考え，これを $\mathcal{M}_K$ で表わす．各コンポーネントの確率密度関数 $g(x|b)$ は b に関して C^1 級であれば何でもよい．b は $\mathbb{R}^d$ の開集合 W を動くと

し，$\Theta_K = (0,1)^K \times W^K$，$\theta^{(K)} = (c_1, \cdots, c_K, b_1, \cdots, b_K) \in \Theta_K$ であるが，$\sum_{j=1}^{K} c_j = 1$ という制約をもつ．以下ではサンプル $X_1, \cdots, X_n$ を固定し，コンポーネント数を明記するため対数尤度関数を

$$\mathcal{L}_K\big(\theta^{(K)}\big) = \sum_{\nu=1}^{n} \ell\bigg(\sum_{j=1}^{K} c_j\, g(X_\nu|b_j)\bigg)$$

で表わす．ここで $\ell(z)$ は対数関数 $\log z$ である．

対数尤度関数 $\mathcal{L}_K(\theta^{(K)})$ の最大値を考える際，$\sum_{j=1}^{K} c_j = 1$ の制約を考慮するため，Lagrange 乗数法(たとえば福島(2001) 3 章や Bertzekas(1999) 3 章)を用いる．Lagrange 乗数法に関しては，一般に以下の事実が知られている．$\mathbb{R}^m$ の開集合 Θ 上定義された C^1 級関数 h と F があるとする．任意の $\theta \in \Theta$ に対し $\dfrac{\partial h}{\partial \theta}(\theta) \neq 0$ を仮定すると，陰関数定理により，h の零点集合 $M = \{\theta \in \Theta \mid h(\theta) = 0\}$ は Θ の部分多様体となる．$F(\theta)$ を多様体 M 上に制約した関数 $F|_M$ が $\theta_* \in M$ で臨界点をとることと，

$$F^{(\lambda)}(\theta) = F(\theta) + \lambda h(\theta) \tag{174}$$

とおくとき，ある $\lambda_* \in \mathbb{R}$ が存在して

$$\frac{\partial}{\partial \theta} F^{(\lambda)}(\theta)\big|_{\theta=\theta_*, \lambda=\lambda_*} = 0, \quad \frac{\partial}{\partial \lambda} F^{(\lambda)}(\theta)\big|_{\theta=\theta_*, \lambda=\lambda_*} = 0$$

が成立することは同値である．

上の事実を有限混合モデルに用いる場合には，M は $\sum_{j=1}^{K} c_j - 1 = 0$ により定まる，超平面の開部分集合である．

以下の議論では，$\mathcal{L}_K(\theta^{(K)})$ の性質を調べるために，ひとつコンポーネントの少ない $\mathcal{M}_{K-1}$ の対数尤度関数 $\mathcal{L}_{K-1}(\theta^{(K-1)})$ を利用する．記号がまぎらわしくないように，$\mathcal{M}_{K-1}$ の密度関数を

$$f_{K-1}(x|\omega) = \sum_{j=1}^{K-1} \gamma_j\, g(x\,|\,\beta_j)$$

で表わす．$\omega = (\gamma_1, \cdots, \gamma_{K-1}, \beta_1, \cdots, \beta_{K-1}) \in \Theta_{K-1}$ と $0 < \tau < 1$ に対して，Θ_K の点 $\theta^\tau(\omega)$ を

$$\theta^\tau(\omega) = (\gamma_1, \cdots, \gamma_{K-2}, \tau\gamma_{K-1}, (1-\tau)\gamma_{K-1}, \beta_1, \cdots, \beta_{K-2}, \beta_{K-1}, \beta_{K-1})$$

により定義する．これは $f_{K-1}(x|\omega)$ の第 $(K-1)$ コンポーネントを $\tau : 1-\tau$ の割合で 2 つに分割したことに対応し，任意の $0 < \tau < 1$ と x に対して

$f_K(x|\theta^\tau(\omega)) = f_{K-1}(x|\omega)$ が成り立つ. いいかえると, Θ_K 内の線分
$$A_K(\omega) = \{\theta^\tau(\omega) \in \Theta_K \mid 0 < \tau < 1\}$$
上の任意のパラメータが $f_{K-1}(x|\omega)$ と同一の関数を実現している. これは今
まで何度も見てきた識別不能性である. また, $c_K = 0$ によっても $f_{K-1}(x|\omega)$
と同じ関数を実現できるが, 以下では簡単のため先の場合だけを考察する.

興味深いことに, $\mathcal{L}_{K-1}(\theta_{K-1})$ の臨界点を先の方法で埋め込むと, $\mathcal{M}_K$
においても臨界点となっている.

定理 35 $\omega_0 = (\gamma_1^0, \cdots, \gamma_{K-1}^0, \beta_1^0, \cdots, \beta_{K-1}^0) \in \Theta_{K-1}$ が $\sum_{j=1}^{K-1} \gamma_j = 1$ の制約
下で $\mathcal{L}_{K-1}(\omega)$ の臨界点であり, $\gamma_{K-1}^0 \neq 0$ とする. このとき, 任意の $0 < \tau < 1$ に対して $\theta^\tau(\omega_0)$ は $\sum_{j=1}^{K} c_j = 1$ の制約下で $\mathcal{L}_K(\theta)$ の臨界点である. ∎

この定理は, 式 (174) にならって $\mathcal{L}_K^{(\lambda)}(\theta) = \mathcal{L}_K(\theta) + \lambda\left(\sum_{j=1}^{K} c_j - 1\right)$ とお

くとき, $\dfrac{\partial \mathcal{L}_{K-1}^{(\nu)}}{\partial \theta_{K-1}}(\omega_0)$ と $\dfrac{\partial \mathcal{L}_K^{(\lambda)}}{\partial \theta_K}(\theta^\tau(\omega))$ を具体的に書き下せば簡単に示せ
るが, 以下では幾何学的構造が明確となる説明をしてみよう.

まず, 一般に部分モデルにおける臨界点は, それを含む大きいモデルで
の臨界点になるとは限らないことに注意しておく. 部分モデルの臨界点で
は, 部分モデルに沿った方向微分は大きいモデルでも 0 だが, それと異な
る方向の方向微分が消える保証はないからである (図 43).

有限混合モデルの場合は, $\mathcal{M}_{K-1}$ の 1 点が $\mathcal{M}_K$ の線分として埋め込ま

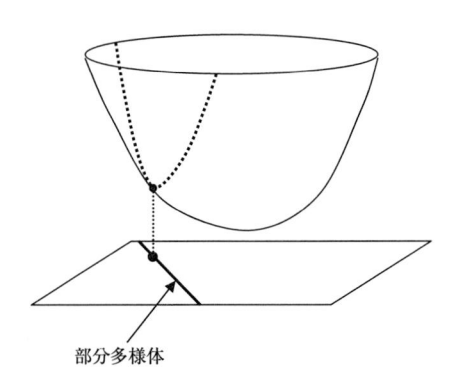

部分多様体

図 **43** 部分多様体上の臨界点

196 | 6 その他の話題

れているのでもう少し事情が複雑である。これを詳しくみるために，$0 <$ $\tau < 1$ を固定して，Θ_K の $\theta^\tau(\omega_0)$ の近傍に，次式で決まる新しいパラメータ $\mu = (c_1, \cdots, c_{K-2}, s, b_1, \cdots, b_{K-2}, \xi, t, \zeta)$ を導入しよう。$1 \leq j \leq K-2$ に対する c_j, b_j は $\theta^{(K)}$ の要素をそのまま用い，他の要素は次式で定める。

$$c_{K-1} = \frac{s+t}{2}, \quad c_K = \frac{s-t}{2}, \quad b_{K-1} = \xi + \frac{s-t}{2}\zeta, \quad b_K = \xi - \frac{s+t}{2}\zeta. \tag{175}$$

$\gamma_{H-1}^0 \neq 0$ の仮定より，$\theta^\tau(\omega_0)$ の近傍では $c_{K-1} + c_K \neq 0$ であることに注意すると，式(175)の変換を逆に解くことは容易であり，μ は局所的なパラメータ（座標系）を定義している。

ここで，$\zeta = 0$ なるパラメータ点を考える。これは $b_{K-1} = b_K = \xi$ に対応しており，$\theta^\tau(\omega_0)$ はこの条件を満たしている。このとき，得られる確率密度関数は，t に依らずに

$$f(x|\mu) = \sum_{j=1}^{K-2} c_j g(x|b_j) + s g(x|\xi) \tag{176}$$

となり，$\omega = (c_1, \cdots, c_{K-2}, s, b_1, \cdots, b_{K-2}, \xi)$ で定まる $\mathcal{M}_{K-1}$ の密度関数 $f_{K-1}(x|\omega)$ に一致する。さらに，$\zeta = 0$ なるとき，μ で表わした制約条件は

$$c_1 + \cdots + c_{K-2} + s - 1 = 0$$

となるので，新しいパラメータ μ を使って表わした対数尤度関数を $\tilde{\mathcal{L}}_K(\mu)$ とおくとき，制約条件も込めて，

$$\tilde{\mathcal{L}}_K^{(\lambda)}(c_1, \cdots, c_{K-2}, s, b_1, \cdots, b_{K-2}, \xi, t, 0)$$
$$= \mathcal{L}_{K-1}^{(\lambda)}(c_1, \cdots, c_{K-2}, s, b_1, \cdots, b_{K-2}, \xi)$$

が成立する。ここで $\tilde{\mathcal{L}}_K^{(\lambda)}$ と $\mathcal{L}_{K-1}^{(\lambda)}$ は式(174)の記法にならっている。$\theta^\tau(\omega_0)$ に対応する μ 座標を μ_τ と書くと，これから直ちに

$$\frac{\partial \tilde{\mathcal{L}}_K^{(\lambda)}}{\partial \eta}(\mu_\tau) = 0, \quad \eta \in \{c_1, \cdots, c_{K-2}, s, b_1, \cdots, b_{K-2}, \xi, \lambda\}$$

を得る。これは，臨界点を埋め込んだ点において小さいモデルに沿った方向微分が 0 になるという，当然の結果を述べたに過ぎない。

パラメータ μ のうち，$(c_1, \cdots, c_{K-2}, s, b_1, \cdots, b_{K-2}, \xi)$ 以外の方向の微分

はどのようになるのであろうか. これに関して次の事実が成り立つ.

補題 17 式(175)で定まるパラメータ μ に対して, $\mu_0 \in \{\mu | \zeta = 0\}$ であるとき, 以下の事実が成り立つ.

$$\frac{\partial f(x|\mu_0)}{\partial t} = 0, \quad \frac{\partial f(x|\mu_0)}{\partial \zeta} = 0. \qquad ▮$$

この補題からただちに定理 35 が証明される. 補題 17 を証明しておこう. まず, 式(176)からわかるように, $\zeta = 0$ なる点の上では t を動かしても確率密度関数は変化しないので, 当然前者の方向微分は 0 である. ζ に関する方向微分が消えるのは, $\zeta = 0$ においてモデルが有しているある種の対称性に起因している. 実際, $g'(x|b)$ を $g(x|b)$ の b に関する微分とするとき,

$$\begin{aligned}
\left.\frac{\partial f(x|\mu)}{\partial \zeta}\right|_{\zeta=0} &= \frac{\partial}{\partial \zeta}\{c_{K-1}g(x|\xi + c_K\zeta) + c_K g(x|\xi - c_{K-1}\zeta)\}|_{\zeta=0} \\
&= c_{K-1}c_K g'(x|\xi) - c_{K-1}c_K g'(x|\xi) = 0
\end{aligned}$$

が成り立っている(補題の証明終).

t および ζ に関する方向微分が消えるのは, 考えている点が小さいモデルの臨界点から来たかどうかには無関係の, モデルがもともと有する性質による. 実際, 補題 17 は, $\mathcal{L}_K$ ではなく f の微分が 0 になることを主張している.

ここまでの議論では記法を簡単にするために, $\mathcal{M}_{K-1}$ の $K-1$ 番目のコンポーネントを, $\mathcal{M}_K$ の $K-1$ 番目と K 番目のコンポーネントに分割する話をしたが, $\mathcal{M}_{K-1}$ のどのコンポーネントを選ぶか, $\mathcal{M}_K$ のどの 2 箇所に分割するかは任意である. したがって, $\mathcal{L}_{K-1}$ の 1 個の臨界点に対して, $(K-1) \times K(K-1)/2$ 個の臨界線分が得られる. ただし $K(K-1)/2$ の部分はパラメータ空間の対称性にのみ由来し, 本質的には同一である.

さらに注目すべきことに, $\mathcal{M}_K$ で得られた臨界線分の各点をさらに $\mathcal{M}_{K+1}$ に埋め込むと, 2 次元の臨界集合ができる. これを繰り返していくと, 有限混合モデルには, さまざまな次元の臨界多面体集合がつねに数多く存在していることがわかる. また, ここまで述べた事実は, $\ell(z)$ が対数関数でなくとも成り立つ一般的な性質である.

さらに, ここで用いたパラメトリゼーションを用いて目的関数の 2 階微

分を計算することにより，$\mathcal{L}_{K-1}$ の孤立極大点を埋め込んだ $\mathcal{L}_K$ の臨界線分上の各点が，極大点や鞍点であるための十分条件を与えることも可能である．たとえば，平均と分散共分散行列をパラメータにもつ正規混合モデルの場合，$\mathcal{M}_{K-1}$ の対数尤度の孤立極大点から得られる $\mathcal{M}_K$ の線分上の点は，すべて鞍点であることが知られている（Fukumizu, Akaho and Amari, 2003）．いいかえると，孤立極大点からパラメータを微小に動かしてコンポーネントを適切な方法で分割すると，必ず尤度が上昇する．

6.2 罰則付き最尤法

本節では特異モデルにおける最尤推定以外の推定量の挙動，とくに罰則項（正則化項）付きの対数尤度を最大にする推定量について簡単に述べる．以下で見るように，無限次元の特異モデルに罰則付き最尤法を用いると，推定量の漸近挙動は通常の最尤推定と大きく異なり，極限分布が非常に簡単になることがある．ここでは局所錐型パラメトリゼーションを用いて，一般の特異モデルに対し，適当な罰則付き最尤推定量の尤度比が簡単な漸近分布をもつことを示そう．

$\Theta \subset \mathbb{R}^m$ をパラメータ空間，$\mathcal{S} = \{f(x|\theta) \mid \theta \in \Theta\}$ を統計モデルとし，$X_1, \cdots, X_n$ を $f_0 = f_{\theta_0}$ で定まる真の確率分布に従う独立同分布サンプルとする．任意の自然数 n に対して，パラメータ $\theta \in \Theta$ をもつ可測関数 $m_n(x|\theta)$ が与えられているとき，目的関数

$$M_n(\theta) = \sum_{i=1}^{n} m_n(X_i|\theta)$$

を最大にする $\widehat{\theta}_n \in \Theta$ が存在する場合に，これを θ_0 を推定するための推定量として用いることにする．すぐにわかるように，$m_n(x|\theta) = \log f(x|\theta)$ のとき，これは最尤推定に一致する．

このように，ある目的関数の最大化により与えられる推定量を **M 推定量**とよぶことがある．適当な条件が成り立つと，正則モデルにおける最尤推定量の漸近正規性の証明と同様にして，M 推定量の漸近正規性を示すことが可能である（van der Vaart, 1998，5 章）．

以下では，M 推定量として罰則付き最尤推定を考え，特異モデルにおける推定量の漸近挙動を調べよう．ここではとくに，$\Theta_0 \subset \mathbb{R}^{m-1}$ があって，Θ が $\Theta_0 \times \mathbb{R}_+$ の部分集合であり，$\Theta_0 \times \{0\} \subset \Theta$ かつ

$$f_\theta = f_0 \Longleftrightarrow \theta \in \Theta_0 \times \{0\}$$

を満たす，すなわち $\Theta_0 \times \{0\}$ が真のパラメータ集合である場合を考える．さらに，$K \subset \Theta_0$ かつ $\mathrm{int} K \neq \emptyset$ なる $\mathbb{R}^{m-1}$ のコンパクト集合 K があって，$\Theta_K = \Theta \cap (K \times \mathbb{R}_+)$ が部分モデル $\{f_\theta \in \mathcal{S} \mid \theta \in \Theta_K\}$ の局所錐型パラメトリゼーションを与えていると仮定する．K の内点 α_* をひとつ固定し，次のような罰則付き最尤法を考えよう．

$$M_n(\theta) = \sum_{i=1}^{n} \log \frac{f(X_i|\alpha,\beta)}{f_0(X_i)} - \frac{\lambda_n}{2}\|\alpha - \alpha_*\|^2.$$

ここで $\theta = (\alpha, \beta) \in \Theta \subset \Theta_0 \times \mathbb{R}_+$，また λ_n はサンプル数 n に依存する正則化係数である．以下に示すように，λ_n を適切なオーダーに定めると，$\sup_{\theta \in \Theta} M_n(\theta)$ の漸近分布が本質的にカイ 2 乗分布で与えられることがわかる．以下では $a_n/b_n = o_p(1)$ のとき，$a_n \ll b_n$ という記法を用いる．

定理 36 上の仮定のもと，正定数列 λ_n と尤度比が

$$\sup_{\theta \in \Theta} L_n(\theta) \ll \lambda_n, \quad \lambda_n \to \infty \qquad (n \to \infty)$$

を満たすとする．さらに Θ_K で定まる部分モデルの局所錐型パラメトリゼーションに対して 5.2 節 (a) 項の仮定 4 が成り立ち，また，f_0 における接ベクトル $u(x;\alpha) = \dfrac{\partial \log f(x|\alpha,0)}{\partial \beta}$ に関して，$I(\alpha) = E_{f_0}[u(x;\alpha)^2]$ は α について C^1 級，$\{u(x;\alpha) \mid \alpha \in K\}$ と $\left\{ \left.\dfrac{\partial u(x;\alpha)}{\partial \alpha} \right| \alpha \in K \right\}$ が Donsker クラス，$\left\{ \left.\dfrac{\partial^2 \log f(x|\alpha,0)}{\partial \beta^2} \right| \alpha \in K \right\}$ は Glivenko-Cantelli クラスであると仮定する．このとき，

$$2\sup_{\theta \in \Theta} M_n(\theta) \Longrightarrow \frac{1}{2}\chi_1^2 + \frac{1}{2}\chi_0^2 \qquad (n \to \infty)$$

という法則収束が成り立つ．ここで χ_0^2 は 0 のみに値をとる退化した確率分布を表わし，$\dfrac{1}{2}\chi_1^2 + \dfrac{1}{2}\chi_0^2$ は自由度 1 のカイ 2 乗分布との混合分布を表わす．∎

200 | 6 その他の話題

証明 任意の $\delta > 0$ に対し，$\Theta_\delta = \{(\alpha, \beta) \in \Theta \mid \|\alpha - \alpha_*\| \leq \delta\}$ とおくと，

$$\sup_{(\alpha,\beta)\in\Theta\setminus\Theta_\delta} M_n(\alpha,\beta) \leq \sup_{(\alpha,\beta)\in\Theta} L_n(\alpha,\beta) - \frac{\delta\lambda_n}{2}$$

であるが，λ_n に関する仮定より，右辺が $M_n(\alpha_*, 0)$ の値である 0 以上である確率は 0 に収束，すなわち $\sup_{\theta\in\Theta_\delta} M_n(\theta) > \sup_{\theta\in\Theta\setminus\Theta_\delta} M_n(\theta)$ である確率は 1 に収束する．十分小さい $\delta > 0$ に対して $\Theta_\delta \subset \Theta_K$ であるので，$\sup_{\theta\in\Theta_K} M_n(\theta)$ が定理の極限分布に法則収束することを示せばよい．

5.2 節(a)項とまったく同様の議論により

$$\sup_{(\alpha,\beta)\in\Theta_K} M_n(\alpha,\beta) = \sup_{\alpha\in K}\Big\{ \frac{1}{2I(\alpha)}\Big(\frac{1}{\sqrt{n}}\sum_{i=1}^n u(X_i;\alpha)\Big)_+^2 - \frac{\lambda_n}{2}\|\alpha - \alpha_*\|^2 \Big\}$$
$$+ o_p(1)$$

が成り立つので，左辺の極限分布は，右辺の $\sup_{\alpha\in K}\{\cdot\}$ の項の極限分布に一致する．仮定により $\sup_{\alpha\in K}\Big|\frac{1}{\sqrt{n}}\sum_{i=1}^n u(X_i;\alpha)\Big| = O_p(1)$ かつ $\lambda_n \to \infty$ であることに注意すると，この項は 1 に収束する確率で $\tilde{\alpha}_n \in \mathrm{int}K$ において最大値をとるので，そのような場合だけ考えればよい．$W_n(\alpha)$ を

$$W_n(\alpha) = \frac{\partial}{\partial\alpha}\Big\{ \frac{1}{\sqrt{I(\alpha)n}}\sum_{i=1}^n u(X_i;\alpha) \Big\}$$

により定義すると，最大値の必要条件により

$$\Big(\frac{1}{\sqrt{I(\tilde{\alpha}_n)n}}\sum_{i=1}^n u(X_i;\tilde{\alpha}_n)\Big)_+ W_n(\tilde{\alpha}_n) - \lambda_n(\tilde{\alpha}_n - \alpha_*) = 0$$

を得る．微分の具体的な形を考えると，定理の仮定から

$$\sup_{\alpha\in K}\Big\|\Big(\frac{1}{\sqrt{I(\alpha)n}}\sum_{i=1}^n u(X_i;\alpha)\Big)_+ W_n(\alpha)\Big\| = O_p(1)$$

がわかるので，$\tilde{\alpha}_n - \alpha_* = O_p(1/\lambda_n)$ を得る．よって

$$\lambda_n\|\tilde{\alpha}_n - \alpha_*\|^2 = O_p(1/\lambda_n) = o_p(1)$$

である．すると，Taylor 展開

$$\frac{1}{\sqrt{I(\tilde{\alpha}_n)n}}\sum_{i=1}^n u(X_i;\tilde{\alpha}_n) = \frac{1}{\sqrt{I(\alpha_*)n}}\sum_{i=1}^n u(X_i;\alpha_*) + W_n(\breve{\alpha}_n)^T(\tilde{\alpha}_n - \alpha_*)$$

（$\breve{\alpha}_n$ は $\tilde{\alpha}_n$ と α_* を結ぶ線分上の点）

において，$\displaystyle\sup_{\alpha\in K}\|W_n(\alpha)\| = O_p(1)$ および $\tilde{\alpha}_n - \alpha_* = o_p(1)$ により，右辺第 2 項は $o_p(1)$ である．結局

$$2\sup_{\theta\in\Theta} M_n(\theta) = \frac{1}{I(\alpha_*)}\Big(\frac{1}{\sqrt{n}}\sum_{i=1}^n u(X_i;\alpha_*)\Big)_+^2 + o_p(1) \Longrightarrow \big(N(0,1)\big)_+^2$$

が得られ，定理が証明された． ∎

証明中に示したように $\lambda_n\|\widehat{\alpha}_n - \alpha_*\|^2 = o_p(1)$ なので，定理 36 から

$$2L_n(\widehat{\theta}_n) \Longrightarrow \frac{1}{2}\chi_0^2 + \frac{1}{2}\chi_1^2 \qquad (n\to\infty)$$

であることも得られる．ここで $\widehat{\theta}_n$ は最尤推定量ではなく $M_n(\theta)$ を最大にする M 推定量である．Chen, Chen and Kalbfleisch(2001)は，2 つのコンポーネントをもつ有限混合モデルの場合に，コンポーネント数 1 個の帰無仮説のもとでの罰則付き最尤法に対し，定理 36 と同じ極限分布を示している．定理 36 はこれを一般化したものになっている．

先の定理では局所錐型パラメトリゼーションの一般的な形に従ったため，χ_0^2 という退化した分布が含まれたが，多層パーセプトロンの場合のように，β を負の方向にも滑らかにつなげる場合，極限分布は χ_1^2 となる．その場合は，証明中の $(\cdot)_+$ の操作が不要となる．

例として，5.1 節(c)項で見た非線形回帰モデル

$$f(y|x;\theta) = \frac{1}{\sqrt{2\pi}}\exp\Big\{-\frac{1}{2}(y - c\tanh(a(x-b))^2\Big\}$$

の罰則付き最尤推定を考えよう．そこで定義した $\psi_+(x;a,b)$ を用いて

$$f(y|x;\alpha,\beta) = \frac{1}{\sqrt{2\pi}}\exp\Big\{-\frac{1}{2}(y - \beta\psi_+(x;a,b))^2\Big\} \qquad ((a,b,\beta)\in\mathbb{R}^3)$$

という負の β も許したパラメトリゼーションを導入すると，5.1 節(c)項で見たように定理 36 の仮定が満たされる．一方，5.3 節(d)項で述べたように，3 層パーセプトロンの VC 次元は有限なので，定理 33 により $\displaystyle\sup_{\theta} L_n(\theta) = O_p(\log n)$ という上界が存在する．そこで，$\log n \ll \lambda_n$ を満たす正則化係数によって，罰則付き対数尤度関数

$$M_n(\theta) = L_n(\theta) - \frac{\lambda_n}{2}(a^2 + b^2)$$

202 | 6 その他の話題

を用いると，真の回帰曲線が定数 0 であるという仮定のもと，

$$2 \sup_{\theta \in \Theta} M_n(\theta) \Longrightarrow \chi_1^2 \qquad (n \to \infty)$$

が得られる．

次に定理 36 の罰則付き最尤推定において，真のパラメータ θ_0 が特異点でない場合の尤度比の漸近分布を見ておこう．以下の議論は本質的に正則モデルの漸近理論と同じなので，厳密さは追求せずに説明する．記号を簡単にするため，$m \times m$ 行列 D を $D_{ii} = 1 \, (1 \le i \le m-1)$，それ以外の成分は 0 により定義し，$\alpha = D\theta$ で表わす．また $\theta_* = (\alpha_*, 0)$ とする．

$M_n(\theta)$ を最大にする $\widehat{\theta}_n$ が Θ の内点にあるとして，その最大値条件から

$$\sum_{i=1}^n \frac{\partial \log f(X_i|\widehat{\theta}_n)}{\partial \theta} - \lambda_n D(\widehat{\theta}_n - \theta_*) = 0$$

を得る．左辺を θ_0 のまわりで Taylor 展開し，高次項が微小だとすると

$$\sqrt{n}\,(\widehat{\theta}_n - \theta_0)$$
$$= \left(I(\theta_0) + \frac{\lambda_n}{n} D \right)^{-1} \left(\frac{1}{\sqrt{n}} \sum_{i=1}^n \frac{\partial \log f(X_i|\theta_0)}{\partial \theta} + \frac{\lambda_n}{\sqrt{n}} D(\theta_* - \theta_0) \right)$$
$$\quad + o_p(1)$$

を得る．ここで $I(\theta_0)$ は θ_0 における Fisher 情報行列である．そこで，

$$\lambda_n \ll \sqrt{n}$$

を満たすように正則化係数 λ_n を定めると，

$$\sqrt{n}\,(\widehat{\theta}_n - \theta_0) \Longrightarrow N_m(0, I(\theta_0)^{-1}) \qquad (n \to \infty)$$

という漸近有効性が得られる．これにより，適当な正則条件のもと，正則モデルの最尤推定量の尤度比とまったく同様に

$$2L_n(\widehat{\theta}_n) \Longrightarrow \chi_m^2 \qquad (n \to \infty)$$

という法則収束が成立することがわかる．

以上の事実を定理 36 の後に述べた注意とあわせると，

$$\sup_{\theta} L_n(\theta) \ll \lambda_n \ll \sqrt{n}$$

を満たすように発散正数列 λ_n をとれば，$2L_n(\widehat{\theta}_n)$ の漸近分布は，真のパラメータが特異点の場合には $\frac{1}{2}\chi_0^2 + \frac{1}{2}\chi_1^2$ に，そうでない場合には χ_m^2 とな

り，これを検定統計量として用いることが可能である．

6.3 特異モデルにおける Bayes 推定

本節では特異モデルによる Bayes 推定について述べる．Bayes 推定は最尤推定と並んだ大きな研究分野であるが，本稿は最尤推定を中心に述べたため，Bayes 推定に関しては簡単な紹介となった．

（a）Bayes 推定

Bayes 統計の立場では扱うすべての量を確率変数とみなすので，パラメータもある確率分布に従うと考える．$\mathbb{R}^m$ のルベーグ可測集合 Θ をパラメータ空間にもつ統計モデル $\mathcal{S} = \{f(x|\theta)\}$ があるとき，パラメータ空間 Θ 上の確率密度関数 $q(\theta)$ を導入し，これを**事前確率**（prior probability）とよぶ．真の確率密度関数を f_{θ_0}（$\theta_0 \in \Theta$）とし，真の確率分布からの独立同分布サンプル $\boldsymbol{X}_n = (X_1, \cdots, X_n)$ が与えられたとき[*29]，Bayes 推定では，$\boldsymbol{X}_n$ が与えられたときの θ の条件付確率を求め，これを**事後確率**（posterior probability）とよぶ．その確率密度関数は，Bayes の定理により

$$p(\theta|\boldsymbol{X}_n) = \frac{\prod_{i=1}^{n} f(X_i|\theta)q(\theta)}{\int_{\Theta} \prod_{i=1}^{n} f(X_i|\theta)q(\theta)d\theta}$$

で与えられる．事後確率を用いると，θ_0 に関するさまざまな量が推定できる．たとえば，θ_0 の点推定を行う場合には，

$$\widehat{\theta}_{\text{Bayes}} = \int_{\Theta} \theta p(\theta|\boldsymbol{X}_n)d\theta \qquad (177)$$

を用いることができる．これは

[*29] 純粋な Bayes 統計の立場では，事前確率に従って $\theta \in \Theta$ が選ばれ，さらに $f(x|\theta)$ に従って独立同分布サンプル $X_1, \cdots, X_n$ が選ばれると考えることが多いが，ここでは，真のパラメータがあらかじめひとつ固定されていると考え，その推測のために Bayes 推定の手法を使っている．

$$\min_{\eta \in \Theta} \int_{\Theta} \|\eta - \theta\|^2 p(\theta|\boldsymbol{X}_n) d\theta$$

を達成する推定量に一致する．また，真の密度関数 $f(x|\theta_0)$ の推定には

$$f(x|\boldsymbol{X}_n) = \int_{\Theta} f(x|\theta) p(\theta|\boldsymbol{X}_n) d\theta \tag{178}$$

を用いることができる．これは Bayes 予測分布とよばれる．

ここでは正則な場合の Bayes 推定の漸近論に関する基本的な事実を復習する．最尤推定の場合と同様 $h = \sqrt{n}\,(\theta - \theta_0)$ と正規化されたパラメータを導入する．ここで $h \in U_n := \sqrt{n}\,(\Theta - \theta_0)$ である．以下では $q(\theta)$ は有界な C^1 級関数であり，$q(\theta_0) > 0$ とする．h に対する正規化された事後確率

$$\tilde{p}(h|\boldsymbol{X}_n) = \frac{\displaystyle\prod_{i=1}^{n} f(X_i|\theta_0 + n^{-\frac{1}{2}} h) q(\theta_0 + n^{-\frac{1}{2}} h)}{\displaystyle\int_{U_n} \prod_{i=1}^{n} f(X_i|\theta_0 + n^{-\frac{1}{2}} h) q(\theta_0 + n^{-\frac{1}{2}} h) dh}$$

を考える．これは $p(\theta|\boldsymbol{X}_n)$ と $\tilde{p}(h|\boldsymbol{X}_n) = n^{m/2} p(\theta|\boldsymbol{X}_n)$ なる関係をもつ．θ_0 における Fisher 情報行列を $I(\theta_0)$ とおいて，

$$Z_n = \frac{1}{\sqrt{n}} \sum_{i=1}^{n} I(\theta_0)^{-1} \frac{\partial \log f(X_i|\theta_0)}{\partial \theta}$$

という確率変数を用いると，2.5 節の式(65)からわかるように，

$$\prod_{i=1}^{n} f(X_i|\theta_0 + n^{-\frac{1}{2}} h)$$
$$= \prod_{i=1}^{n} f_0(X_i) \times e^{\frac{1}{2} Z_n^T I(\theta_0) Z_n - \frac{1}{2}(h - Z_n)^T I(\theta_0)(h - Z_n) + o_p(1)} \tag{179}$$

という展開が可能である．Z_n は $N_m(0, I(\theta_0)^{-1})$ に法則収束することから，$e^{-\frac{1}{2}(h - Z_n)^T I(\theta_0)(h - Z_n)}$ の部分は $\|h\| \to \infty$ に対して $O_p(e^{-a\|h\|})$（a は正定数）の形の微小な値をもち，n が十分大きいと，この値が微小でない h の範囲では $q(\theta_0 + n^{-\frac{1}{2}} h) \approx q(\theta_0)$ と考えてよい．したがって

$$\tilde{p}(h|\boldsymbol{X}_n) \approx \frac{e^{-\frac{1}{2}(h-Z_n)^T I(\theta_0)(h-Z_n)} q(\theta_0)}{\displaystyle\int_{U_n} e^{-\frac{1}{2}(h-Z_n)^T I(\theta_0)(h-Z_n)} q(\theta_0) dh}$$

$$= \frac{\sqrt{\det I(\theta_0)}}{\sqrt{(2\pi)^m}} e^{-\frac{1}{2}(h-Z_n)^T I(\theta_0)(h-Z_n)}$$

という近似を得る．適当な条件のもと，この近似は正当化することができ，Z_n の極限分布を $Z \sim N_m(0, I(\theta_0)^{-1})$ とするとき，$\sqrt{n}\,(\theta - \theta_0)$ の事後分布は，平均値がランダムに決まる正規分布 $N(Z, I(\theta_0)^{-1})$ に法則収束する．また，式（177）の Bayes 推定量に対して，$\sqrt{n}\,(\widehat{\theta}_{\text{Bayes}} - \theta_0) \Rightarrow Z \sim N_m(0, I(\theta_0)^{-1})$ が得られ，最尤推定量と同様に漸近有効であることがわかる．

式（178）の Bayes 予測分布に対し，予測誤差を漸近的に求める有用な方法がある．サンプル数 n における予測誤差 K_n は

$$K_n = E_{X_n}\Big[E_{f_0}\Big[\log\frac{f_0(x)}{f(x|\boldsymbol{X}_n)}\Big]\Big]$$

で定められたが，これを書き直すと，

$$K_n = \int \prod_{i=1}^n f_0(x_i) \int f_0(x) \log \frac{f_0(x)\int \prod_{i=1}^n f(x_i|\theta)q(\theta)d\theta}{\int f(x|\theta)\prod_{i=1}^n f(x_i|\theta)q(\theta)d\theta} dx \prod_{i=1}^n dx_i$$

$$= \int \prod_{i=1}^n f_0(x_i) \log \int \prod_{i=1}^n \frac{f(x_i|\theta)}{f_0(x_i)} q(\theta)d\theta \prod_{i=1}^n dx_i$$

$$- \int \int f_0(x)\prod_{i=1}^n f_0(x_i) \log \int \frac{f(x|\theta)}{f_0(x)} \prod_{i=1}^n \frac{f(x_i|\theta)}{f_0(x_i)} q(\theta)d\theta dx \prod_{i=1}^n dx_i$$

$$= F_{n+1} - F_n \tag{180}$$

となる．ここで

$$F_n = -E_{X_n}\Big[\log \int \prod_{i=1}^n \frac{f(x_i|\theta)}{f_0(x_i)} q(\theta)d\theta\Big]$$

とおいた．F_{n+1} は x を x_{n+1} で読み替えることにより得られる．したがって，F_n の漸近展開ができれば K_n の漸近展開も得られる．F_n は対数周辺尤度の期待値（の符号反転）であるが，統計物理学では自由エネルギーとよばれており，これが計算できるとさまざまな統計量がそこから導かれるこ

206 | 6 その他の話題

とが知られている.

正則モデルに対しては，式(179)を用いると，適当な条件のもと

$$F_n \approx -E_{X_n}\left[\log \int_{U_n} e^{h^T I(\theta_0) Z_n - \frac{1}{2} h^T I(\theta_0) h} q(\theta_0 + n^{-\frac{1}{2}} h) \frac{dh}{n^{\frac{m}{2}}}\right]$$

$$= \frac{m}{2} \log n + O(1) \tag{181}$$

が成り立ち，予測誤差 K_n は

$$K_n \approx \frac{m}{2} n^{-1}$$

で与えられる．最尤推定の尤度比の漸近分布と同様に，係数 $\dfrac{m}{2}$ はモデル
の自由度が m であることを反映している.

ここで，後で用いる有用な不等式を準備しておこう.

補題 18 $\varphi(\theta)$ を $\Theta \subset \mathbb{R}^m$ 上の非負可測関数とし，Θ 上定義された可測
関数 g で $\displaystyle\int_{\Theta} e^{g(\theta)} \varphi(\theta) d\theta < \infty$ なるもの全体を $\mathcal{G}$ で表わす．$\mathcal{G}$ に値をとる確
率過程 $Z(\theta)$ に対し，次式が成り立つ.

$$E\left[\log \int_{\Theta} e^{Z(\theta)} \varphi(\theta) d\theta\right] \geq \log \int_{\Theta} e^{E[Z(\theta)]} \varphi(\theta) d\theta.$$

とくに，$Z(\theta) = \displaystyle\sum_{i=1}^n \log \dfrac{f(X_i|\theta)}{f_0(X_i)}$，$\varphi(\theta) = q(\theta)$ とおくと，自由エネルギー
に関して

$$F_n \leq -\log \int e^{-nK(\theta)} q(\theta) d\theta$$

を得る．ここで $K(\theta) = E_{f_0}\left[\log \dfrac{f_0(X)}{f(X|\theta)}\right]$ は f_0 から f_θ への Kullback-
Leibler ダイバージェンスである. ▮

証明 任意の $g_1, g_2 \in \mathcal{G}$ と $0 < t < 1$ に対し，Hölder の不等式により

$$\int_{\Theta} e^{tg_1(\theta) + (1-t)g_2(\theta)} \varphi(\theta) d\theta \leq \left(\int_{\Theta} e^{g_1(\theta)} \varphi(\theta) d\theta\right)^t \left(\int_{\Theta} e^{g_2(\theta)} \varphi(\theta) d\theta\right)^{1-t}$$

であるので，$\mathcal{G}$ は凸集合であり，$g \mapsto \log \displaystyle\int_{\Theta} e^{g(\theta)} d\theta$ は $\mathcal{G}$ 上の凸関数である.
すると Jensen の不等式により補題が得られる. ▮

（b）　特異モデルの Bayes 推定

一般に Bayes 推定では，事前確率 $q(\theta)$ をどう決めるかが大きな問題となるが，この問題は特異モデルにおいてはさらに難しくなる．例として，1.1 節(d)項で考察した正規分布モデルを考えてみよう．ここでは簡単のため，直交変換を施して，$\phi_3(x|\mu, I_3)(\mu = (a, b, c) \in \mathbb{R}^3)$のパラメータ制約として，

$$\Omega = \{\mu = (a, b, c) \in \mathbb{R}^3 \mid a^2 = b^2 + c^2\}$$

というパラメータ集合によりモデルを定める．1.1 節(d)項で見たように，このモデルの自然なパラメトリゼーションは一通りではなかった．固有値分解にもとづいたパラメータは，いまの場合

$$a = \lambda, \quad b = \lambda \cos \eta, \quad c = \lambda \sin \eta$$

に対応し，パラメータ集合は $\Theta = S^1 \times \mathbb{R} = \{(\eta, \lambda)\}$ である．前者のパラメータ集合 Ω では，パラメータと確率分布は 1 対 1 に対応しているが，原点($N_3(0, I_3)$ に対応)に特異点をもつ．一方，後者の Θ は滑らかな多様体であるが，$N_3(0, I_3)$ を表わすパラメータが識別不能であった(図 6)．

確率分布の推定が目的であれば，確率分布族の上に，あるいはそれと 1 対 1 対応するパラメータ集合 Ω 上に事前分布を導入するのが自然であろう．しかしながら，Ω は特異点をもつ集合なので，その上で定義される関数やその積分を考えるのは必ずしも簡単ではない．そこで，滑らかな多様体である Θ を使って事前分布を定義しよう．その例として

$$q_0(\eta, \lambda) = \frac{1}{2\pi} \frac{1}{\sqrt{2\pi}} e^{-\frac{1}{2}\lambda^2}$$

が考えられる．これは S^1 上の一様分布と $\mathbb{R}$ 上の正規分布の積である．この事前分布がパラメータ空間 Ω 上に与える確率分布を考えて見よう．$\mathbb{R}^3$ のルベーグ測度から Ω に引き起こされる測度を与えると，微小区間 $[a, a + \Delta a]$ で Ω を切った輪の測度は $2\pi|a|\Delta a + o(\Delta a)$ である．また，q_0 により Ω に確率を導入すると，この輪の確率は $\frac{1}{\sqrt{2\pi}} e^{-\frac{1}{2}a^2} \Delta a + o(\Delta a)$ である．したがって，この確率分布の，上記の測度に関する密度関数は，

$$\tilde{q}_0(\mu) = \frac{1}{2\pi|a|} \frac{1}{\sqrt{2\pi}} e^{-\frac{1}{2}a^2}$$

208 | 6 その他の話題

と考えることができる. q_0 を一般化して, $\gamma > -1$ に対し

$$q_\gamma(\eta, \lambda) = C_\gamma \frac{1}{2\pi} |\lambda|^\gamma e^{-\frac{1}{2}\lambda^2} \qquad \left(C_\gamma = 2^{-\frac{\gamma+1}{2}} \Gamma\left(\frac{\gamma+1}{2}\right) \right)$$

を考えると, q_γ から引き起こされる Ω 上の確率分布の密度関数は

$$\tilde{q}_\gamma(\mu) = C_\gamma \frac{1}{2\pi} |a|^{\gamma-1} \frac{1}{\sqrt{2\pi}} e^{-\frac{1}{2}a^2}$$

となる.

ここで, $-1 < \gamma < 1$ のとき $\tilde{q}_\gamma$ は原点で発散する関数になっていることに注意してほしい. このような q_γ は原点 $N_3(0, I_3)$ に重い事前密度をおいていることになる. パラメータ空間 Θ は特異点である原点を S^1 に引き伸ばしたパラメータ集合であるから, この円周の各点で密度が一定以上あると, 確率分布と 1 対 1 に対応するパラメータ空間 Ω では, 対応する特異点の密度が大きな値(この場合無限大)になるのは当然である. この例からわかるように, 識別不能性をもつパラメータ空間を用いて特異モデルに事前分布を導入する時には, 特異点に特殊な事前密度が置かれることがある点に注意を要する. これは必ずしも不都合なことではなく, 特異点上の重い密度を積極的に活用することも考えられる.

ここで, 真の確率分布がモデルの特異点 $N_3(0, I_3)$ であるとして, 事前分布 q_γ を用いたときの Bayes 推定の予測誤差を求めて見よう. いまの場合, (η, λ) が局所錐型パラメトリゼーションになっており, 接ベクトル

$$u(x; \eta) = \frac{\partial \log f(x|\eta, \lambda)}{\partial \lambda}\bigg|_{\lambda=0} = x^1 + x^2 \cos\eta + x^3 \sin\eta \qquad (182)$$

の関数族は, 補題 15 を使うと Donsker クラスになっていることがわかるので, 式(154)の展開を用いて, $\lambda = h/\sqrt{n}$ と変数変換することにより,

$$F_n \approx -E_{X_n}\left[\log \int_0^{2\pi} \int_{-\infty}^{\infty} e^{hZ_n(\eta) - \frac{1}{2}I(\eta)h^2} q_\gamma(\eta, n^{-\frac{1}{2}}h) n^{-\frac{1}{2}} dh d\eta \right]$$

と近似できる. ここで $Z_n(\eta) = \frac{1}{\sqrt{n}} \sum_{i=1}^n u(X_i; \eta)$ および $I(\eta) = E_{f_0}[u(X; \eta)^2]$ である. 式(182)から $I(\eta) = 2$ であるので,

$$
F_n \approx -E_{X_n}\Big[\log \int_0^{2\pi}\int_{-\infty}^{\infty} \frac{C_\gamma}{n^{(\gamma+1)/2}} e^{\frac{1}{4}Z_n(\eta)^2 - \left(h-\frac{1}{2}Z_n(\eta)\right)^2}|h|^\gamma \cdot
$$

$$
\frac{1}{\sqrt{2\pi}} e^{-\frac{1}{2n}h^2}\,dh\,\frac{d\eta}{2\pi}\Big]
$$

$$
= \frac{\gamma+1}{2}\log n - \log C_\gamma
$$

$$
- E_{X_n}\Big[\log \int_0^{2\pi}\int_{-\infty}^{\infty} e^{\frac{1}{4}Z_n(\eta) - \left(h-\frac{1}{2}Z_n(\eta)\right)^2}|h|^\gamma \cdot
$$

$$
\frac{1}{\sqrt{2\pi}} e^{-\frac{1}{2n}h^2}\,dh\,\frac{d\eta}{2\pi}\Big]
$$

である．ここで最後の期待値の項を A_n とおくと $|A_n| = O(1)$ が示される．
これを見るには，まず，補題 18 から

$$
A_n \geq \log \int_0^{2\pi}\int_{-\infty}^{\infty} e^{hE_{X_n}[Z_n(\eta)] - h^2}|h|^\gamma \frac{1}{\sqrt{2\pi}} e^{-\frac{1}{2n}h^2}\,dh\,\frac{d\eta}{2\pi}
$$

$$
\geq \log \int_{-\infty}^{\infty} |h|^\gamma \frac{1}{\sqrt{2\pi}} e^{-\frac{3}{2}h^2}\,dh
$$

であるが，最後の積分は n に依らない有限値をとる．また，$M_n = \sup\limits_{\eta \in [0,2\pi]} |Z_n(\eta)|$ とおくと，分布の正規性により任意の n に対して M_n は $M = \sup\limits_{\eta \in [0,2\pi]} |u(X;\eta)|$（ただし $X \sim N_3(0, I_3)$）と同じ分布をもつので，

$$
A_n \leq E_{X_n}\Big[\log \int_0^{2\pi} e^{\frac{1}{4}M_n^2}\int_{-\infty}^{\infty} \frac{1}{\sqrt{2\pi}}|h|^\gamma e^{-\left(h-\frac{1}{2}Z_n(\eta)\right)^2}\,dh\,\frac{d\eta}{2\pi}\Big]
$$

$$
= E[M^2] + O(1)
$$

を得るが，$E[M^2] \leq E[2\|X\|^2] = 6$ である．以上により，

$$
F_n = \frac{\gamma+1}{2}\log n + O(1)
$$

が成り立ち，式(180)により，事前分布 $q_\gamma (\gamma > -1)$ に対する予測誤差は

$$
K_n \approx \frac{\gamma+1}{2}n^{-1}
$$

となる．特異点における事前分布の重みが変われば，さまざまな予測誤差
が現われることがわかる．

（c）　解析的な場合

前項の例では，モデルに自然な局所錐型パラメトリゼーションがあり，事前分布もそれに合わせたものになっていたため，F_n の近似が容易であった．しかし，もっと一般的な状況，とくに識別不能性のあるパラメトリゼーションにおいて，真のパラメータ集合が複数の多様体の和集合で，かつそれらに交わりがあると，同様の方針を用いるのは難しくなる．Watanabe(2001)は，非線形回帰の設定において，回帰関数がパラメータに関して解析関数である場合に，F_n の漸近展開を非常に一般的な形で与えた．本稿では残念ながら詳細を説明することはできないが，以下でごく簡単な紹介を与える．詳しくは原論文(Watanabe, 2001)を見ていただきたい．

パラメータ空間 Θ は $\mathbb{R}^m$ の開集合，$\{f(x|\theta) \mid \theta \in \Theta\}$ を統計モデル，$q(\theta)$ を Θ 上の事前確率密度関数とする．$f_0 = f_{\theta_0}(\theta_0 \in \Theta)$ を真の確率密度関数とするとき，KL ダイバージェンス $K(\theta) = E_{f_0}\left[\log \dfrac{f_0(X)}{f(X|\theta)}\right]$ に対し，補題 18 を用いると

$$F_n \leq -\log \int e^{-nK(\theta)} q(\theta) d\theta \qquad (183)$$

である．$K(\theta)$ の最小値，すなわち 0 をとるパラメータ集合 $\Theta_0 = \{\theta \in \Theta \mid K(\theta) = 0\}$ は真のパラメータ集合に一致する．その他の点では $K(\theta) > 0$ であるので，式(183)の右辺の積分の部分は $n \to \infty$ のとき 0 に収束する．その収束の様子が知りたいのであるが，実は，$K(\theta)$ が Θ 上の実解析関数であると，式(183)の右辺の $n \to \infty$ における漸近展開が可能である．

はじめに識別可能な場合，すなわち $\Theta_0 = \{\theta_0\}$ という 1 点集合の場合を考えて見よう．この場合，式(183)の積分の漸近展開は Laplace 近似としてよく知られている．ここで Laplace 近似について復習しておこう．

補題 19　$g(\theta)$ を $\mathbb{R}^m$ 上定義された C^2 級の非負関数で，$\theta = \theta_0$ のみで $g(\theta) = 0$ となり，$\displaystyle\liminf_{\|\theta\| \to \infty} g(\theta) > 0$，また $\nabla^2 g(\theta_0)$ は正定値とする（$\nabla^2 g(\theta)$ は g の Hesse 行列）．$\varphi(\theta)$ は有界な非負関数で，θ_0 の近傍で連続，かつ $\displaystyle\int_{\mathbb{R}^m} \varphi(\theta) d\theta < \infty$ とする．このとき，以下の漸近展開が成り立つ．

$$\int_{\mathbb{R}^m} e^{-tg(\theta)} \varphi(\theta) d\theta = \frac{(2\pi)^{\frac{m}{2}}}{\sqrt{\det \nabla^2 g(\theta_0)}} \varphi(\theta_0) t^{-\frac{m}{2}} + o(t^{-\frac{m}{2}}) \qquad (t \to \infty)$$

∎

証明　一般性を失わずに $\theta_0 = 0$ を仮定する．$H_g := \nabla^2 g(0)$ の最小固有値を λ_m とし，$0 < \varepsilon < \frac{1}{2}\lambda_m$ なる任意の ε をとると，g に関する仮定から，ある $\delta = \delta(\varepsilon) > 0$ があって，$\|\theta\| \le \delta$ を満たす任意の θ に対して

$$\left| g(\theta) - \frac{1}{2}\theta^T H_g \theta \right| \le \varepsilon \|\theta\|^2 \tag{184}$$

が成り立つ．さらにある $\eta > 0$ が存在して，$\|\theta\| \ge \delta$ なる任意の θ に対して $g(\theta) \ge \eta$ とできる．$B_\delta = \{\theta \in \Theta \mid \|\theta\| \le \delta\}$ とおくと，

$$\int_{\mathbb{R}^m} e^{-tg(\theta)} \varphi(\theta) d\theta = \int_{B_\delta} e^{-tg(\theta)} \varphi(\theta) d\theta + O(e^{-\eta t})$$

が成り立つ．式 (184) より

$$\int_{B_\delta} e^{-\frac{t}{2}\theta^T (H_g + 2\varepsilon I_m)\theta} \varphi(\theta) d\theta \le \int_{B_\delta} e^{-tg(\theta)} \varphi(\theta) d\theta$$
$$\le \int_{B_\delta} e^{-\frac{t}{2}\theta^T (H_g - 2\varepsilon I_m)\theta} \varphi(\theta) d\theta$$

を得るが，左辺と右辺の積分範囲を $\mathbb{R}^m$ に置き換えても，それぞれ $O(e^{-\alpha t})$（α はある正の定数）の差しか生じない．ここで，$\eta = \sqrt{t}\,(H_g \pm 2\varepsilon I_m)^{\frac{1}{2}}\theta$ という変数変換を施した後に優収束定理を用いると，

$$\frac{t^{\frac{m}{2}}\sqrt{\det(H_g \pm 2\varepsilon I_m)}}{(2\pi)^{m/2}} \int_{\mathbb{R}^m} e^{-\frac{t}{2}\theta^T (H_g \pm 2\varepsilon I_m)\theta} \varphi(\theta) d\theta \to \varphi(0) \qquad (t \to \infty)$$

という収束が示され，補題が証明される．　∎

モデルが正則で $K(\theta) = 0$ なる点が 1 点 θ_0 からなる場合は，適当な条件のもと，Laplace 近似により

$$F_n \le -\log \int e^{-nK(\theta)} q(\theta) d\theta = \frac{m}{2} \log n + O(1)$$

を得る．式 (181) で見たように，正則な場合には右辺は自由エネルギーの上界を与えるだけでなく漸近的な下界にもなっている．

次の定理は，真のパラメータ集合，すなわち $K(\theta)$ の零点が一般の解析

212 | 6 その他の話題

的集合(解析関数の零点)の場合にも，上の近似の拡張が可能であることを主張している．

定理 37 Θ を $\mathbb{R}^m$ の開集合，$g : \Theta \to \mathbb{R}$ を非負解析関数とし，$\varphi_0 : \Theta \to \mathbb{R}$ はコンパクトな台をもつ無限階微分可能な関数とする．このとき

$$\int_\Theta e^{-tg(\theta)}\varphi_0(\theta)d\theta = C\frac{(\log t)^{m_1-1}}{t^{\lambda_1}}(1+o(1)) \qquad (t \to \infty)$$

が成り立つ．ここで C は φ_0 と g で決まる正の定数であり，$-\lambda_1 (\lambda_1 > 0)$ と m_1 は，十分小さい任意の $\varepsilon > 0$ に対して

$$J(\lambda) = \int_{\{\theta \in \Theta \mid g(\theta) < \varepsilon\}} g(\theta)^\lambda \varphi_0(\theta)d\theta \qquad (\lambda \in \mathbb{C},\ \mathrm{Re}\,\lambda > 0)$$

によって定まる複素右半平面上の複素解析関数を，複素平面全体に解析接続して得られた有理型関数の，最大の極の値とその重複度である． ▮

証明は本書の範囲を超えるので省略する．Watanabe(2001)を見てほしい．$g(\theta)$ が 1 点 θ_0 のみで 0 をとり，$\nabla^2 g(\theta_0)$ が正定値の場合には $\lambda_1 = \dfrac{m}{2}$，$m_1 = 1$ であることが知られており，Laplace 近似と一致する．また，上の定理により自由エネルギーに関して

$$F_n \leq \lambda_1 \log n - (m_1 - 1)\log\log n + O(1) \tag{185}$$

が成り立つ．

Watanabe(2001)は，モデルがガウスノイズをもつ非線形回帰

$$f(x, y|\theta) = \frac{1}{(2\pi\sigma^2)^{\frac{m}{2}}}\exp\Big\{-\frac{1}{2\sigma^2}\|y - \psi(x;\theta)\|^2\Big\}r(x) \tag{186}$$

で，回帰関数 $\psi(x;\theta)$ が θ に関する解析関数の場合に，式(185)の右辺が漸近的な下限でもあることを示した．

定理 38 Θ を $\mathbb{R}^m$ の開集合とし，事前分布 $q(\theta)$ の台は Θ に含まれるコンパクト集合とする．Θ を含む $\mathbb{C}^m$ の開集合 Ω があって，式(186)の $\psi(x;\theta)$ が $\omega \in \Omega$ に関する複素解析関数 $\psi(x;\omega)$ に拡張可能であり，また

$$\int \sup_{\omega \in \Omega}\|\psi(x;\omega)\|^2 r(x)dx < \infty$$

が成り立つと仮定する．このとき，$\psi_0(x) = \psi(x;\theta_0)\,(\theta_0 \in \Theta)$ により与えられる真の確率分布に対し，

$$F_n = \lambda_1 \log n - (m_1 - 1) \log \log n + O(1)$$

が成り立つ. ここで λ_1 と m_1 は, $f_0(x, y)$ から $f(x, y|\theta)$ への KL ダイバージェンス $K(\theta)$ に対して定理 37 によって与えられる定数である. ▌

これも証明は Watanabe(2001) を見てほしい.

上の定理から, 条件を満たす非線形回帰の場合には

$$K_n \approx \lambda_1 \frac{1}{n}$$

である. これは, 予測誤差が漸近的に $\frac{1}{n}$ のオーダーであり, その係数, すなわちモデルの自由度に相当する量が λ_1 という解析的な量で与えられることを示している. 正則モデルの場合に $\lambda_1 = \frac{m}{2}$ がモデルのパラメータの次元に一致していたことから, $2\lambda_1$ は Bayes 推定における特異点近傍の自由度を反映していると考えることもできる.

付　録

1　確率論からの準備

　ここでは確率変数の収束に関する基礎事項をまとめておく．詳しくは熊谷(2003)や西尾(1978)など確率論の教科書を参照していただきたい．前者は基本的事項から応用までやさしくかつ数学的に厳密に説明している．後者はより本格的な教科書である．

　$(\mathcal{Y}, \mathcal{A})$ を可測空間とする．確率空間 $(\mathcal{X}, \mathfrak{B}, P)$ 上の($\mathcal{Y}$ に値をとる)確率変数とは $\mathcal{X}$ から $\mathcal{Y}$ への可測関数のことをいう．単に確率変数というときは，$(\mathcal{Y}, \mathcal{A})$ が Borel 測度をもつ実数 $\mathbb{R}$ の場合を意味することが多い．まぎらわしくない場合は確率空間 $(\mathcal{X}, \mathfrak{B}, P)$ は省略して単に確率変数 X などということもある．以降は実数値の確率変数に関して述べるが，$\mathcal{Y}$ がベクトル空間や距離空間であるときには，必要な変更のもと多くの定義が拡張可能である．

　確率変数列の収束に関しては以下の 3 つの定義が基本的である．

　定義1　確率変数列 $X_1, X_2, \cdots$ がある確率変数 X に**概収束**する(converge almost surely)とは，$P(\varDelta) = 1$ なる可測集合 $\varDelta$ があって，任意の $\omega \in \varDelta$ に対し $X_n(\omega) \to X(\omega)$ が成り立つことをいう．

　定義2　確率変数 $X_1, X_2, \cdots$ がある確率変数 X に**確率収束**する(converge in probability)とは，任意の $\varepsilon > 0$ に対して

$$\lim_{n \to \infty} P(|X_n(\omega) - X(\omega)| \geq \varepsilon) = 0$$

が成り立つことをいう．

　定義3　確率変数列 $X_1, X_2, \cdots$ がある確率変数 X に**法則収束**する(converge in law)とは互いに同値である以下の条件のいずれか，したがってすべてを満たすことをいう．X_n が X に法則収束することを $X_n \Rightarrow X$ で表わす．

（ i ）X_n, X の分布関数をそれぞれ $F_n(t), F(t)$ とするとき，$F(t)$ の任意の連続点において $\lim_{n\to\infty} F_n(t) = F(t)$

（ ii ）任意の有界連続関数 φ に対して $\lim_{n\to\infty} E_P[\varphi(X_n)] = E_P[\varphi(X)]$

（iii）任意の非負連続関数 φ に対して $\liminf_{n\to\infty} E_P[\varphi(X_n)] \geq E_P[\varphi(X)]$

（iv）任意の開集合 $U \subset \mathbb{R}$ に対して $\liminf_{n\to\infty} P(X_n \in U) \geq P(X \in U)$

（ v ）任意の閉集合 $C \subset \mathbb{R}$ に対して $\limsup_{n\to\infty} P(X_n \in C) \leq P(X \in C)$.

(i)からわかるように，$X_n \Rightarrow X$ のとき，X はその分布のみが意味をもつ．そこで $X_n \Rightarrow N(0,1)$ などと書くこともある．条件(ii)を使うと次の定理が得られる．

定理 1（**連続写像定理**）　確率変数列 X_n が X に法則収束するとき，任意の連続関数 ψ に対して $\psi(X_n)$ は $\psi(X)$ に法則収束する． ▮

確率変数列が概収束すれば確率収束し，確率収束すれば法則収束する．逆は一般には成り立たない．X_n が定数 c に法則収束するならば確率収束でもある．確率変数の収束に関して次の補題が成り立つ．

補題 1（**Slutsky の補題**）　確率変数列 X_n が確率変数 X に法則収束し，Y_n が定数 c に法則収束するとき以下が成り立つ

（ i ）$X_n + Y_n \Rightarrow X + c$.

（ ii ）$X_n Y_n \Rightarrow cX$.

（iii）$c \neq 0$ であるとき，$Y_n^{-1} X_n \Rightarrow c^{-1} X$. ▮

$X_1, X_2, \cdots$ を P に従う独立同分布確率変数とし，$E_P|X_i| < \infty$ とする．このとき，概収束

$$\frac{1}{n} \sum_{i=1}^{n} X_i \to E_P[X] \qquad (n \to \infty)$$

が成立する．これを**大数の法則**(law of large numbers)という．また，$\sigma^2 = \mathrm{Var}[X_i] < \infty$ であるとき

$$\frac{1}{\sqrt{n}} \sum_{i=1}^{n} (X_i - E_P[X]) \Rightarrow N(0, \sigma^2) \qquad (n \to \infty)$$

という法則収束が成立する．これは**中心極限定理**(central limit theorem)とよばれる．

確率変数 X が**緊密**(tight)であるとは，任意の $\varepsilon > 0$ に対して $M > 0$ が

216 | 付　録

存在し $P(\|X\| > M) < \varepsilon$ が成り立つことをいう．確率変数の族 $\{X_\lambda\}_{\lambda \in \Lambda}$ が**一様に緊密**(uniformly tight)であるとは，任意の $\varepsilon > 0$ に対して λ によらない $M > 0$ が存在し

$$\sup_{\lambda \in \Lambda} P(\|X_\lambda\| > M) < \varepsilon$$

が成り立つことをいう．一様に緊密であることを**確率的に有界**(bounded in probability)ともいう．

　確率変数列 X_n が確率的に有界であるとき $X_n = O_p(1)$ と表わす．また，X_n が 0 に確率収束するとき $X_n = o_p(1)$ と表わす．もっと一般に，確率変数列 R_n に対して $Y_n = O_p(1)$ なる確率変数列 Y_n があって $X_n = Y_n R_n$ であるとき $X_n = O_p(R_n)$ と書き，同様に $Y_n = o_p(1)$ のときには $X_n = o_p(R_n)$ と書く．O_p や o_p は便利な記号としてよく用いられる．

▌2　多様体についての必要事項

　ここでは，本文の各所で用いた多様体の概念を簡単に解説する．多様体は滑らかな曲面を数学的に定義したものであり，幾何的な議論を厳密に行うときには無くてはならない．また情報幾何学は正則な統計モデルを滑らかな多様体とみて議論する．多様体についての入門的な数学書は松本(1988)などを始めとして多数出版されているので，ここでは本書を読むのに必要な知識に限って述べることにする．

　定義 4　Hausdorff 位相空間[*1]M が**微分可能多様体**(differentiable manifold, **滑らかな多様体**(smooth manifold)ともいう)であるとは，M の開被覆[*2]$\{U_\lambda\}_{\lambda \in \Lambda}$ があって，各 $\lambda \in \Lambda$ に対して U_λ と $\mathbb{R}^m$ の開集合 V_λ との間の同相写像 $\varphi_\lambda : U_\lambda \to V_\lambda$ が与えられ，$U_\lambda \cap U_\mu \neq \phi$ である場合に

[*1]　位相空間 X が Hausdorff であるとは，相異なる任意の 2 点 $x, y \in X$ に対して，x を含む開集合 U と y を含む開集合 V で $U \cap V = \phi$ を満たすものが存在することをいう．多様体の定義におけるこの条件は病的な例を除くためのものであって，ユークリッド空間の部分集合などは，もちろん Hausdorff 性を満たしている．したがって本稿を読むにあたっては気にする必要はない．

[*2]　$\cup_{\lambda \in \Lambda} U_\lambda = M$ を満たす M の開集合の族 $\{U_\lambda\}_{\lambda \in \Lambda}$ のことを，M の開被覆という．

$\varphi_\lambda \circ \varphi_\mu^{-1}|_{\varphi_\mu(U_\lambda \cap U_\mu)}$ が $\varphi_\mu(U_\lambda \cap U_\mu)$ 上の C^∞ 級写像であることをいう. 各 $(\varphi_\lambda, U_\lambda)$ は M の**局所座標系**(local coordinate system)とよばれ,それらの集まり $\{(\varphi_\lambda, U_\lambda)\}_{\lambda \in \Lambda}$ のことを多様体 M の**アトラス**(atlas, 地図帳)という.

微分可能多様体とは図1にあるように,局所座標系の貼り合わせによって定まる m 次元曲面を数学的に定義したものである. 座標系を一枚でとれるとは限らず,複数の局所座標系の貼り合わせが必要なことは,例えば地球のような2次元球面を1枚の地図上に描くときにうまく表現できない点が出てくることからも納得できるであろう.

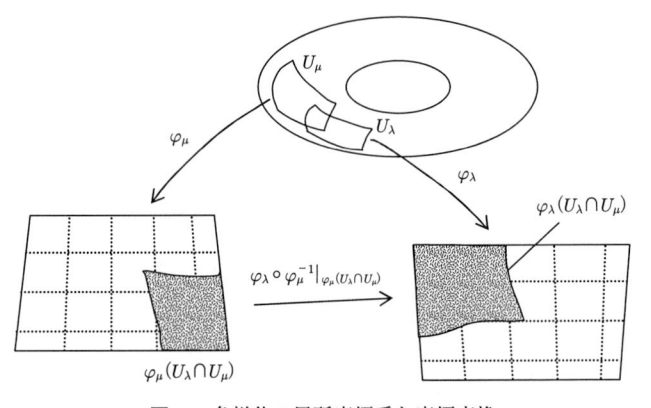

図1 多様体の局所座標系と座標変換

局所座標系 (φ, U) と $p \in U$ に対し $\varphi(p) = (\theta^1(p), \cdots, \theta^m(p))$ とおくとき,$\theta^i : U \to \mathbb{R}$ を座標関数といい,U 上の局所座標 $(\theta^1, \cdots, \theta^m)$ という表わし方をすることもある. また $\varphi_\lambda \circ \varphi_\mu^{-1}|_{\varphi_\mu(U_\lambda \cap U_\mu)}$ のことを座標変換という.

微分可能多様体の定義で,座標変換を C^∞ 級のかわりに $C^r (r \in \mathbb{N})$ 級としたものを,C^r **多様体**という. 以下では簡単のため,C^∞ 級の微分可能多様体に話を限り,微分可能といえば C^∞ 級微分可能の意味とする.

定義5 微分可能多様体 M 上の関数 $f : M \to \mathbb{R}$ が微分可能であるとは,M の任意の局所座標系 $(\varphi_\lambda, U_\lambda)$ に対し,

$$f \circ \varphi_\lambda^{-1} : V_\lambda \to \mathbb{R}$$

が $V_\lambda \subset \mathbb{R}^m$ 上の微分可能関数であることをいう.

微分可能多様体上の微分可能関数全体を $\mathfrak{F}(M)$ で表わすことにする. 座

218 | 付　録

標変換に微分可能性が仮定されていることから，どの局所座標系で考えても微分可能性は同値であり，多様体上の関数が「微分可能」であることが意味をもつ．さらに以下のように，多様体から多様体への微分可能写像も定義される．

定義6　M, N を微分可能多様体とする．写像 $h: M \to N$ が微分可能であるとは，M の局所座標系 $\varphi: U \to W$ と N の局所座標系 $\psi: V \to G$ が $h(U) \subset V$ を満たすとき，$\psi \circ h \circ \varphi^{-1}$ が W から G への微分可能写像であることをいう．∎

定義7　M, N を微分可能多様体とする．M から N への微分可能写像 φ があって，φ は全単射，かつ逆写像 $\varphi^{-1}: N \to M$ も微分可能であるとき，φ を微分同相写像といい，M と N は微分位相同型または微分同相であるという．∎

微分同相な2つの多様体は，微分位相的には同じものとみなすことができる．多様体が C^r 級であるときには，C^r 同相の概念が同様に定義される．

多様体の中に別の多様体が部分集合として埋め込まれている状況は頻繁に現われる．そのような状況のうち性質のよいものは部分多様体とよばれ，以下のように定義される（図2）．

定義8　M を m 次元微分可能多様体とし，N を M の部分集合とする．N が M の（k 次元）部分多様体（submanifold）であるとは，N の任意の点 x に対して x の M における開近傍 U と，U 上の局所座標 $(\theta^1, \cdots, \theta^m)$ があって，

$$N \cap U = \{p \in U \mid \theta^{k+1}(p) = \cdots = \theta^m(p) = 0\}$$

が成り立つことをいう．∎

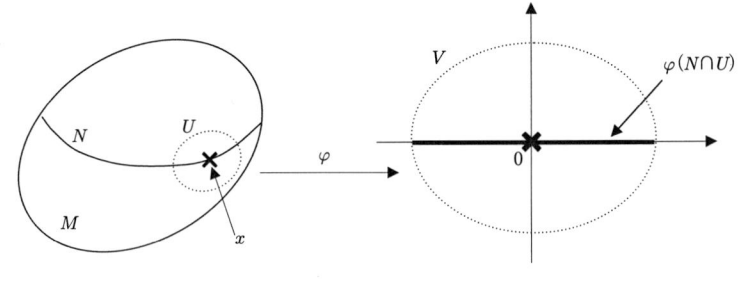

図2　部分多様体に対する局所座標系

2 多様体についての必要事項 | 219

N が M の部分多様体であるとき，N 自身も微分可能多様体である．また包含写像 $\iota : N \to M$ は微分可能写像である．

次に本稿で重要な役割を果たす接空間を定義しよう．接空間は直感的には関数に対する方向微分全体の空間である．まずはじめに $\mathbb{R}^m$ の場合を考えてみよう．$\mathbb{R}^m$ の通常の座標を $x^1, \cdots, x^m$ で表わすとき，$p \in \mathbb{R}^m$ における方向微分は $\dfrac{\partial}{\partial x^1}, \cdots, \dfrac{\partial}{\partial x^m}$ の張る m 次元ベクトル空間と考えられ，$(a^1, \cdots, a^m)$ 方向の方向微分 u は

$$u = \sum_{i=1}^{m} a^i \frac{\partial}{\partial x^i}$$

と書けた．微分の定義により明らかなように，$\mathbb{R}^m$ 上の微分可能関数 f, g および実数 a に対して，方向微分は

（ i ）$u(f+g) = u(f) + u(g)$ かつ $u(af) = au(f)$　　（$\mathbb{R}$ 上の線形性）

（ ii ）$u(fg)(p) = u(f)\,g(p) + f(p)\,u(g)$　　　　　　　　　　　　(1)

という 2 つの性質を有する．実はこの 2 つの性質を使って多様体の接空間を特徴づけることができる．

定義9　M を微分可能多様体，p を M の点とする．写像 $u : \mathfrak{F}(M) \to \mathbb{R}$ が M の p における**接ベクトル**（tangent vector）であるとは，任意の $f, g \in \mathfrak{F}(M)$ と $a \in \mathbb{R}$ に対し式(1)の 2 つの性質が成り立つことをいう．

接ベクトル u, v と $a \in \mathbb{R}$ に対して

$$(u+v)(f) = u(f) + v(f), \quad (au)(f) = a\,u(f)$$

により和とスカラー倍を定義すると，$u + v$ や au は式(1)の性質(i)(ii)を満たし，接ベクトル全体はベクトル空間をなすことがわかる．このベクトル空間のことを多様体 M の p における**接空間**（tangent space）といい $T_p M$ で表わす．

$u \in T_p M$ とするとき，M 上の定数関数 $a \in \mathbb{R}$ に対して $u(a) = 0$ である．これは条件(ii)により $u(1) = u(1 \cdot 1) = 2u(1)$ が成り立つことからわかる．また u は次の意味で局所的である．すなわち $f, g \in \mathfrak{F}(M)$ が p のある開近傍 U 上で $f = g$ を満たすとすると，$u(f) = u(g)$ である．これは，U の

220 | 付録

外側で値が恒等的に 0 で，かつ $b(p) = 1$ である関数 $b \in \mathfrak{F}(M)$ をとると[*3]，$(f - g)b$ が M 上の定数 0 関数であることから，

$$0 = u((f-g)b) = u(f-g)b(p) + (f-g)(p)u(b) = u(f-g)$$

により示される．

微分可能多様体 M と点 $p \in M$ に対し，p を通る微分可能曲線 $c : \mathbb{R} \to M$ とは，$\mathbb{R}$ に通常の座標系を与えることによって微分可能多様体とみなしたときに，c が $\mathbb{R}$ から M への微分可能写像であり，$c(0) = p$ を満たすことをいう．c を $p \in M$ を通る M の微分可能曲線とするとき，接ベクトル u_c を

$$u_c(f) = \frac{d}{dt} f(c(t)) \Big|_{t=0}$$

により定義する．微分の定義から u_c が接ベクトルであることは容易に示される．これを曲線 c により定まる接ベクトルという．曲線は $\mathbb{R}$ 全体で定義されていなくても，0 を含む開近傍上定義されていれば，まったく同様に接ベクトルを定義できる．

$p \in M$ のまわりの局所座標系 (φ, U) で $\varphi(p) = 0$ なるものをとる．局所座標を $(\theta^1, \cdots, \theta^m)$ で表わすと，座標関数 θ^i に対応して p を通る曲線 $\psi_i : t \mapsto \varphi^{-1}(0, \cdots, 0, t, 0, \cdots, 0)$ が定義される．ここで値 t をとる座標は第 i 座標である．ψ_i により与えられる接ベクトルを $\left(\dfrac{\partial}{\partial \theta^i} \right)_p$ で表わすことにしよう．すると，$f \in \mathfrak{F}(M)$ に対して

$$\left(\frac{\partial}{\partial \theta^i} \right)_p (f) = \frac{d}{dt} f(\psi_i(t)) \Big|_{t=0} = \frac{\partial(f \circ \varphi^{-1}(\theta))}{\partial \theta^i} \Big|_{\theta=0}$$

である．さらに，p を通る曲線 c をこの局所座標によって $\varphi(c(t)) = a(t) = (a^1(t), \cdots, a^m(t))$ と表わすと，c によって定まる接ベクトル u_c は

$$u_c(f) = \frac{d}{dt} f(\varphi^{-1}(a(t))) \Big|_{t=0} = \sum_{i=1}^{m} \frac{\partial(f \circ \varphi^{-1})(0)}{\partial \theta^i} \frac{da^i(0)}{dt}$$

$$= \left(\sum_{i=1}^{m} \frac{da^i(0)}{dt} \left(\frac{\partial}{\partial \theta^i} \right)_p \right)(f) \tag{2}$$

[*3] このような関数 b の存在は，p の近傍で局所座標系をとって $\mathbb{R}^m$ 上の関数を構成すればすぐに示せる．

と, $\left(\dfrac{\partial}{\partial\theta^i}\right)_p$ の線形結合の形で表わすことができる. 実は一般に, 定義 9 で抽象的に定義された接空間は, 以下のように方向微分の空間とみなすことができる.

定理 2 M を m 次元微分可能多様体, p を M の任意の点とする. $(\theta^1, \cdots, \theta^m)$ を p のまわりの局所座標とするとき, M の p における接空間 T_pM は,

$$\left(\frac{\partial}{\partial\theta^1}\right)_p, \cdots, \left(\frac{\partial}{\partial\theta^m}\right)_p$$

を基底とする m 次元ベクトル空間である. ∎

証明は省略する. たとえば松本(1988, 付録 A)を参照してほしい. この定理と式(2)により, T_pM の元はすべて p を通る曲線により与えられることがわかる.

M と N を微分可能多様体とする. $h: M \to N$ を M から N への微分可能写像とするとき, 任意の $p \in M$ に対し, T_pM から $T_{h(p)}N$ への線形写像 dh_p を, $u \in T_pM$ に対して

$$dh_p(u): \mathfrak{F}(N) \to \mathbb{R}, \quad g \mapsto u(g \circ h)$$

により定義する. $dh_p(u)$ が接ベクトルの条件(1)を満たすことは簡単に確認できる. dh_p のことを h の p における微分(differential)という. M の点 p のまわりの局所座標系 $\varphi: U \to W$ と, N の $h(p)$ のまわりの局所座標系 $\psi: V \to G$ に対し, それぞれの局所座標を $(\theta^1, \cdots, \theta^m)$, $(\omega^1, \cdots, \omega^n)$ とするとき, dh_p の定義により, $\dfrac{\partial}{\partial\theta^i} \in T_pM$ と座標関数 ω^j に対して

$$dh_p\left(\frac{\partial}{\partial\theta^i}\right)(\omega^j) = \left(\frac{\partial}{\partial\theta^i}\right)_p(\omega^j \circ h) = \frac{\partial(\omega^j \circ h \circ \varphi^{-1}(\theta))}{\partial\theta^i}$$

である. よって, T_pM の基底 $\left(\dfrac{\partial}{\partial\theta^i}\right)_{i=1}^m$ と $T_{h(p)}N$ の基底 $\left(\dfrac{\partial}{\partial\omega^j}\right)_{j=1}^n$ を使って dh_p を表わすと, $\psi \circ h \circ \varphi^{-1}: W \to G$ の(多変数関数としての)微分写像に他ならない. そこで dh_p のことを $\dfrac{\partial\omega}{\partial\theta}$ と書くことも多い.

微分可能写像 $h: M \to N$ に対し, 任意の $p \in M$ に対し h の p における微分 $dh_p: T_pM \to T_{h(p)}N$ が単射であり, かつ h が M から $h(M)$ の上への同相写像になっているとき, h を埋め込み(embedding)という.

M が N の部分多様体であるとき, 包含写像 $\iota: M \to N$ が埋め込みに

222 | 付 録

なっていることは部分多様体の定義からすぐにわかる．逆に $h: M \to N$ が埋め込みであるとき，$h(M)$ が N の部分多様体になっていることが陰関数定理により証明される．

いま，m 次元微分可能多様体 M から $\mathbb{R}^d$ への埋め込み $h: M \to \mathbb{R}^d$ があったとしよう．$\mathbb{R}^d$ の標準的な座標 $(x^1, \cdots, x^d)$ によって，$p \in M$ に対し，$T_{h(p)}\mathbb{R}^d$ は $h(p)$ において $\dfrac{\partial}{\partial x^1}, \cdots, \dfrac{\partial}{\partial x^d}$ の張る d 次元アフィン空間と同一視できる．$dh_p: T_pM \to T_{h(p)}\mathbb{R}^d$ は単射であるので，T_pM は $h(p)$ を通る $\mathbb{R}^d$ 内の m 次元アフィン部分空間と同一視できる．いま，$u \in T_pM$ が p を通る C^∞ 級曲線 $c(t)$ で与えられていたとする．$h \circ c$ は $h(p)$ を通る $\mathbb{R}^d$ 内の曲線を定めるので，$(h \circ c)(t) = a(t) = (a^1(t), \cdots, a^d(t)) \in \mathbb{R}^d$ とおくと，

$$dh_p(u) = \sum_{k=1}^{d} \frac{da^k(0)}{dt} \frac{\partial}{\partial x^k}$$

が成り立つ．したがって，$dh_p(T_pM)$ は，このような曲線 $a(t)$ の微分により与えられる $\mathbb{R}^d$ のベクトル全体となる．とくに $(\theta^1, \cdots, \theta^m)$ を p のまわりの M の局所座標とすると，$dh_p\left(\left(\dfrac{\partial}{\partial \theta^i}\right)_p\right)$ $(1 \leq i \leq m)$ が $dh_p(T_pM)$ を張っている（図 3）．

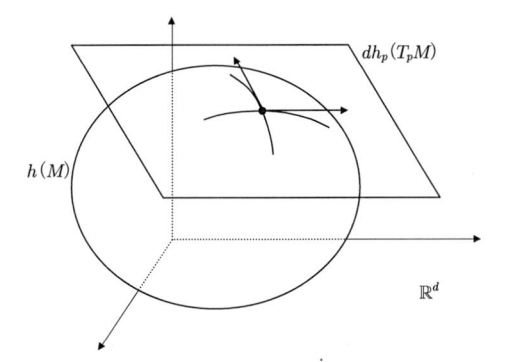

図 3　$\mathbb{R}^d$ に埋め込まれた多様体の接空間

3 オイラー標数

有限集合 $I = \{1, 2, \cdots, m\}$ の空でない部分集合からなる族を $\mathcal{K}$ とする。
$F \in \mathcal{K}$ に対し，F のすべての空でない部分集合が $\mathcal{K}$ に含まれるとき，すなわち

$$F \in \mathcal{K},\ F'(\neq \emptyset) \subset F \Rightarrow F' \in \mathcal{K}$$

であるとき，$\mathcal{K}$ を**単体的複体**(simplicial complex)という。また $F \in \mathcal{K}$ を次元 $\dim F = \#F - 1$ の $\mathcal{K}$ の**フェイス**(face)という。（ここで $\#$ は有限集合の要素数を表わす。）0 次元フェイスはとくに**頂点**(vertex)とよばれる。

たとえば $I = \{1, \cdots, 5\}$，

$$\mathcal{K} = \{\{1,2,3\}, \{2,4\}, \{3,4\}, \{4,5\},\ \text{およびそれらの部分集合}\} \quad (3)$$

は単体的複体である（図 4）。ここで $\{1,2,3\}$ は 2 次元フェイス，$\{2,4\}$，$\{3,4\}, \cdots$ は 1 次元フェイス，$\{1\}, \{2\}, \cdots$ は頂点である。

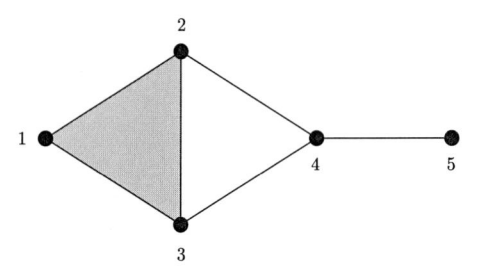

図 4　単体的複体 $\mathcal{K}$

単体的複体のオイラー標数は，各次元のフェイス数の交代和

$$\chi(\mathcal{K}) = \sum_{F \in \mathcal{K}} (-1)^{\dim F} = \sum_{d \geq 0} (-1)^d \#\{F \in \mathcal{K} \mid \dim F = d\}$$

で定義される。たとえば，単体的複体(3)の 2, 1, 0 次元のフェイスの個数はそれぞれ 1, 6, 5 であり，オイラー標数は $\chi(\mathcal{K}) = 1 - 6 + 5 = 0$ となる。

ユークリッド空間 $\mathbb{R}^n$ の点 $v_1, v_2, \cdots, v_m$ が以下を満たしているとする。

（i）各 $F = \{i_1, \cdots, i_k\} \in \mathcal{K}$ について $\{v_{i_1}, \cdots, v_{i_k}\}$ の凸包 $\Delta(F)$ が $k-1$
　　次元単体をなす。

224 　付　録

（ⅱ）$F_1, F_2 \in \mathcal{K}$ ならば $\Delta(F_1) \cap \Delta(F_2) = \Delta(F_1 \cap F_2)$．（ただし $\Delta(\emptyset) = \emptyset$．）
このとき，$\mathbb{R}^n$ の部分集合

$$|\mathcal{K}| = \bigcup_{F \in \mathcal{K}} \Delta(F)$$

を $\mathcal{K}$ の多面体（polyhedron）という．図 4 は単体的複体の多面体の例であっ
た．（$v_1, v_2, \cdots, v_m$ がアフィン独立ならば，条件（ⅰ），（ⅱ）は自動的に満たさ
れることに注意する．）

　ある位相空間 C が $|\mathcal{K}|$ と同相のとき，$\mathcal{K}$ と同相写像 $|\mathcal{K}| \to C$ とを合わ
せて C の 3 角形分割（triangulation）とよぶ．このとき C のオイラー標数
は $\chi(\mathcal{K})$ で定義される．3 角形分割はもし存在しても一意ではないが，オイ
ラー標数はその分割のしかたとは独立に定まることが示される（図 5）．

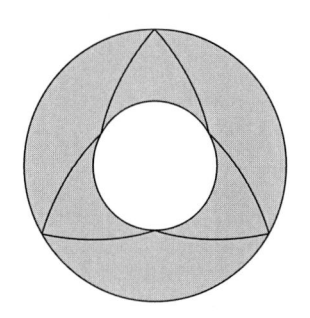

図 5　3 角形分割とオイラー標数

オイラー標数は次の性質をみたす．

（ⅰ）$\chi(\emptyset) = 0$．

（ⅱ）$\chi(A \cup B) = \chi(A) + \chi(B) - \chi(A \cap B)$．

（ⅲ）A を（オイラー標数が定義される）位相空間とし a を A の点とする．
　　A が 1 点 a に可縮（contractible），すなわち連続関数

$$f : A \times [0, 1] \to A$$

　　であって，任意の $x \in A$ に対して $f(x, 0) = x, f(x, 1) = a$ であるもの
　　が存在するならば $\chi(A) = 1$．（これより，凸集合，星型集合のオイラー
　　標数は 1 となる．）

とくに C が $\mathbb{R}^1$ の閉部分集合の場合は $\chi(C)$ は C の連結成分の数とな

る．また $\mathbb{R}^2$ の閉部分集合の場合は $\chi(C)$ は C の連結成分の数からホール（穴）の数を引いたものになる．たとえば χ(線分 $[0,1]$)$=1, \chi$(円周 S^1)$=0,$ χ(数字の 8)$=-1$ である．

また関係式(i)〜(iii)から，帰納的にオイラー標数を計算することができる．たとえば，地球の表面(2次元球面)S^2 は，赤道を含む北半球を S^2_+，赤道を含む南半球を S^2_- とするとき $S^2=S^2_+\cup S^2_-$ であるが，一方 $S^2_+\cap S^2_-=S^1$(赤道)であるため $\chi(S^2)=\chi(S^2_+)+\chi(S^2_-)-\chi(S^1)=1+1-0=2$ となる．一般の次元の球面については

$$\chi(S^{m-1})=\begin{cases} 2 & \text{（次元 } m-1 \text{ が偶数）} \\ 0 & \text{（次元 } m-1 \text{ が奇数）} \end{cases}$$

である．

謝 辞

執筆にあたって，編者の竹内啓氏，甘利俊一氏，竹村彰通氏，伊庭幸人氏には，構成や内容に関わる多くの示唆をいただいた．また，渡邊澄夫氏と藤澤洋徳氏にも有益な助言をいただいた．とくに竹村氏と Jonathan Taylor 氏には，著者の一人(栗木)とのチューブ法に関する共同研究を通して，多くの議論をしていただいた．田中研太郎氏，津熊久幸氏，二宮嘉行氏には原稿を精読していただき，多くの貴重な指摘をいただいた．中尾智子さんには，多くの図の作成にご助力いただいた．以上の方々のご協力に対し，心からの感謝の意を表したい．

参考文献

Adler, R. J. (1981): The Geometry of Random Fields. Wiley.

Adler, R. J. (2000): On excursion sets, tube formulas and maxima of random fields. *The Annals of Applied Probability*, **10**(1), 1-74.

Adler, R. J. and Taylor, J. E.: Random Fields and their Geometry. Birkhäuser (in preparation).

甘利俊一, 長岡浩司(1993): 情報幾何. 岩波講座 応用数学. 岩波書店.

Barvinok, A. (2002): A Course in Convexity. Graduate Studies in Mathematics, Vol. 54. American Mathematical Society.

Bertsekas, D. P. (1999): Nonlinear Programming, 2nd ed. Athena Scientific.

Brockett, R. W. (1976): Some geometric questions in the theory of linear systems. *IEEE Trans. Automatic Control*, **AC-21**(4), 449-455.

Brockwell, P. J. and Davis, R. A. (1991): Time Series: Theory and Methods, 2nd ed. Springer.

Brown, L. D. (1986): Fundamentals of Statistical Exponential Families. IMS Lecture Notes-Monograph Series, Vol. 9, Institute of Mathematical Statistics.

Chen, H., Chen, J. and Kalbfleisch, J. D. (2001): A modified likelihood ratio test for homogeneity in finite mixture models. *Journal of Royal Statistical Society, Series B*, **63**(1), 19-29.

Chernoff, H. (1954): On the distribution of the likelihood ratio. *The Annals of Mathematical Statistics*, **25**(3), 573-578.

Chernoff, H. and Lander, E. (1995): Asymptotic distribution of the likelihood ratio test that a mixture of two binomials is a single binomial. *Journal of Statistical Planning and Inference*, **43**(1-2), 19-40.

Csörgő, M. and Horváth, L. (1996): *Limit Theorems in Change-Point Analysis*. Wiley.

Dacunha-Castelle, D. and Gassiat, E. (1997): Testing in locally conic models and application to mixture models. *ESAIM Probability and Statistics*, **1**, 285-317.

Federer, H. (1959): Curvature measures. *Transactions of the American Mathematical Society*, **93**(3), 418-491.

Feller, W. (1971): An Introduction to Probability Theory and its Applications, Vol. II, 2nd ed. Wiley.

Fukumizu, K. (2003): Likelihood ratio of unidentifiable models and multilayer neural networks. *The Annals of Stastistics*, **31**(3), 833-851.

Fukumizu, K., Akaho, S. and Amari, S. (2003): Critical lines in Symmetry of mixture models and its application to component splitting. In Advances in

Neural Information Processing Systems, Vol. 15. MIT Press.

Fukumizu, K. and Amari, S. (2000): Local minima and plateaus in hierarchical structures of multilayer perceptrons. *Neural Networks*, **13**(3), 317-327.

Fukumizu, K. and Hagiwara, K. (2003): A general upper bound of likelihood ratio for regression. *Research Memorandum*, **887**. Institute of Statistical Mathematics.

福島雅夫(2001): 非線形最適化の基礎. 朝倉書店.

Gray, A. (2004): Tubes, 2nd ed. Progress in Mathematics, Vol. 221. Birkhäuser.

Hathaway, R. J. (1985): A constrained formulation of maximumliklihood estimation for normal mixture distributions. *The Annals of Statistics*, **13**(2), 795-800.

Hayasaka, T., Toda, N., Usui, S. and Hagiwara, K. (1996): On the least square error and prediction square error of function representation with discrete variable basis. In Proc. Neural Networks for Signal Processing, Vol. VI. IEEE. pp. 72-81.

Horn, R. A. and Johnson, C. R. (1990): Matrix Analysis. Cambridge University Press.

Hotelling, H. (1939): Tubes and spheres in n-spaces, and a class of statistical problems. *American Journal of Mathematics*, **61**(2), 440-460.

稲垣宣生(2003): 数理統計学, 改訂版. 裳華房.

Johansen, S. and Johnstone, I. M. (1990): Hotelling's theorem on the volume of tubes: some illustrations in simultaneous inference and data analysis. *The Annals of Statistics*, **18**(2), 652-684.

川合敏雄(1992): 1/n 分布の発見-非弾性衝突とクラスター形成. 数理科学, **349**, 30-34.

Kedem, B. (1994): Time Series Analysis by Higher Order Crossings. IEEE Press.

Klain, D. A. and Rota, G. -C. (1997): Introduction to Geometric Probability. Cambridge University Press.

Knowles, M. and Siegmund, D. (1989): On Hotelling's approach to testing for a nonlinear parameter in regression. *International Statistical Review*, **57**(3), 205-220.

小林昭七(1997): 1940 年代, 50 年代の日本の微分幾何. 数学, **49**(2), 225-234.

Koiran, P. and Sontag, E. D. (1996): Neural networks with quadratic VC dimension. In D. S. Touretzky, M. C. Mozer, and M. E. Hasselmo (eds): Advances in Neural Information Processing Systems, Vol. 8. The MIT Press, pp. 197-203.

Kudô, A. (1963): A multivariate analogue of the one-sided test. *Biometrika*, **50**(3-4), 403-418.

熊谷隆(2003): 確率論. 共立出版.

Kuriki, S. (1993): Likelihood ratio tests for covariance structure in random effects models. *Journal of Multivariate Analysis*, **46**(2), 175-197.

Kuriki, S. (2001): Asymptotic distribution of inequality restricted canonical correlation with application to tests for independence in ordered contingency tables. *Research Memorandum*, **803**. Institute of Statistical Mathematics, to appear in *Journal of Multivariate Analysis*.

栗木哲, 竹村彰通(1999): 正規確率場の最大値の分布——tube の方法と Euler 標数の方法. 統計数理, **47**(1), 201-221.

Kuriki, S. and Takemura, A. (2000): Some geometry of the cone of nonnegative definite matrices and weights of associated $\overline{\chi}^2$ distribution. *Annals of the Institute of Statistical Mathematics*, **52**(1), 1-14.

Kuriki, S. and Takemura, A. (2001): Tail probabilities of the maxima of multilinear forms and their applications. *The Annals of Statistics*, **29**(2), 328-371.

Leadbetter, M. R., Lindgren, G. and Rootzén, H. (1983): Extremes and Related Properties of Random Sequences and Processes. Springer.

Lemdani, M. and Pons, O. (1997): Likelihood ratio tests for genetic linkage. *Statistics & Probability Letters*, **33**(1), 15-22.

Lin, Y. and Lindsay, B. G. (1997): Projections on cones, chi-bar squared distributions, and Weyl's formula. *Statistics & Probability Letters*, **32**(4), 367-376.

Lindsay, B. G. (1995): Mixture Models: Theory, Geometry and Applications. NSF-CBMS Regional Conference Series in Probability and Statistics, Vol. 5. Institute of Mathematical Statistics.

McLachlan, G. and Peel, D. (2000): Finite Mixture Moldels. Wiley.

松本幸夫(1988): 多様体の基礎. 東京大学出版会.

ミルナー, J. W. (志賀浩二訳)(1983): モース理論. 数学叢書, 8. 吉岡書店.

Miwa, T., Hayter, A. J. and Liu, W. (2000): Calculations of level probabilities for normal random variables with unequal variances with applications to Bartholomew's test in unbalanced one-way models. *Computational Statistics & Data Analysis*, **34**(1), 17-32.

Moriguti, S. (1953): A modification of Schwarz's inequality with applications to distributions. *The Annals of Mathematical Statistics*, **24**(1), 107-113.

Naiman, D. Q. (1990): Volumes of tubular neighborhoods of spherical polyhedra and statistical inference. *The Annals of Statistics*, **18**(2), 685-716.

Naiman, D. Q. and Wynn, H. P. (1992): Inclusion-exclusion-Bonferroni identities and inequalities for discrete tube-like problems via Euler characteristics. *The Annals of Statistics*, **20**(1), 43-76.

Naiman, D. Q and Wynn, H. P. (1997): Abstract tubes, improved inclusion-exclusion identities and inequalities and importance sampling. *The Annals of Statistics*, **25**(5), 1954-1983.

中川聖一(1988): 確率モデルによる音声認識. 電子情報通信学会.

Ninomiya, Y. (2004): Construction of conservative test for changepoint problem in two-dimensional random fields. *Journal of Multivariate Analysis*, **89**(2), 219-242.

西尾真喜子(1978): 確率論. 実教出版.

Orr, G. B. and Müller, K. -R. (eds.)(1998): Neural Networks: Tricks of the Trade. Springer.

Ott, J. (1999): Analysis of Human Gentic Linkage, 3rd ed. Johns Hopkins University Press.

Robertson, T., Wright, F. T. and Dykstra, R. L. (1988): Order Restricted Statistical Inference. Wiley.

Rumelhart, D. E., Hinton, G. E. and Williams, R. J. (1986): Learning internal representations by error propagation. In D. E. Rumelhart, J. L. McClelland and the PDP Research Group (eds.): Parallel distributed processing, Vol. 1. MIT Press, pp. 318-362.

Santaló, L. A. (1976): Integral Geometry and Geometric Probability. Encyclopedia of Mathematics and its Applications, Vol. 1. Addison-Wesley.

Self, S. G. and Liang, K. -Y. (1987): Asymptotic properties of maximum likelihood estimators and likelihood ratio tests under nonstandard conditions. *Journal of the American Statistical Association*, **82**(398), 605-610.

Shapiro, A. (1987): On differentiability of metric projections in $\mathbf{R}^n$. I. Boundary case. *Proceedings of the American Mathematical Society*, **99**(1), 123-128.

Shapiro, A. (1988): Towards a unified theory of inequality constrained testing in multivariate analysis. *International Statistical Review*, **56**(1), 49-62.

Sibuya, M., Kawai, T. and Shida, K. (1990): Equipartition of particles forming clusters by inelastic collisions. *Physica A. Statistical and Theoretical Physics*, **167**(3), 676-689.

Sun, J. (1993): Tail probabilities of the maxima of Gaussian random fields. *The Annals of Probability*, **21**(1), 34-71.

高橋倫也(1994): 極値統計量の漸近理論について. 数学, **46**(1), 39-50.

竹村彰通, 谷口正信(2003): 統計学の基礎 I. 統計科学のフロンティア 1. 岩波書店.

Takemura, A. and Kuriki, S. (1997): Weights of χ^2 distribution for smooth or piecewise smooth cone alternatives. *The Annals of Statistics*, **25**(6), 2368-2387.

Takemura, A. and Kuriki, S. (2002): On the equivalence of the tube and Euler characteristic methods for the distribution of the maximum of Gaussian fields over piecewise smooth domains. *The Annals of Applied Probability*, **12**(2), 768-796.

竹内啓, 広津千尋, 公文雅之, 甘利俊一(2003): 統計学の基礎 II. 統計科学のフロンティア 2. 岩波書店.

Taylor, J. E., Takemura, A. and Adler, R. (2003): Validity of the expected Euler characteristic heuristic. *METR* 2003-26, Department of Mathematical Informatics in Graduate School of Information Science and Technology, University of Tokyo.

van der Vaart, A. W. (1998): Asymptotic Statistics. Cambridge University Press.

van der Vaart, A. W. and Wellner, J. A. (1996): Weak Convergence and Empirical Processes. Springer.

Vapnik, V. N. (1998): Statistical Learning Theory. Wiley.

Veres, S. (1987): Asymptotic distributions of likelihood ratios for overparameterized ARMA processes. *Journal of Time Series Analysis*, **8**(3), 345-357.

Wald, A. (1949): Note on the consistency of the maximum likelihood estimate. *The Annals of Mathematical Statistics*, **20**(4), 595-601.

汪金芳, 田栗正章, 手塚集, 樺島祥介, 上田修功(2003): 計算統計 I. 統計科学の フロンティア 11. 岩波書店.

Watanabe, S. (2001): Algebraic analysis for non-identifiable learning machines. *Neural Computation*, **13**(4), 899-933.

Weyl, H. (1939): On the volume of tubes. *American Journal of Mathematics*, **61**(2), 461-472.

Worsley, K. J. (1995a): Estimating the number of peaks in a random field using the Hadwiger characteristic of excursion sets, with applications to medical images. *The Annals of Statistics*, **23**(2), 640-669.

Worsley, K. J. (1995b): Boundary corrections for the expected Euler characteristic of excursion sets of random fields, with an application to astrophysics. *Advances in Applied Probability*, **27**(4), 943-959.

柳井晴夫, 高根芳雄(1985): 新版 多変量解析法. 朝倉書店.

補論 A

非正則な場合の推測理論

竹内啓

232 | 補論 A　非正則な場合の推測理論

1　正則条件

普通の統計的推測理論の中では，標本分布に関していくつかの条件，いわゆる正則条件(regularity condition)が前提され，そのもとで検定や推定などの統計的推測の方式の性質が証明されている．

しかし現実のデータについては，必ずしもこのような条件を満たすモデルが仮定できない場合もある．その場合，ふつうに考えられている推測の方式はどのような性質をもつことになるであろうか．またそれ以外にどのような方式が考えられるであろうか．これが統計的推測の非正則理論(nonregular theory)の課題である．

もっとも簡単な場合を考えよう．今標本観測値を $X_1, X_2, \cdots, X_n$ とする．これについてもっともふつうに仮定される正則条件は次のようなものである．

1　$X_1, X_2, \cdots, X_n$ は互いに独立に分布する．

2　$X_1, X_2, \cdots, X_n$ は同一分布に従う．

3　X_1 の分布は有限次元の実ベクトル母数 θ によって決定される．

4　X_1 の分布は密度関数 $f(x, \theta)$ をもつ．

5　分布の台 $S_\theta = \{x : f(x, \theta) > 0\}$ は θ に依存しない．

6　密度関数 $f(x, \theta)$ は，θ に依存しないゼロ集合 N を除くすべての $x \in S - N$ において θ に関して必要な(2, 3 あるいは 4)回連続微分可能である．

7　すべての θ に対して Fisher 情報行列 I_θ は

$$I_\theta = E\left[\frac{\partial}{\partial \theta} \log f(X, \theta) \frac{\partial}{\partial \theta} \log f(X, \theta)\right]$$

で定義され，かつ I_θ は正則である．

ところが，上記のような正則条件のうちの 1 つあるいはいくつかが成り立たないとすると，このような結論も成り立たなくなってしまう．どの条件が成り立たなくなると，どのようなことがおこるかが問題である．

ここでは n が大きくなるときの漸近理論についてだけ考えよう．また母数 θ の一成分が関心の対象となり，他の成分は攪乱母数である場合を考え

よう．そこで改めて母数が実母数 θ，および攪乱母数ベクトル τ の 2 つの部分から成るとしよう．

そこで次のように定義する．十分大きい n に対して，推定量の系列

$$\widehat{\theta}_n = \widehat{\theta}_n(X_1, X_2, \cdots, X_n), \quad n = N_0, N_{0+1}, \cdots$$

が定義されるとする．

1　$\widehat{\theta}_n$ が θ の**一様一致推定量**（uniformly consistant estimator）であるとは，任意の (θ_0, τ_0) および任意の $\varepsilon > 0$ に対して，(θ_0, τ_0) のある近傍に属する (θ, τ) について，一様に

$$\lim_{n \to 0} P_{n\theta,\tau}\left\{|\widehat{\theta}_n - \theta| > \varepsilon\right\} = 0$$

となること

2　無限大に発散する正数系列 c_n に対して，$\widehat{\theta}_n$ がオーダー c_n の一致性をもつとは，任意の (θ_0, τ_0) の近傍で一様に，

$$\lim_{K \to \infty} \limsup_{n \to \infty} P_{n,\theta,\tau}\left\{c_n|\widehat{\theta}_n - \theta| > K\right\} \to 0$$

となること

3　一致推定量 $\widehat{\theta}_n$ がオーダー d_n の**漸近中央値不偏推定量**（asymptotically medium unbiased estimator）であるとは，任意の (θ_0, τ_0) の近傍で一様に

$$\lim_{n \to \infty} d_n\left[P_{n,0,\tau}(\widehat{\theta}_n - \theta < 0) - \frac{1}{2}\right]$$
$$= \lim_{k \to \infty} d_n\left[P_{n,0,\tau}(\widehat{\theta}_n - \theta > 0) - \frac{1}{2}\right] = 0$$

となること，$d_n = 1$ のときは単に漸近中央値不偏であるという．

4　オーダー c_n の一致性をもつ漸近中央値不偏な推定量 $\widehat{\theta}_n^*$ は，同じ条件を満たす任意の推定量 $\widehat{\theta}_n$ に対して，任意の正数 $a, b > 0$ について

$$\liminf_{n \to \infty}\left[P_{n,\theta,\tau}\left\{-a < c_n(\widehat{\theta}_n^* - \theta) < b\right\}\right.$$
$$\left. -P_{n,\theta,\tau}\left\{-a < c_n(\widehat{\theta}_n - \theta) < b\right\}\right] \geq 0$$

であるとき (θ, τ) において（局所）漸近有効であるという．すべての (θ, τ)

234 | 補論 A 非正則な場合の推測理論

に対して，局所漸近有効であるとき，一様漸近有効，あるいは単に漸近有効(asymptotically efficient)であるという．

5 オーダー c_n の一致性，オーダー d_n の漸近中央値普遍性をもつ推定量 $\widehat{\theta}_n^*$ は同じ条件を満たす任意の推定量 $\widehat{\theta}_n$ に対して任意の正数 $a, b > 0$ に

$$\liminf_{n \to \infty} d_n \left[P_{n,\theta,\tau} \left\{ -a < c_n(\widehat{\theta}_n^* - \theta) < b \right\} - P_{n,\theta,\tau} \left\{ -a < c_n(\widehat{\theta}_n - \theta) < b \right\} \right] \geq 0$$

であるとき(局所，あるいは一様に)オーダー d_n の漸近有効性をもつという．

上記の表現はやや面倒であるが，正則な場合には $c_n = n^{\frac{1}{2}}$ であり，また $d_n = n^{\frac{k-1}{2}}$ のとき **k** 次の漸近有効性をもつというのである．このような条件のもとで，たとえば最尤推定量 $\widehat{\theta}$ を

$$\sum_{i=1}^{n} \log f(X_i, \widehat{\theta}) = \sup_{\theta} \sum_{i=1}^{n} \log f(X_i, \theta)$$

で定義すると，n が大きいとき $\sqrt{n}\,(\widehat{\theta} - \theta)$ が漸近的に多次元正規分布 $N(\mathbf{0}, I_\theta^{-1})$ に従い，また漸近有効性(あるいは高次の漸近有効性)をもつことが示される．また仮説 $\theta = \theta_0$ に対して尤度比を

$$\lambda = \sup_{\theta} \Pi_i \frac{f(X_i, \theta)}{f(X_i, \theta_0)}$$

で定義すると，仮説のもとで $2 \log \lambda$ は自由度 $p(\theta$ の次元$)$のカイ 2 乗分布に従うことが示され，また λ にもとづく検定，すなわち尤度比検定は漸近的に最強力不偏検定になることが示される．

2 同一分布でない場合

そこで正則条件の 1 つ 1 つが満たされない場合にどのようなことがおこるかについて，若干の事例については次の章でくわしくのべることにし，ここではその概略をのべよう．

まず独立性の仮定について，まったく一般的な非独立の場合については何

もいえないが，いろいろな特殊例については，条件3〜7と同様の正則条件の
もとで，正則な場合と同様の結果が成り立つ．とくに定常系列，すなわち任
意の k に対して $(X_{n+1}, X_{n+2}, \cdots, X_{n+k})$ の同時分布が n に依存しない場合
には，さらに n が大きいとき，$(X_1, X_2, \cdots, X_k)$ と $(X_{n+1}, X_{n+2}, \cdots, X_{n+k})$
が，ほぼ独立になることを仮定すれば，最尤推定量や尤度比検定の漸近的
性質について，正則の場合とほとんど同じことがいえる．それについては
定常時系列，マルコフ過程などで詳しく証明されている．

次に同一分布の仮定については，他の正則条件が満たされている限り，あ
まり困難はない．とくに

$$Z_i = \frac{\partial}{\partial \theta} \log f(X_i, \theta, \tau) - a_i' \frac{\partial}{\partial \tau} \log f(X_i, \theta, \tau),$$

$$E(Z_i^2) = I_i, \quad E(Z_i \frac{\partial}{\partial \tau} \log f(X_i, \theta, \tau)) = 0,$$

とするとき $\sum Z_i$ について Lindeberg 条件が成立して，$c_n^2 = \sum I_i$ とおくと
き，$\sum Z_i / c_n$ が正規分布に近づくならば，最尤推定量がオーダー c_n の一致
性をもちかつ漸近有効であることが証明される．多くの場合，Lindeberg 条
件は，条件

$$\lim_{n \to \infty} \sup_i I_i / \sum I_i \to 0$$

に帰着する．

上記の条件は，標本全体の中で i 番の観測値がもつ情報量の比重がゼロ
に近づくことを意味している．いいかえれば，推測方式の中で，特定の観
測値の与える影響は無限に小さくなること，したがってその分布形が影響
しなくなることを意味している．逆にこの条件が成り立たなければ，特定
の観測値が推測方式に一定の影響を与えることになる．したがって多くの
場合上記の条件は，最尤推定量の漸近正規性および漸近有効性が成り立つ
ための，必要十分条件を与えているのである．

同一分布でない典型的な例は，一般回帰モデル，すなわち

$$X_i = \psi(\theta, Z_i) + u_i, \quad i = 1, 2, \cdots, n$$

と表わされる場合である．ここに Z_i は既知の説明変数ベクトルであり，u_i

236 | 補論 A　非正則な場合の推測理論

は一般に平均 0 の独立分布に従う誤差項である.

この場合情報量行列は,

$$I(\theta) = \sum \frac{\partial}{\partial \theta} \psi(\theta, Z_i) \frac{\partial}{\partial \theta'} \psi(\theta, Z_i)$$
$$= \sum I_i(\theta)$$

となるから,

$$\max_i \sup_a \frac{a' I_i(\theta) a}{a' I(\theta) a} \to 0$$

ならば, 前記の条件が満たされる.

3　いくつかの非正則な場合

　分布が有限次元の母数によって完全に決定されるという条件は, 問題がいわゆるパラメトリック問題として定式化されていることを意味する. これに対して分布の形が有限次元の母数によって決定されていない問題は, ノンパラメトリック問題, あるいはセミパラメトリック問題と呼ばれている. ノンパラメトリック問題の典型的な例は, $X_1, X_2, \cdots, X_n$ が, 互いに独立に分布関数 F をもつ分布に, $Y_1, Y_2, \cdots, Y_n$ が X と独立, また互いに独立に分布関数 G をもつ分布に従うとして, 仮説 $F \equiv G$ を検定する問題である. この場合の検定方式はノンパラメトリック検定と呼ばれる.

　セミパラメトリック問題の典型的な例は, $X_1, X_2, \cdots, X_n$ が互いに独立に θ を中央値として対称な密度関数をもつと仮定し, その関数の形については何も仮定せず, θ の推定や検定を考える場合である. ノンパラメトリック問題やセミパラメトリック問題については, たくさんのまとまった文献があるので, ここでは立ち入らない.

　分布の台が母数に依存しないという仮定は正則性についての本質的な条件であって, これが成り立たないときには, 正則な場合とまったく異なる結果が得られる. そのもっとも典型的な場合は一様分布, すなわち $X_1, X_2, \cdots, X_n$ が互いに独立に区間 $\left[\theta - \frac{\tau}{2}, \theta + \frac{\tau}{2}\right]$ の範囲の一様分布に従う場合である. この場合, およびこれをやや拡張した場合については, 次の章でくわしく

のべるが，小標本の場合でも，この例について次のような，正則の場合とは著しく異なる結果が成り立っている．

この場合十分統計量が $[\min X_i \; \max X_i]$ で与えられることはすぐわかる．そうして

$$\widehat{\theta} = \frac{\min X_i + \max X_i}{2}, \quad \widehat{\tau} = \frac{n+1}{n-1}(\max X_i - \min X_i)$$

とすれば，$\widehat{\theta}, \widehat{\tau}$ は θ, τ の不偏推定量になり，かつ θ, τ がともに未知ならば，一様最小分散不偏推定量になる．

ところが，τ が既知(たとえば $\tau = 1$)とすると，$\widehat{\theta}$ は一様最小分散不偏推定量ではなくなり，もはや一様最小分散不偏推定量は存在しないことが示される．実際任意の θ_0 を固定すると，θ の不偏推定量であって，かつ

$$V_{\theta_0}(\widehat{\theta}_0) = 0$$

となるような推定量 $\widehat{\theta}_0$ が存在する．上記の $\widehat{\theta}$ については，$n(\widehat{\theta} - \theta)$ が次のような密度関数をもつ両側指数分布に近づくことがわかっている．

$$f(a) = \frac{1}{2}e^{-|u|}$$

すなわち，この場合一致性のオーダーは正則の場合のような $n^{\frac{1}{2}}$ ではなく n であり，また推定量の漸近分布も正規分布でなくなる．

一般的に分布の台が θ に依存する場合には，一致性のオーダーが $n^{\alpha}, \frac{1}{2} < \alpha$ あるいは $(n\log n)^{\frac{1}{2}}$ になる場合がある．そうしてこのような場合には最尤推定量の漸近正規性，漸近有効性などが一般に成立しない．

密度関数が θ に関して不連続である場合も扱いが面倒である．

たとえば $X_1, X_2, \cdots, X_n$ が互いに独立に次のような密度をもつ分布に従うとしよう．

$$f(x, \theta) = \begin{cases} \dfrac{1}{3} & 0 < x < \theta, \; 1+\theta < x < 2 \\[2mm] \dfrac{2}{3} & \theta \leq x \leq 1+\theta \\[2mm] 0 & x \leq 0, \; x \geq 2 \end{cases}$$

$0 \leq \theta \leq 1$ は未知母数とする．この場合 Fisher 情報量は定義できないが，Kullback 情報量は

$$I(\theta_1, \theta_2) = \int_0^2 f(x_1, \theta_1) \log \frac{f(x, \theta_1)}{f(x, \theta_2)} lx$$

$$= |\theta_1 - \theta_2| \log 2$$

となる．したがって

$$nI\left(\theta, \theta + c/n\right) > \varepsilon > 0$$

となるから，オーダー n の一致性をもつ推定量が存在し得る．しかしこの場合最尤推定量は，解析的に表現できない．簡単な不偏推定量

$$\widehat{\theta} = 3\bar{X} - 5/2$$

はオーダー $n^{\frac{1}{2}}$ の一致推定量であって，オーダー n の一致性をもたない．

この場合「よい」推定量を見出すことは困難である．

また，密度関数が θ に関して不連続になるもう1つの例として，次のような密度関数をもつ場合が考えられる．

$$f(x, \theta) = g(x - \theta)$$

$$g(0) = 0$$

$$g(u) = \frac{1}{2\Gamma(\alpha)} |u|^{\alpha-1} e^{-|u|}$$

ここで $0 < \alpha < 1$ とすると，f は $x = 0$ で不連続になる．

この場合最尤推定量が定義できないことは明らかである．また

$$\widehat{\theta} = \operatorname{med} X_i \qquad (X_1, X_2, \cdots, X_n \text{ の中央値})$$

とすると，$\widehat{\theta}$ はオーダー $n^{\frac{1}{2\alpha}}$ の一致性をもち，これが推定量の一致性の可能な最大のオーダーであることが証明できるが，それは漸近有効推定量ではない．どのような推定量が漸近有効になるか，あるいはそもそも漸近有効な推定量が存在するか否かもわかっていない．さらに $f(x, \theta)$ が θ に関して微分可能であるか，連続関数が不連続になる場合，たとえば密度関数が

$$f(x) = \frac{1}{2} \exp -|x - \theta|$$

となる場合については Fisher がすでに 1925 年の論文で論じているが，次のことがいえる．

この場合でも情報量は

$$I_\theta = E\left(\frac{\partial}{2\partial\theta}\log f(x,\theta)\right)^2 = 1$$

と定義される．最尤推定量はこの場合，$\widehat{\theta}^* = \mathrm{med}\,X_i$ であるが，$\sqrt{n}\,(\widehat{\theta}^* - \theta)$ は漸近的に平均 0，分散 1 の正規分布になり，1 次の漸近有効推定量になる．しかしこの場合最尤推定量は正則な場合と違って 2 次の有効推定量をもたない．この点については次の章でくわしくのべる．

4 Fisher 情報行列の特異性

また別の特殊な例は，1〜6 がすべて満たされるが，Fisher 情報行列が無限大になる場合，あるいは非正則になる場合である．

局外母数が存在しない場合，

$$I(\theta) = E\left(\frac{\partial}{\partial\theta}\log f(x,\theta)\right)^2 = \infty$$

となる場合を考えよう．この場合も仮説 $\theta = \theta_0$ に対する局所最強力検定の棄却条件は，

$$\sum_i Z_{i,0} = \sum \frac{\partial}{\partial\theta}\log f(x_i,\theta_0) > \lambda$$

となるから，適当な定数列 c_n をとるとき，$c_n^{-1}\sum_{i=1}^n Z_{i,0}$ が一定の分布に収束するか否かが問題となる．いうまでもなく $I_\theta < \infty$ ならば $c_n = \sqrt{n}$ であり，漸近分布は正規分布になる．

$$0 < \limsup_{A\to\infty} A^2 P\{|Z_i| > A\} < \infty$$

のときは，$c_n = (n\log n)^{\frac{1}{2}}$ となり，漸近分布はやはり正規分布になる．

$$0 < \lim_{A\to\infty} A^\alpha P\{|Z_i| > A\} < \infty,\quad \alpha < 2$$

の場合には $c_n = n^{\frac{1}{\alpha}}$ となり，漸近分布は指数 α の安定分布になる．

また最尤推定量 $\widehat{\theta}$ は，方程式

$$c_n^{-1}\sum \frac{\partial}{\partial\theta}\log f(x_i,\theta_0) + c_n^{-2}\sum \frac{\partial^2}{\partial\theta^2}\log f(x_i,\theta^*)c_n(\widehat{\theta}-\theta) = 0,$$

$$|\theta - \theta_0| < |\widehat{\theta} - \theta_0|$$

の根であるから,

$$c_n^{-2}\sum \frac{\partial^2}{\partial\theta^2}\log f(x_i,\theta^*)$$

がある量 M に確率収束するならば, $c_n M^{-1}(\widehat{\theta}-\theta)$ の漸近分布は, $c_n^{-1}\sum Z_{i,0}$ の漸近分布に一致する. したがって最尤推定量にもとづく検定の棄却域 $\widehat{\theta} > \lambda'$ は局所最強力検定に漸近的に一致する. そのことは $\widehat{\theta}$ が漸近有効推定量になることを意味する.

以上のことは独立同一分布に従う確率変数の和に関する理論の直接的な応用として導かれる.

上記の式が一定の値に確率収束しない場合, すなわち尤度の 2 次導関数について大数法則が成立しない場合には, 最尤推定量を $\widehat{\theta}_n$ と表して,

$$c_n(\widehat{\theta}_n - \theta)$$

$$\simeq \left(c_n^{-1}\sum \frac{\partial}{\partial\theta}\log f(x_i,\theta)\right) \Big/ \left(-c_n^{-2}\sum \frac{\partial^2}{\partial\theta^2}\log f(x_i,\theta)\right)$$

という形で表現すると, 右辺の第 2 項が定数に確率収束しないから, $c_n(\widehat{\theta}_n-\theta)$ の漸近分布は $c_n^{-1}\sum Z_{i,0}$ の漸近分布と一致しなくなり, したがって最尤推定量にもとづく検定は漸近的に局所最強力でなくなる. またそのことから最尤推定量が漸近有効性をもたないこと, 漸近有効性をもつ推定量が存在しないことも証明される.

一方 $I(\theta) = 0$ となる場合については, もしある θ の開区間内で $I(\theta) \equiv 0$ ならば, $\frac{\partial}{\partial\theta}\log f(x_i,\theta) \equiv 0$ を意味するから, この区間内で $\log f(x_i,\theta)$ は θ に依存しない. このとき θ に関する情報が存在せず, θ に関する推測ができないことは明らかである.

特定の θ_0 について $I(\theta_0) = 0$ となり, かつ θ_0 の近傍では $I(\theta) > 0$ となる場合には, θ を単調な関数 $\eta = \eta(\theta)$ に変換して, η を母数とすれば, η に関する情報量は,

$$I(\eta) = \left(\frac{\partial \theta}{\partial \eta}\right)^2 I(\theta) = \left(\frac{\partial \eta}{\partial \theta}\right)^{-2} I(\theta)$$

となる．そこで η を適当に選んで $\dfrac{\partial \eta(\theta_0)}{\partial \theta} = 0$ かつ $\theta \to \theta_0$ のとき，$I_\eta \to I_{\eta_0} > 0$ となるようにできれば，母数 η に関しては状況は正則となり，正則条件のもとでの理論にあてはめられる．θ に関する推測は $\widehat{\theta} = \eta^{-1}(\widehat{\eta})$ から導けばよい．

局外母数 I が存在する場合，情報行列を

$$I(\theta_0, I) = \begin{pmatrix} I_{\theta\theta}(\theta, \tau) & I_{\theta\tau}(\theta, \tau) \\ I_{\tau\theta}(\theta, \tau) & I_{\tau\tau}(\theta, \tau) \end{pmatrix}$$

と分解するとき，ある θ_0 に対して $I(\theta_0, \tau)$ が特異になる．すなわち $|I(\theta_0, \tau)| = 0$ となる場合が問題になる．ここでも θ_0 の近傍では特異にならないとする．このとき基本的に $I_{\theta\theta}(\theta_0, \tau) = 0$ となる場合と，$|I_{\tau\tau}(\theta_0, \tau)| = 0$ となる場合がある．前者の場合は θ を変換することによって正則な場合に帰着させることができる場合が多いが，後者の場合は問題は困難である．とくに仮説 $\theta = \theta_0$ の検定問題が面倒になり，ふつうの漸近理論は当てはめられなくなる．

このような場合の中で，最近いろいろと論ぜられているのがいわゆる混合モデル（mixture model）である．そのもっとも簡単な場合は，$\phi(x, \theta)$ を実母数 θ をふくむ密度関数とし，X_i の密度が，

$$f(x, \theta, \lambda) = (1 - \lambda)\phi(x, 0) + \lambda\phi(x, \theta)$$

と表わされる場合である．$0 \le \lambda \le 1$ が局外母数である．この場合，

$$\frac{\partial}{\partial \theta} \log f(x, \theta, \lambda) = \left(\frac{\lambda}{f(x, \theta, \lambda)}\right) \frac{\partial}{\partial \theta} \phi(x, \theta)$$

$$\frac{\partial}{\partial \lambda} \log f(x, \theta, \lambda) = \frac{1}{f(x, \theta, \lambda)} (\phi(x, 0) - \phi(x, \theta))$$

そこで $\theta = 0$ のときには，

$$I(0, \lambda) = \begin{pmatrix} \lambda^2 I(\theta) & 0 \\ 0 & 0 \end{pmatrix}$$

242 | 補論 A　非正則な場合の推測理論

となる．ただし，$I(\theta) = E\left(\dfrac{\partial}{\partial \theta} \log \phi(x, \theta)\right)^2$ となって，$I(0, \lambda)$ は特異になる．そこで仮説 $\theta = 0$ の検定について問題が生ずる．この場合尤度比検定の漸近分布が正則の場合とまったく異なった性質を示すことが指摘され，最近そのことについてくわしい研究が行われているが，それについては前の章で紹介されている．

しかしこの場合，局所最強力検定は容易に求められることを指摘しておこう．なぜならば局所最強力検定統計量は，

$$\sum \frac{\partial}{\partial \theta} \log f(x, \theta, \tau) = \lambda \sum \frac{\partial}{\partial \theta} \log \phi(x, \theta)$$

で与えられるから，局所最強力検定の棄却域は λ と無関係に，

$$\sum \frac{\partial}{\partial \theta} \log \phi(x, 0) > c$$

という形で与えることができるからである．

この場合対立仮説 $\theta = \triangle\theta$ に対する漸近的な検出力は n が大きく，$\triangle\theta$ が小さいとき $n\lambda^2(\triangle\theta)^2$ の関数として与えられる．

たとえば $\phi(x, \theta)$ が平均 θ，分数 1 の正規分布の密度を表わすとき，仮説 $\theta = 0$ の局所最強力検定は

$$T = \frac{1}{n}\sum x_i > c$$

で与えられ，その検出力は $n\lambda\theta^2$ の関数になることはすぐわかる．

問題をやや複雑にして，θ_1, θ_2 を 2 つの実母数とし，

$$f(x, \theta_1, \theta_2, \lambda) = (1 - \lambda)\phi(x, \theta_1) + \lambda\phi(x, \theta_2)$$

とすると，

$$\frac{\partial}{\partial \theta_1} \log f(x, \theta_1, \theta_2, \lambda) = \frac{(1 - \lambda)}{f(x, \theta_1, \theta_2, \lambda)} \frac{\partial}{\partial \theta_1}\phi(x, \theta_1)$$

$$\frac{\partial}{\partial \theta_2} \log f(x, \theta_1, \theta_2, \lambda) = \frac{\lambda}{f(x, \theta_1, \theta_2, \lambda)} \frac{\partial}{\partial \theta_2}\phi(x, \theta_2)$$

$$\frac{\partial}{\partial \lambda} \log f(x, \theta_1, \theta_2, \lambda) = \frac{1}{f(x, \theta_1, \theta_2, \lambda)} (\phi(x_1, \theta_1) - \phi(x, \theta_2))$$

となるから，$\theta_1 = \theta_2 = \theta$ のとき，

$$\bar{I}(\theta, \theta, \lambda) = \begin{pmatrix} (1-\lambda)^2 I(\theta) & \lambda(1-\lambda)I(\theta) & 0 \\ \lambda(1-\lambda)I(\theta) & \lambda^2 I(\theta) & 0 \\ 0 & 0 & 0 \end{pmatrix}$$

となって，$\operatorname{rank} I(\theta, \theta, \lambda) = 1$ となり，階数が 2 つ落ちる．

この場合には仮説 $\theta_1 = \theta_2$ の局所最強力検定は求められない．また対立仮説 $\theta_2 = \theta_1 + \triangle\theta$ に対応する漸近検出力は，$n^4 |\triangle\theta|$ に依存することが示される．すなわち $|\triangle\theta|$ が $n^{-\frac{1}{4}}$ に比例する値のとき，0 より大きい検出力をもつことになる．

$\phi(x, \theta)$ が平均 θ，分散 1 の正規分布の密度を表すとき，仮説 $\theta_1 = \theta_2$ の局所不偏局所最強力検定は

$$T = \frac{1}{n} \sum_{i=1}^{n} (x_i - \bar{x})^2 > c$$

で与えられる．

$$E(T) = \lambda(1-\lambda)(\theta_1 - \theta_2)^2 + 1$$

また仮説の近くで

$$V(T) \simeq \frac{2}{n}$$

となるから，n が大きければ T の分布は正規分布に近づき，検定の検出力は $\sqrt{n}(\theta_1 - \theta_2)^2$，すなわち $n^{\frac{1}{4}}(\theta_1 - \theta_2)$ に依存することがわかる．

補論 B
非正則モデルの情報損失

赤平昌文

補論 B　非正則モデルの情報損失

1　非正則モデル

通常，データの源泉である母集団について，特性値をもつ母集団分布を考えることが多い．そして母集団分布がその特性値によって表わされるとき，それを母数（パラメータ）という．母集団分布が母数によって完全に決定されるとき，その分布族をパラメトリックモデルという．

パラメトリックモデルにおいては，分布に正則条件，すなわち滑らかさの条件を仮定した正則モデルを考えることが多いが，正則な条件が必ずしも成り立たないようなモデルを非正則モデルといい，特異モデルはその1つと考えられる．

まず，正則条件の典型的なものとして，Cramér-Rao の不等式，すなわち母数の不偏推定量の分散の下界を与える情報不等式が成り立つための条件がよく知られている（Pitman, 1979, Chap. 5）．実際，確率変数 X が（ルベーグ測度に関する）確率密度関数（または単に密度）$p(x,\theta)$ をもつとする．ただし，$\theta \in \Theta \subset \mathbf{R}^1$ とし，Θ は開区間とする．このとき，次の(i)〜(iii)などを正則条件という．

（ⅰ）$p(\cdot,\theta)$ の台（support）$\mathcal{X} = \{x|p(x,\theta) > 0\}$ は θ に無関係である．

（ⅱ）各 x について，$p(x,\theta)$ は θ に関して偏微分可能である．

（ⅲ）$0 < I_X(\theta) = E_\theta\left[\{(\partial/\partial\theta)\log p(X,\theta)\}^2\right] < \infty$．ここで，$I_X(\theta)$ はフィッシャー（Fisher）情報量と呼ばれ，X の（もつ θ に関する）情報量を表わす．

条件(i)が成り立たない例としては，一様分布，切断分布などがあり，(ii)が成り立たない例としては，両側指数分布などがあり，(iii)が成り立たない例としては一様分布がある．

いま，(i)をみたすが，(ii)をみたさないとする．このとき，θ の関数 $g(\theta)$ の推定問題を考える．まず，$g(\theta) \neq g(\theta+\Delta)$ となる $\theta, \theta+\Delta \in \Theta$ について

$$\psi(x,\theta) = \frac{p(x,\theta+\Delta)}{p(x,\theta)} - 1 \tag{1}$$

とおくと，$E_\theta(\psi) = 0$ になる．次に，$g(\theta)$ の任意の不偏推定量 $\hat{g}(X)$，すな

わち任意の $\theta \in \Theta$ について $E_\theta(\widehat{g}) = g(\theta)$ となる $\widehat{g}$ について，$\widehat{g}$ と ψ の共分散は

$$\mathrm{Cov}_\theta(\widehat{g}, \psi) = E_\theta(\widehat{g}\psi) = g(\theta + \Delta) - g(\theta) \qquad (2)$$

になる．よって，Schwarz の不等式より

$$\{\mathrm{Cov}_\theta(\widehat{g}, \psi)\}^2 \le E_\theta\left[\{\widehat{g}(X) - g(\theta)\}^2\right] E_\theta\left[\psi^2(X, \theta)\right]$$

となるから，式(1)，(2)より $\widehat{g}$ の分散について

$$V_\theta(\widehat{g}) \ge \{g(\theta + \Delta) - g(\theta)\}^2 \left/ E_\theta\left[\left\{\frac{p(X, \theta + \Delta)}{p(X, \theta)} - 1\right\}^2\right]\right. \qquad (3)$$

になる．また，不等式(3)は任意の Δ について成り立つから，不等式(3)の下界を $B(\theta, \theta + \Delta)$ とすれば

$$V_\theta(\widehat{g}) \ge \sup_\Delta B(\theta, \theta + \Delta) \qquad (4)$$

になる．これらの不等式を Hammersley-Chapman-Robbins(H-C-R)の不等式という(Hammersley, 1950; Chapman and Robbins, 1951)．なお，不等式(3)を得る前提条件として，条件(i)，すなわち $p(\cdot, \theta)$ の台が θ に無関係であることを仮定したが，この条件を少し緩めることができる．実際，$p(\cdot, \theta)$ の台を $S(\theta)$ とし，$S(\theta + \Delta) \subset S(\theta)$ $(\theta, \theta + \Delta \in \Theta)$ であれば，不等式(3)は成り立ち，式(4)については

$$V_\theta(\widehat{g}) \ge \sup_{\Delta : S(\theta + \Delta) \subset S(\theta)} B(\theta, \theta + \Delta) \qquad (5)$$

になる．

いま，確率変数 X が区間 $[0, \theta]$ 上の一様分布 $U(0, \theta)$ に従うとし，$g(\theta) = \theta$ とする．ただし，$\theta > 0$ とする．このとき，$U(0, \theta)$ の密度 $p(x, \theta)$ の台を $S(\theta)$ とすれば，$-\theta < \Delta < 0$ となる任意の Δ について $S(\theta + \Delta) \subset S(\theta)$ をみたし，

$$E_\theta\left[\left\{\frac{p(X, \theta + \Delta)}{p(X, \theta)} - 1\right\}^2\right] = -\frac{\Delta}{\theta + \Delta}$$

となる．よって，式(3)より，θ の任意の不偏推定量 $\widehat{\theta}(X)$ について

$$V_\theta(\widehat{\theta}) \ge -\Delta(\theta + \Delta)$$

が成り立つ．また，式(5)より

$$V_\theta(\widehat{\theta}) \geq \sup_{-\theta < \Delta < 0} \{-\Delta(\theta + \Delta)\} = \theta^2/4 \qquad (6)$$

になる. ここで, $\widehat{\theta}^*(X) = 2X$ は θ の不偏推定量であり, その分散は $V_\theta(\widehat{\theta}^*) = \theta^2/3$ になり, 不等式(6)による分散の下界より大きくなる. よって, H-C-R の下界は必ずしも良いとはいえず, 改善の余地を残している.

次に, (i)〜(iii)などの正則条件がみたされるとする. このとき,

$$\frac{p(x, \theta + \Delta) - p(x, \theta)}{\Delta} \cdot \frac{1}{p(x, \theta)} \longrightarrow \frac{\partial p(x, \theta)}{\partial \theta} \Big/ p(x, \theta) \qquad (\Delta \to 0)$$

になり, θ の関数 $g(\theta)$ も微分可能とすれば

$$\frac{g(\theta + \Delta) - g(\theta)}{\Delta} \longrightarrow g'(\theta) \qquad (\Delta \to 0)$$

になるから, 式(3)と条件(iii)より, $g(\theta)$ の任意の不偏推定量 $\widehat{g}(X)$ について

$$V_\theta(\widehat{g}) \geq \{g'(\theta)\}^2/I_X(\theta) \qquad (7)$$

が成り立つ. これは **Cramér-Rao** の不等式で正則モデルにおける重要な情報不等式である. 上記のような情報不等式を導出するための正則条件の他に, 標本の大きさ n が大きいときに, 推定量の一致性, 漸近正規性が成り立つための正則条件もよく知られている(たとえば, Lehmann(1983)の Chap. 5/6 参照).

本稿では, $X_1, \cdots, X_n$ がたがいに独立に同分布に従う確率変数であるとき, これを(大きさ n の)無作為標本といい, これに基づく推測について考える. さらに, 独立でない場合, 同分布でない場合も非正則な場合として捉えることもできるであろう. ここで取り扱う非正則モデルは, 一様分布の位置母数モデル, 位置尺度母数モデル, そして切断正規分布, 両側指数分布の位置母数モデルなどである. また, 最近, 著しく発展した高次漸近理論によれば, 条件(ii)をみたさないことによる影響が推定量の 1 次の漸近有効性には現われないが, 2 次の漸近有効性に現われ, それは漸近情報量損失, 集中確率の概念によって捉えることができ, その損失を回復させる試みも行われている(第 4 節). また推定量の一致性のオーダーについても, 正則モデルのもとでは $\sqrt{n}$ であるが, 非正則モデルの場合には, $n^{1/\alpha}$

$(0 < \alpha < 2)$, $\sqrt{n \log n}$ などのオーダーが現われてくる(第 5 節). このように非正則モデルのもとでは,正則モデルのもとでとはかなり異なる結果をもたらし,さらに,一様分布の位置母数モデルでは,分散 0 をもつ局所最小分散不偏推定量の存在(第 2 節),切断正規分布の位置母数モデルでは,最尤推定量よりも Pitman 推定量が漸近的に良いことが示される(第 3 節).一般に,非正則モデルの推測の構造はかなり複雑で微妙なので,注意深い考察を要する(Akahira and Takeuchi, 1995).

歴史的には,Fisher(1925, 1934)は,両側指数分布の場合に最尤推定量の情報量損失を計算し,その漸近的なオーダーが $\sqrt{n}$ であり,これは正則な場合には漸近的に定数のオーダーになることに比べて特異であると指摘している(第 4 節参照). また,Neyman は 1926 年に「変異係数が従う確率法則の性質について」という論文をフランス科学アカデミーに提出し,その中で次のような非正則な場合を考察した. いま,$X_1, \cdots, X_n$ が $p(x) > 0$ $(a \le x \le b)$; $p(x) = 0$ ($x < a$ または $x > b$)となる密度 $p(x)$ をもつ分布からの無作為標本とするとき,$\bar{X}$ を標本平均,S^2 を標本分散とする. このとき,$\nu = S/\bar{X}$ を変異係数といい,これは人体計測学でよく用いられる統計量で,それの原点周りの k 次の積率の値が得られるための必要十分条件を求めた(安藤, 1985).

2 一様分布モデル

分布の密度の台が母数に依存する場合の典型として,一様分布を考える.

■一様分布の位置母数モデル

まず,$X_1, \cdots, X_n$ を一様分布 $U\big(\theta - (1/2), \theta + (1/2)\big)$ からの無作為標本とし,$X_{(1)} = \min\limits_{1 \le i \le n} X_i$,$X_{(n)} = \max\limits_{1 \le i \le n} X_i$ とする. ただし,$n \ge 2$,$\theta \in \mathbf{R}^1$ とする. このとき,$\boldsymbol{X} = (X_1, \cdots, X_n)$ の同時密度が

$$f(\boldsymbol{x}, \theta) = \chi_{[x_{(n)} - \frac{1}{2},\, x_{(1)} + \frac{1}{2}]}(\theta) \tag{8}$$

になる(ここで一般に,集合 A について χ_A は定義関数,すなわち $\chi_A(x) = 1$,$x \in A$; $\chi_A(x) = 0$,$x \notin A$). ネイマン(Neyman)の因子分解より,$T = \big(X_{(1)},$

$X_{(n)})$ は θ に対する十分統計量になる，すなわち $T = t$ を与えたとき，$\boldsymbol{X}$ の条件付分布は θ に無関係になる．ただし，$\boldsymbol{x} = (x_1, \cdots, x_n)$，$x_{(1)} = \min\limits_{1 \le i \le n} x_i$，$x_{(n)} = \max\limits_{1 \le i \le n} x_i$ とする．ここで，θ の推定量として，範囲の中央（midrange）$M = \bigl(X_{(1)} + X_{(n)} \bigr)/2$ を考えると，これは θ の最小分散位置共変不偏推定量 $\widehat{\theta}^*(\boldsymbol{X})$ になる．すなわち推定量 $\widehat{\theta}(\boldsymbol{X})$ が任意の定数 c について

$$\widehat{\theta}(X_1 + c, \cdots, X_n + c) = \widehat{\theta}(X_1, \cdots, X_n) + c$$

をみたすとき，θ の位置共変推定量といい，M はその推定量のクラスの中で分散を最小にする不偏推定量になる．一般に，$X_1, \cdots, X_n$ が位置母数 θ をもつ密度 $p(x - \theta)$ からの無作為標本とすれば，$\widehat{\theta}^*$ は

$$\widehat{\theta}^*(\boldsymbol{X}) = X_1 - E_0(X_1 | X_2 - X_1, \cdots, X_n - X_1)$$

$$= \int_{-\infty}^{\infty} \theta \prod_{i=1}^{n} p(X_i - \theta)d\theta \Big/ \int_{-\infty}^{\infty} \prod_{i=1}^{n} p(X_i - \theta)d\theta$$

になり，これをピットマン（Pitman）推定量ともいう．しかし，$\widehat{\theta}^*(\boldsymbol{X})$ は θ に対する十分統計量ではない．実際，$M = \widehat{\theta}^*(\boldsymbol{X})$ とおいて，M を与えたときの $\boldsymbol{X}$ の条件付密度 $f_{\boldsymbol{X}|M}^{\theta}(\boldsymbol{x}|m)$ の台

$$\bigl\{ \boldsymbol{x} | f_{\boldsymbol{X}|M}^{\theta}(\boldsymbol{x}|m) > 0 \bigr\} = \Bigl\{ \boldsymbol{x} | M = m, m < x_{(n)} < \theta + \frac{1}{2} \Bigr\}$$

は θ に依存する．

一方，範囲（range）$R = X_{(n)} - X_{(1)}$ を考えると，R の密度は

$$f_R(r) = \begin{cases} n(n-1)r^{n-2}(1-r) & (0 < r < 1), \\ 0 & （その他） \end{cases}$$

になり，θ に無関係になるから R は補助統計量になる．すでに述べたように，M そのものは十分統計量でなかったが，R を用いて，(M, R) を考えれば，これは θ に対する十分統計量になる．しかしこれは完備ではない．実際，(M, R) の関数として $g(M, R) = R - E(R)$ をとれば，任意の θ について $E_\theta[g(M, R)] = 0$ であるが $g(m, r) \neq 0$ $a.e.$ になる．

さらに，R と M の関係について調べよう．R を与えたときの M の条件付分布は，一様分布 $U(\theta - (1 - R)/2, \theta + (1 - R)/2)$ になる．また，M を与えたときの R の条件付密度は

$$
f_{R|M}^{\theta}(r|m) = \begin{cases} \dfrac{(n-1)r^{n-2}}{(1-2|m-\theta|)^{n-1}} & \left(0 < r < 1,\right. \\ & \quad \left.\theta - \dfrac{1-r}{2} < m < \theta + \dfrac{1-r}{2}\right), \\ 0 & （その他） \end{cases}
$$

になり，これは θ に依存することからも，M が θ に対する十分統計量でないことがわかる．

この場合には，θ_0 を固定して

$$
\widehat{\theta}_0(\boldsymbol{X}) = \frac{1}{n}\sum_{i=1}^{n}\left[X_i - \theta_0 + \frac{1}{2}\right] + \theta_0
$$

とすれば，任意の θ について $E_\theta\big(\widehat{\theta}_0(\boldsymbol{X})\big) = \theta$，$V_{\theta_0}\big(\widehat{\theta}_0(\boldsymbol{X})\big) = 0$ になり，$\widehat{\theta}_0$ は分散 0 をもつ局所最小分散不偏推定量になる．ただし，$[a]$ はガウス記号，すなわち a を超えない最大の整数とする．したがって，θ の一様最小分散不偏（uniformly minimum variance unbiased 略して **UMVU**）推定量は存在しない．実際，もし，UMVU 推定量 $\widehat{\theta}_1(\boldsymbol{X})$ が存在すれば，任意の θ について $V_\theta\big(\widehat{\theta}_1(\boldsymbol{X})\big) = 0$ になるから $\widehat{\theta}_1(\boldsymbol{x}) = \theta$ a.e. となり，$\widehat{\theta}_1$ が推定量であることに矛盾する．

最尤推定の観点から θ の推定を考えると，式(8)を $\boldsymbol{x}$ を与えたときの θ の尤度関数と見てこれを最大にする θ は，区間 $[X_{(n)} - (1/2), X_{(1)} + (1/2)]$ の任意の点となって一意的には定まらない．たとえば，M は θ の**最尤推定量**（maximum likelihood estimator，略して **MLE**）になる．また，ベイズ（Bayes）的観点から θ の推定を考えよう．まず，θ の事前分布を一様分布 $U(-c, c)$ とし，2 乗損失をとる．ただし，$c > 0$ とする．このとき，θ の推定量 $\widehat{\theta} = \widehat{\theta}(\boldsymbol{X})$ の Bayes リスク

$$
r_c\big(\widehat{\theta}\big) = \frac{1}{2c}\int_{-c}^{c} E_\theta\big[\{\widehat{\theta}(\boldsymbol{X}) - \theta\}^2\big]d\theta
$$

を最小にする $\widehat{\theta}$ を θ の **Bayes 推定量**といい，$\widehat{\theta}_{\mathrm{B}} = \widehat{\theta}_{\mathrm{B}}(\boldsymbol{X})$ で表わす．その推定量 $\widehat{\theta}_{\mathrm{B}}$ は，各 $\boldsymbol{x}$ について

$$
\int_{-c}^{c}\{\widehat{\theta}(\boldsymbol{x}) - \theta\}^2 f(\boldsymbol{x}, \theta)d\theta
$$

を最小にする $\widehat{\theta}$ となり，結局，θ の Bayes 推定量は

$$\widehat{\theta}_{\mathrm{B}}(\boldsymbol{X}) = \int_{-c}^{c} \theta f(\boldsymbol{X}, \theta) d\theta \Big/ \int_{-c}^{c} f(\boldsymbol{X}, \theta) d\theta$$

の形になる．ここで，$c \to \infty$ とすれば $\widehat{\theta}_{\mathrm{B}}$ は Pitman 推定量になる．この場合，$\underline{\theta} = X_{(n)} - (1/2)$，$\overline{\theta} = X_{(1)} + (1/2)$ とすれば，θ の Bayes 推定量は

$$\widehat{\theta}_{\mathrm{B}}(\boldsymbol{X}) = \begin{cases} \dfrac{1}{2}(\underline{\theta} + c) & (-c < \underline{\theta} \leq c \leq \overline{\theta}), \\[2mm] \dfrac{1}{2}(\underline{\theta} + \overline{\theta}) & (-c < \underline{\theta},\ \overline{\theta} < c), \\[2mm] \dfrac{1}{2}(\overline{\theta} - c) & (\underline{\theta} \leq -c \leq \overline{\theta} < c), \\[2mm] 0 & (その他) \end{cases}$$

になり，これは θ に対する十分統計量 $(X_{(1)}, X_{(n)})$ にもとづいていることに注意．ただし，$0/0 = 0$，$c > 1/2$ とする．また，θ の Pitman 推定量は $\widehat{\theta}_{\mathrm{PT}} = M = (\underline{\theta} + \overline{\theta})/2$ になる．さらに，$(\underline{\theta}, \overline{\theta})$ の同時密度が

$$f_{\underline{\theta}, \overline{\theta}}^{\theta}(y, z) = \begin{cases} n(n-1)(y - z + 1)^{n-2} & (y \leq \theta \leq z,\ 0 \leq z - y \leq 1), \\ 0 & (その他) \end{cases}$$

になるから，$\widehat{\theta}_{\mathrm{B}}$ の Bayes リスクは

$$r_c(\widehat{\theta}_{\mathrm{B}}) = \frac{1}{2(n+1)(n+2)} - \frac{1}{2c(n+1)(n+2)(n+3)}$$

になる（$r_c(\widehat{\theta}_{\mathrm{B}})$ の計算については，Ohyauchi and Akahira(2001)参照）．一方，$\widehat{\theta}_{\mathrm{PT}}$ は θ の不偏推定量になり，その分散は

$$V_{\theta}(\widehat{\theta}_{\mathrm{PT}}) = E_{\theta}\big[(\widehat{\theta}_{\mathrm{PT}} - \theta)^2\big] = \frac{1}{2(n+1)(n+2)}$$

となり，$\widehat{\theta}_{\mathrm{PT}}$ の Bayes リスクは $r_c(\widehat{\theta}_{\mathrm{PT}}) = V_{\theta}(\widehat{\theta}_{\mathrm{PT}})$ となる．ここで，$\widehat{\theta}_{\mathrm{B}}$ の Bayes リスクは $\widehat{\theta}_{\mathrm{PT}}$ のそれより小さく，また $\widehat{\theta}_{\mathrm{B}}$ は θ の不偏推定量ではない．さらに，$r_c(\widehat{\theta}_{\mathrm{B}}) \to V_{\theta}(\widehat{\theta}_{\mathrm{PT}})(c \to \infty)$ で，一方，標本平均 $\bar{X} = (1/n)\sum_{i=1}^{n} X_i$ は θ の位置共変不偏推定量でその分散は $1/(12n)$ になる．

次に，検定について考えよう．まず，$\theta_0 < \theta_1$ とし，仮説 $H : \theta = \theta_0$，対立仮説 $K : \theta = \theta_1$ の水準 $\alpha(0 < \alpha < 1)$ の検定問題において，十分統計量に

もとづく最強力検定は棄却域

$$
S = \left\{ \boldsymbol{x} \,\middle|\, c \le x_{(1)} \le x_{(n)} \le \theta_1 + \frac{1}{2} \right.
$$
$$
\left. \text{または } \theta_1 - \frac{1}{2} \le x_{(1)} \le c,\, \theta_0 + \frac{1}{2} \le x_{(n)} \le \theta_1 + \frac{1}{2} \right\}
$$

をもつ検定 $\varphi_S(\boldsymbol{x})$，すなわち $\varphi_S(\boldsymbol{x}) = \chi_S(\boldsymbol{x})$ になる．ただし，$c = \theta_0 + (1/2) - \alpha^{1/n}$ とする．実際，$(X_{(1)}, X_{(n)})$ の同時密度は

$$
f^{\theta}_{X_{(1)}, X_{(n)}}(x_{(1)}, x_{(n)})
$$
$$
= \begin{cases} n(n-1)(x_{(n)} - x_{(1)})^{n-2} & \left(\theta - \dfrac{1}{2} \le x_{(1)} \le x_{(n)} \le \theta + \dfrac{1}{2} \right), \\ 0 & （その他） \end{cases}
$$

になり，

$$
\alpha = E_{\theta_0}(\varphi_S) = \int_c^{\theta_0 + (1/2)} \int_c^{x_{(n)}} n(n-1)(x_{(n)} - x_{(1)})^{n-2} dx_{(1)} dx_{(n)}
$$
$$
= \left(\theta_0 + \frac{1}{2} - c \right)^n
$$

となることから，ネイマン・ピアソン（Neyman-Pearson）の定理より最強力検定 φ_S を得る（図 1 参照）．しかし，**最強力不偏検定は存在しない**，すなわち不偏検定[*1]のクラスの中で最強力検定は存在しない．また，$\theta_0 > \theta_1$ の場合にも，同様にして左片側仮説検定問題において，最強力検定を得る．

■一様分布の位置尺度母数モデル

一様分布 $U(\theta - (\tau/2), \theta + (\tau/2))$ からの無作為標本を $X_1, \cdots, X_n$ とする．ただし，$-\infty < \theta < \infty$，$0 < \tau < \infty$ とする．このとき，(θ, τ) の尤度関数は

$$
L(\theta, \tau; \boldsymbol{x}) = \begin{cases} 1/\tau^n & (2(\theta - x_{(1)}) \le \tau,\ 2(x_{(n)} - \theta) \le \tau), \\ 0 & （その他） \end{cases} \tag{9}
$$

[*1] 検定 φ が $E_{\theta_0}(\varphi) \le \alpha$，$E_{\theta_1}(\varphi) \ge \alpha$ をみたすとき，φ を不偏検定という．

254 | 補論 B 非正則モデルの情報損失

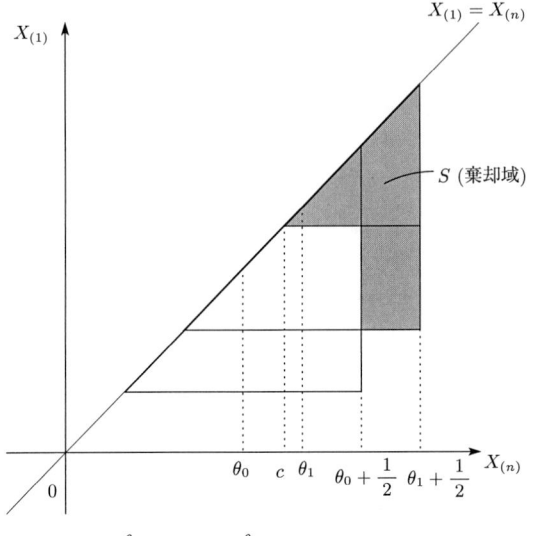

図 1 $f^{\theta_0}_{X_{(1)}, X_{(n)}}$, $f^{\theta_1}_{X_{(1)}, X_{(n)}}$ の台と棄却域 S

になり, これを最大にする θ, τ はそれぞれ

$$M(\boldsymbol{x}) = \bigl(x_{(1)} + x_{(n)}\bigr)/2, \quad R(\boldsymbol{x}) = x_{(n)} - x_{(1)}$$

となる. ただし, $x_{(1)} \leq \cdots \leq x_{(n)}$ とする. よって, (θ, τ) の最尤推定量は $(M(\boldsymbol{X}), R(\boldsymbol{X}))$ になる. また, 式(9)より Neyman の因子分解定理から, $\bigl(X_{(1)}, X_{(n)}\bigr)$ が (θ, τ) に対する十分統計量になり, $(M(\boldsymbol{X}), R(\boldsymbol{X}))$ も (θ, τ) に対する十分性をもち, さらに完備性ももつ.

結局, 尺度母数 τ が存在する場合にも, $M(\boldsymbol{X})$ は θ の不偏推定量であるから, UMVU 推定量にもなる.

3 切断正規分布の位置母数モデル

入学試験の合格者の成績の分布などは, しばしば切断正規分布と見なすことができる. そのような分布の位置母数の推定問題を考える(Akahira and Takeuchi, 1981; Ohyauchi and Akahira, 2001).

まず, $X_1, \cdots, X_n$ を密度

$$p(x - \theta) = ke^{-(x-\theta)^2/2}\chi_{[-1/2,1/2]}(x - \theta) \qquad (x \in \mathbf{R}^1 ; \theta \in \mathbf{R}^1)$$

をもつ分布からの無作為標本とする．ただし，k はある定数とする．この
とき，$\boldsymbol{X} = (X_1, \cdots, X_n)$ の同時密度は

$$f(\boldsymbol{x}, \theta) = k^n \left[\exp \left\{ -\frac{1}{2} \sum_{i=1}^{n} (x_i - \theta)^2 \right\} \right] \chi_{[\underline{\theta}, \overline{\theta}]}(\theta)$$

になる．ただし，$\underline{\theta} = x_{(n)} - (1/2)$，$\overline{\theta} = x_{(1)} + (1/2)$ とする．また，θ の
Pitman 推定量は

$$\widehat{\theta}_{\mathrm{PT}}(\boldsymbol{X}) = \int_{\underline{\theta}}^{\overline{\theta}} \theta \phi \left(\sqrt{n}(\theta - \bar{X}) \right) d\theta \bigg/ \int_{\underline{\theta}}^{\overline{\theta}} \phi \left(\sqrt{n}(\theta - \bar{X}) \right) d\theta$$

$$= \frac{1}{2} \left(\underline{\theta} + \overline{\theta} \right) + O_p \left(\frac{1}{n\sqrt{n}} \right) = M + O_p \left(\frac{1}{n\sqrt{n}} \right) \quad (10)$$

となり，$\widehat{\theta}_{\mathrm{PT}}$ は範囲の中央 M と漸近的に同等になる．ただし，ϕ は標準正
規分布 $N(0, 1)$ の密度とする．ここで，$U = n(\overline{\theta} - \theta)$，$V = n(\underline{\theta} - \theta)$ とおく
と[2]，(U, V) の漸近同時密度は

$$f_{U,V}(u, v) = \begin{cases} K^2 e^{-K(u-v)} \left(1 + o(1) \right) & (v < 0 < u), \\ 0 & (\text{その他}) \end{cases} \quad (11)$$

になる．ただし，$K = \lim_{x \to -1/2+0} p(x) = ke^{-1/8}$ とする．上のことから，U，
V が漸近的に独立であることがわかる．また，$n(M - \theta)$ の漸近平均（漸近
分布による平均）は 0 になる，すなわち

$$\dot{E}[n(M - \theta)] = \dot{E} \left[\frac{1}{2}(U + V) \right] = o(1)$$

になる．ただし，$\dot{E}$ は漸近平均を表わす．さらに，$n(M - \theta)$ の漸近分散は

$$\dot{V} \left(n(M - \theta) \right) = \dot{E} \left[\frac{1}{4}(U + V)^2 \right] = \frac{1}{2K^2} + o(1) \quad (12)$$

になる．ただし，$\dot{V}$ は漸近分散を表わす．よって，M の漸近平均は θ，漸
近分散は $1/(2K^2 n^2)$ と見なすこともできる．

次に，θ の最尤推定量と Pitman 推定量を比較してみよう．まず，θ の尤

---

[2] U，V における n は，推定量 $\underline{\theta}$，$\overline{\theta}$ の一致性の（収束の）オーダーになっている（第 5 節
参照）．

度関数は

$$L(\theta; \boldsymbol{x}) = k^n \left[\exp\left\{ -\frac{n}{2}(\theta - \bar{x})^2 - \frac{1}{2}\sum_{i=1}^{n}(x_i - \bar{x})^2 \right\} \right] \chi_{[\underline{\theta}, \overline{\theta}]}(\theta)$$

になるから, θ の MLE は

$$\widehat{\theta}_{\mathrm{ML}} = \begin{cases} \overline{\theta} & (\bar{X} \geq \overline{\theta}), \\ \underline{\theta} & (\bar{X} \leq \underline{\theta}), \\ \bar{X} & (\underline{\theta} < \bar{X} < \overline{\theta}) \end{cases}$$

になる. ただし, $\bar{X} = (1/n)\sum_{i=1}^{n} X_i$ とする. また, $\widehat{\theta}_{\mathrm{ML}}$ は

$$\tilde{\theta}_n = \begin{cases} \overline{\theta} & (\text{確率 } 1/2), \\ \underline{\theta} & (\text{確率 } 1/2) \end{cases}$$

に漸近的同等になる. このとき, $n(\widehat{\theta}_{\mathrm{ML}} - \theta)$ の漸近密度は

$$f_{\widehat{\theta}_{\mathrm{ML}}}(t) = \frac{K}{2}e^{-K|t|} + o(1) \qquad (t \in \mathbf{R}^1) \tag{13}$$

になり, これは両側指数分布の密度になる. よって, $n(\widehat{\theta}_{\mathrm{ML}} - \theta)$ の漸近平均, 漸近分散は, それぞれ

$$\dot{E}\left[n(\widehat{\theta}_{\mathrm{ML}} - \theta)\right] = o(1), \quad \dot{V}\left(n(\widehat{\theta}_{\mathrm{ML}} - \theta)\right) = 2/K^2 + o(1) \tag{14}$$

になる. よって, 式(10), (12), (14) より

$$\frac{\dot{V}\left(n(\widehat{\theta}_{\mathrm{PT}} - \theta)\right)}{\dot{V}\left(n(\widehat{\theta}_{\mathrm{ML}} - \theta)\right)} = \frac{\dot{V}\left(n(M - \theta)\right)}{\dot{V}\left(n(\widehat{\theta}_{\mathrm{ML}} - \theta)\right)} = \frac{1}{4} + o(1)$$

になるから, Pitman 推定量の漸近分散は MLE のそれの $1/4$ になる. さらに, 推定量の θ の周りでの集中確率で漸近的に比較しよう. まず, 式(10) より

$$n(\widehat{\theta}_{\mathrm{PT}} - \theta) = n(M - \theta) + O_p(1/\sqrt{n}) = \frac{1}{2}(U + V) + O_p(1/\sqrt{n})$$

になり, また, U, V は漸近的に独立であるから, 式(11) より $T = n(\widehat{\theta}_{\mathrm{PT}} - \theta)$ の積率母関数は

$$g_T(t) = E\left[e^{tT}\right] = E\left[e^{tU/2}\right]E\left[e^{tV/2}\right] + o(1)$$
$$= 1/\{1 - (t^2/4K^2)\} + o(1)$$

となる. よって, T の漸近密度は
$$f_T(t) = Ke^{-2K|t|} + o(1) \qquad (t \in \mathbf{R}^1)$$
になる. このとき, $\widehat{\theta}_{\mathrm{PT}}$ の θ の周りでの**集中確率**は
$$\lim_{n \to \infty} P_\theta \left\{ n|\widehat{\theta}_{\mathrm{PT}} - \theta| \leq u \right\} = 1 - e^{-2Ku} \qquad (u > 0) \qquad (15)$$
となる. 一方, 式(13)より MLE の θ の周りでの集中確率は
$$\lim_{n \to \infty} P_\theta \left\{ n|\widehat{\theta}_{\mathrm{ML}} - \theta| \leq u \right\} = 1 - e^{-Ku} \qquad (u > 0) \qquad (16)$$
になる. さらに, $0 < \alpha < 1$ なる α について, $e^{-2Ku} = \alpha$ となる $u = u_0(\alpha) = -(1/2K)\log\alpha$ をとると, 信頼係数 $1 - \alpha$ の $\widehat{\theta}_{\mathrm{PT}}$, $\widehat{\theta}_{\mathrm{ML}}$ に基づく θ の信頼区間は, 式(15), (16)からそれぞれ
$$\left[\widehat{\theta}_{\mathrm{PT}} - \frac{1}{n}u_0(\alpha), \widehat{\theta}_{\mathrm{PT}} + \frac{1}{n}u_0(\alpha) \right], \quad \left[\widehat{\theta}_{\mathrm{ML}} - \frac{2}{n}u_0(\alpha), \widehat{\theta}_{\mathrm{ML}} + \frac{2}{n}u_0(\alpha) \right]$$
になり, $\widehat{\theta}_{\mathrm{PT}}$ にもとづく信頼区間は $\widehat{\theta}_{\mathrm{ML}}$ にもとづくそれより区間の幅が $1/2$ になる.

4 両側指数分布の位置母数モデル

密度が連続であるが, ある点では微分不可能となるような非正則の典型的な場合として, 両側指数分布がある. 本節において, その分布の位置母数の推定について考える(Akahira and Takeuchi, 1990; Akahira and Takeuchi, 1995, Chap. 4). とくに, 最尤推定量などの漸近的性質を(漸近)情報量損失および漸近分布の観点から論じる.

■情報量損失

まず, $X_1, \cdots, X_n$ を密度
$$p(x - \theta) = (1/2)\exp(-|x - \theta|) \qquad (x \in \mathbf{R}^1; \theta \in \mathbf{R}^1)$$
をもつ両側指数分布 T-Exp(θ) からの無作為標本とする. このとき, θ の最尤推定量 $\widehat{\theta}_{\mathrm{ML}}$ は標本中央値(sample median)になるが, これが元の標本に比べて情報量損失をもつことを Fisher(1925)が指摘した.

258 | 補論 B　非正則モデルの情報損失

一般に，X_1 がもつ θ に関する Fisher 情報量を

$$I_{X_1}(\theta) = E_\theta \left[\left\{ \frac{\partial}{\partial \theta} \log p(X_1 - \theta) \right\}^2 \right]$$

とすれば，$\boldsymbol{X} = (X_1, \cdots, X_n)$ がもつ Fisher 情報量は $I_{\boldsymbol{X}}(\theta) = n I_{X_1}(\theta)$ になる．一方，一般に統計量 $T = T(\boldsymbol{X})$ がもつ θ に関する Fisher 情報量を

$$I_T(\theta) = E_\theta \left[\left\{ \frac{\partial}{\partial \theta} \log q(T, \theta) \right\}^2 \right]$$

とする．ただし，q を T の密度とする．このとき，$I_{\boldsymbol{X}}(\theta) - I_T(\theta)$ を T の情報量損失という．

いま，$n = 2s + 1$ の場合に，両側指数分布 T-Exp(θ) の位置母数 θ の最尤推定量 $\widehat{\theta}_{\mathrm{ML}}$ の情報量損失は

$$I_{\boldsymbol{X}}(\theta) - I_{\widehat{\theta}_{\mathrm{ML}}}(\theta) = \frac{2(2s+1)}{s-1} \left\{ (s+1) \binom{2s}{s} \left(\frac{1}{2} \right)^{2s} - 1 \right\} \quad (17)$$

になる（後述の定理 1 参照）．

一般の分布の場合に，統計量の情報量損失は次の形で与えられる．

補題 1　$X_1, \cdots, X_n$ を密度 $p(x, \theta)$ をもつ分布からの大きさ n の無作為標本とする．このとき，期待値の記号下で θ に関して微分可能ならば，統計量 $T = T(\boldsymbol{X})$ の情報量損失は

$$E_\theta \left[V_\theta \left(\sum_{i=1}^{n} \frac{\partial}{\partial \theta} \log p(X_i, \theta) \middle| T \right) \right]$$

である．ただし，$V_\theta(\cdot | T)$ を T を与えたときの条件付分散とする．

証明の概略　T の密度を $q(t, \theta)$ とすれば

$$E_\theta \left[V_\theta \left(\sum_{i=1}^{n} \frac{\partial}{\partial \theta} \log p(X_i, \theta) \middle| T \right) \right]$$

$$= E_\theta \left[E_\theta \left[\left\{ \sum_{i=1}^{n} \frac{\partial}{\partial \theta} \log p(X_i, \theta) \right\}^2 \middle| T \right] - \left\{ E_\theta \left[\sum_{i=1}^{n} \frac{\partial}{\partial \theta} \log p(X_i, \theta) \middle| T \right] \right\}^2 \right]$$

$$= V_\theta \left(\sum_{i=1}^{n} \frac{\partial}{\partial \theta} \log p(X_i, \theta) \right) - V_\theta \left(E_\theta \left[\frac{\partial}{\partial \theta} \log p(X_i, \theta) \middle| T \right] \right)$$

$$= nI_{X_1}(\theta) - V_\theta \left(\frac{\partial}{\partial \theta} \log q(T, \theta) \right)$$

$$= nI_{X_1}(\theta) - I_T(\theta)$$

になる. ∎

いま,両側指数分布 T-Exp(θ) からの大きさ $n = 2s + 1$ の無作為標本による中央部分の $(2k + 1)$ 個の順序統計量

$$X_{(s-k+1)} \leq \cdots \leq X_{(s+k+1)}$$

の組を T_k とする.ただし,$k = 0, 1, \cdots, s - 1$ とする.このとき,補題 1 から次の補題を得る.

補題 2　各 $k = 0, 1, \cdots, s - 1$ について,T_k の情報量損失は

$$L_k = E_\theta \left[V_\theta \left(\sum_{i=1}^{2s+1} \mathrm{sgn}(X_i - \theta) \Big| T_k \right) \right]$$

$$= \frac{2(2s + 1)!}{(s - k - 1)!(s + k)!} \int_{1/2}^1 \left(2u^{s-k-1} - u^{s-k-2} \right)(1 - u)^{s+k} du \quad (18)$$

である.ただし,$\mathrm{sgn}\, X$ は X の符号関数,すなわち $X \gtrless 0$ に対応して $\mathrm{sgn}\, X = \pm 1$ とする. ∎

補題 2 の L_k の表現 (18) から,次の定理の形に表現できる.

定理 1　各 $k = 0, 1, \cdots, s - 2$ について,T_k の情報量損失 L_k について

$$\frac{L_k}{2(2s + 1)} = \binom{2s}{s} \left(\frac{1}{2} \right)^{2s} - \frac{k + 1}{s - k - 1}$$

$$+ \sum_{j=0}^k \frac{2(k - j + 1)}{s - k - 1} \binom{2s}{s - j} \left(\frac{1}{2} \right)^{2s} \quad (19)$$

が成り立つ. ∎

とくに $k = 0$ の場合,すなわち**標本中央値** $X_{(s)}$ の情報量損失 L_0 は,式 (19) より式 (17) になる(Fisher, 1925, 1934).

■**漸近情報量損失**

両側指数分布 T-Exp(θ) からの大きさ n の無作為標本に基づく θ の最尤推定量は漸近的有効になるが,2 次までは,すなわち $o(1/\sqrt{n})$ まで漸近的有効にはならないことを示そう.

260 | 補論 B　非正則モデルの情報損失

まず，式(19)の右辺の 3 つの項は，k を定めて，s を大きくすると，T_k の情報量損失は漸近的に

$$\frac{4\sqrt{s}}{\sqrt{\pi}}\left\{1 + O\left(\frac{1}{s}\right)\right\} - 4(k+1) + O\left(\frac{k^2}{\sqrt{s}}\right) \qquad (20)$$

になる．ここで，この量(20)を小さくするためには，k を s とともに大きくすればよいから，

$$k = r\sqrt{s} + o(\sqrt{s})$$

とする．ただし，r は非負の定数とする．

また，Schwarz の不等式および $I_{X_1}(\theta) = 1$ より，T_k に基づく θ の任意の不偏推定量 $\widehat{\theta} = \widehat{\theta}(T_k)$ について

$$V_\theta(\widehat{\theta}) \geq \frac{1}{I_{\widehat{\theta}}} \geq \frac{1}{I_{T_k}} = \frac{1}{n - L_k} = \frac{1}{n}\left\{1 + \frac{L_k}{n} + o\left(\frac{L_k}{n}\right)\right\} \quad (21)$$

になる．ただし，$I_{\widehat{\theta}}$, I_{T_k} はそれぞれ $\widehat{\theta}$, T_k がもつ θ に関する Fisher 情報量とする．

定理 2　$n = 2s + 1$, $r = \rho/\sqrt{2} \geq 0$ とし，

$$k = r\sqrt{s} + o(\sqrt{s}) = \frac{1}{2}\rho\sqrt{n} + o(\sqrt{n})$$

について，T_k の情報量損失は，n が大きいとき，漸近的に

$$L_k = 4\left[\phi(\rho) - \rho\{1 - \Phi(\rho)\}\right]\sqrt{n} + o(\sqrt{n}) \qquad (22)$$

である．ただし，ϕ は標準正規分布の密度とし，Φ はその分布関数とする．

証明は，式(19)の右辺の第 3 項を 2 項分布の正規近似を用いて変形すればよい．

さて，T_k にもとづく θ の推定量として

$$\widehat{\theta}_k = (X_{(s-k+1)} + X_{(s+k+1)})/2$$

を考えよう．ここで，各 X_i の分布関数 F を用いて，$Z = \sqrt{n}\{F(X_{(s-k+1)} - \theta) + F(X_{(s+k+1)} - \theta) - 1\}$ で表わす．これは，区間 $[0, 1]$ 上の一様分布からの大きさ n の無作為標本にもとづく順序統計量 $U_{(1)} \leq \cdots \leq U_{(n)}$ を用いて，$Z = \sqrt{n}(U_{(s-k+1)} + U_{(s+k+1)} - 1)$ としてもよい．

定理 3　$n = 2s + 1$, $r = \rho/\sqrt{2} \geq 0$ とし，$k = r\sqrt{s} + o(\sqrt{s}) = (1/2)\rho\sqrt{n} + o(\sqrt{n})$ について，推定量 $\widehat{\theta}_k$ の漸近展開は

$$\sqrt{n}\,(\widehat{\theta}_k - \theta)$$
$$= Z + \frac{1}{4\sqrt{n}}\left\{(Z-\rho)|Z-\rho| + (Z+\rho)|Z+\rho|\right\} + o_p\left(\frac{1}{\sqrt{n}}\right)$$

であり，また，漸近分散は

$$\dot{V}_\theta(\sqrt{n}\,\widehat{\theta}_k) = 1 + c_\rho n^{-1/2} + o(n^{-1/2}) \tag{23}$$

である．ただし，$c_\rho = 2[2\phi(\rho) + \rho\{2\Phi(\rho) - (3/2)\}]$ とする．∎

注意 1 $\phi(x) \ge x\{1 - \Phi(x)\}$ $(x \ge 0)$ となるから，任意の $\rho \ge 0$ について $c_\rho \ge \rho$ となる．また，$\Phi(\rho) = 3/4$ となる ρ を ρ_0 とすれば，$\rho_0 \fallingdotseq 0.67$ になり，c_ρ は $\rho = \rho_0$ で最小値をとる．よって，$\widehat{\theta}_k$ は $\rho = \rho_0$ で最小分散値をとる．

注意 2 とくに，$k = 0$，すなわち $\rho = 0$ とすれば，式(23)から $\widehat{\theta}_0$ の漸近分散は

$$\dot{V}_\theta(\sqrt{n}\,\widehat{\theta}_0) = 1 + \frac{2\sqrt{2}}{\sqrt{\pi n}} + o\left(\frac{1}{\sqrt{n}}\right) \tag{24}$$

になる．ここで，$\widehat{\theta}_0$ は標本中央値 $X_{(s)}$ で，最尤推定量である．

注意 3 式(23)より

$$\dot{V}_\theta(\widehat{\theta}_k) = n^{-1}\{1 + c_\rho n^{-1/2} + o(n^{-1/2})\}$$

となるから，式(21)より $c_\rho \ge L_k/\sqrt{n}$ になる．そして，式(22)，定理3から，$c_\rho - (L_k/\sqrt{n}) = \rho + o(1)$ になる．

系 1 $n = 2s + 1$，$r = \rho/\sqrt{2} \ge 0$ とし，

$$k = r\sqrt{s} + o(\sqrt{s}) = \frac{1}{2}\rho\sqrt{n} + o(\sqrt{n})$$

について，推定量 $\widehat{\theta}_k$ の情報量損失 $L'_k = nI_{X_1} - I_{\widehat{\theta}_k}$ の漸近的な限界は

$$L'_k \le c_{\rho_0}\sqrt{n} + o(\sqrt{n})$$

である．ただし，ρ_0 は注意1のものとする．∎

ここで，一般に，θ の推定量 $T = T(\boldsymbol{X})$ の情報量損失を $L_T = nI_{X_1}(\theta) - I_T(\theta)$ として

$$\frac{L_T}{n} = I_{X_1}(\theta) - \frac{I_T(\theta)}{n} = \frac{a(\theta)}{\sqrt{n}} + O\left(\frac{1}{n}\right) \tag{25}$$

とすると，これは，T の標本1個あたりの情報量損失と捉えることができ

262 | 補論 B 非正則モデルの情報損失

る．ただし，$a(\theta)$ は θ の非負値関数とする．そして，$L_T/n \to 0 \ (n \to \infty)$ のときに，T を θ の(情報量損失の意味で)**1 次の漸近有効推定量**といい，$a(\theta)$ を T の**漸近情報量損失**という．また，$a(\theta) \equiv 0$ のとき T を θ の(情報量損失の意味で)**2 次の漸近有効推定量**という．なお，正則の場合には $a(\theta) \equiv 0$ となって $n^{-1/2}$ のオーダーが出現しないので，式(25)の右辺において n^{-1} のオーダーまで考えて，その係数を T の**漸近情報量損失**といった(Rao, 1961)．

さて，系 1 から θ の推定量 $\widehat{\theta}_k$ の情報量損失 L'_k の漸近的な限界より

$$0 \le \frac{L'_k}{n} \le \frac{c_{\rho_0}}{\sqrt{n}} + o\left(\frac{1}{\sqrt{n}}\right)$$

となるから，$n \to \infty$ のとき $L'_k/n \to 0$ となり，$\widehat{\theta}_k$ は θ の 1 次の漸近有効推定量になる．

注意 4 注意 1 から $\rho_0 \fallingdotseq 0.67$ であるから

$$L'_k \le c_{\rho_0}\sqrt{n} + o(\sqrt{n}) \fallingdotseq 1.27\sqrt{n} + o(\sqrt{n}) \tag{26}$$

になる．一方，式(22)より最尤推定量 $\widehat{\theta}_0$ の情報量損失 L'_0 は

$$L'_0 = L_0 = \frac{2\sqrt{2}}{\sqrt{\pi}}\sqrt{n} + o(\sqrt{n}) \fallingdotseq 1.60\sqrt{n} + o(\sqrt{n}) \tag{27}$$

になる．よって，式(26), (27)から推定量 $\widehat{\theta}_k$ は $L'_k \le L'_0 + o(\sqrt{n})$ になるという意味で，すなわち $\widehat{\theta}_k$ の漸近情報量損失が約 $1.27\sqrt{n}$ 以下で，$\widehat{\theta}_0$ のそれが約 $1.60\sqrt{n}$ であるという意味で，$\widehat{\theta}_k$ は $\widehat{\theta}_0$ より漸近的に良いことがわかる．また，$\widehat{\theta}_k$，$\widehat{\theta}_0$ はともに 1 次の漸近有効推定量であるが，2 次の漸近有効推定量でないことも明らか．

■**推定量の 2 次の漸近分布**

推定量 $\widehat{\theta}_k$ の漸近分布を 2 次のオーダー，すなわち $n^{-1/2}$ のオーダーまで求めて，母数 θ の周りで，集中確率について考えよう．ここでは，P_θ を両側指数分布 T-Exp(θ) の密度 $p(x-\theta)$ をもつ確率分布とし，P_θ^n をその n 個の直積とする．

定理 4 $n = 2s+1$, $r = \rho/\sqrt{2} \ge 0$ とし，$k = r\sqrt{s} + o(\sqrt{s}) = (1/2)\rho\sqrt{n} + o(\sqrt{n})$ とする．このとき，推定量 $\widehat{\theta}_k$ の 2 次の漸近分布は，$t \in \mathbf{R}^1$ につ

いて

$$P_\theta^n \left\{ \sqrt{n} \, (\widehat{\theta}_k - \theta) \leq t \right\}$$

$$= \Phi(t) - \frac{\phi(t)}{2\sqrt{n}} \left[\rho t + \mathrm{sgn}(t) \left\{ (|t| - \rho)^+ \right\}^2 \right] + o\left(\frac{1}{\sqrt{n}} \right) \quad (28)$$

である．ただし，$(|t| - \rho)^+ = \max\{0, |t| - \rho\}$ とする． ▮

1次のオーダーについては，定理4と $I_{X_1}(\theta) = 1$ であることから，$\widehat{\theta}_k$ は最良漸近正規推定量になっていることがわかる．また，式(28)において $r = 0$，すなわち $\rho = 0$ とすれば，次のことが成り立つ．

系2 $n = 2s + 1$，$r = 0$ とするとき，推定量 $\widehat{\theta}_0$ の2次の漸近分布は

$$P_\theta^n \left\{ \sqrt{n} \, (\widehat{\theta}_0 - \theta) \leq t \right\} = \Phi(t) - \frac{t^2}{2\sqrt{n}} \phi(t) \mathrm{sgn}(t) + o\left(\frac{1}{\sqrt{n}} \right) \quad (29)$$

である． ▮

ここで，(29)の右辺を t について微分して，$\widehat{\theta}_0$ の2次の漸近密度を求めると

$$f_{\widehat{\theta}_0}(t) = \phi(t) - \frac{1}{2\sqrt{n}} (2t - t^3) \phi(t) \mathrm{sgn}(t) + o\left(\frac{1}{\sqrt{n}} \right)$$

となる．よって，$\widehat{\theta}_0$ の漸近分散は

$$\dot{V}_\theta(\sqrt{n} \, \widehat{\theta}_0) = \int_{-\infty}^{\infty} t^2 f_{\widehat{\theta}_0}(t) dt = 1 + \frac{2\sqrt{2}}{\sqrt{\pi n}} + o\left(\frac{1}{\sqrt{n}} \right)$$

になり，式(24)と一致する．

一方，各 $k = 1, 2, \cdots$ について，θ の推定量 $T = T(\boldsymbol{X})$ が k 次の漸近中央値不偏(asymptotically median unbiased 略して **AMU**)であることを，任意の $\eta \in \Theta$ について，ある正数 δ が存在して

$$\lim_{n \to \infty} \sup_{\theta:|\theta - \eta| < \delta} n^{(k-1)/2} \left| P_\theta^n \{T \leq \theta\} - \frac{1}{2} \right| = 0,$$

$$\lim_{n \to \infty} \sup_{\theta:|\theta - \eta| < \delta} n^{(k-1)/2} \left| P_\theta^n \{T \geq \theta\} - \frac{1}{2} \right| = 0$$

となると定義する．そして，1次の AMU 推定量 T の1次の漸近分布が

$$P_\theta^n \{ \sqrt{n} \, (T - \theta) \leq t \} = \Phi(t) + o\left(\frac{1}{\sqrt{n}} \right), \quad t \in \mathbf{R}^1$$

となるとき，すなわち最良漸近正規推定量になるとき，T を θ の（漸近分布の意味で）1 次の漸近有効推定量であるという．そこで，$\mathrm{sgn}(0) = 0$ と定義すれば，定理 4 から $\widehat{\theta}_k$ は 1 次の漸近有効推定量であり，系 2 から $\widehat{\theta}_0$ もまたそうなる．

次に，2 次のオーダー，すなわち $n^{-1/2}$ のオーダーについて考えよう．実は，この両側指数分布の場合には，θ の 2 次の AMU でかつ 1 次漸近有効な推定量全体のクラスを A_2 とすれば，任意の $T \in A_2$，任意の $\theta \in \mathbf{R}^1$，任意の $t \in \mathbf{R}^1$ について

$$\lim_{n \to \infty} P_\theta^n \{ \sqrt{n}\,(T - \theta) \le t \} \begin{cases} \le \varPhi(t) - \dfrac{t^2}{6\sqrt{n}}\phi(t) + o\left(\dfrac{1}{\sqrt{n}} \right) & (t \ge 0), \\[3mm] \ge \varPhi(t) + \dfrac{t^2}{6\sqrt{n}}\phi(t) + o\left(\dfrac{1}{\sqrt{n}} \right) & (t < 0) \end{cases}$$

となる（Akahira and Takeuchi, 1981）．このとき

$$\varPhi(t) - \dfrac{t^2}{6\sqrt{n}}\phi(t)\mathrm{sgn}(t) + o\left(\dfrac{1}{\sqrt{n}} \right), \quad t \in \mathbf{R}^1 \tag{30}$$

を A_2 の中で推定量の 2 次の漸近分布の限界という．そして，ある推定量 $T^* = T^*(\boldsymbol{X})(\in A_2)$ の 2 次の漸近分布が式(30)を t について一様に達成するとき，T^* を（漸近分布の意味で）2 次の漸近有効であるという．よって，式(28)〜(30)から $\widehat{\theta}_k$，$\widehat{\theta}_0$ はともに 2 次の漸近有効推定量ではない（$\widehat{\theta}_0$，$\widehat{\theta}_k$ 以外の推定量については Sugiura and Naing(1989)参照）．

5 一致性の収束のオーダー

推定の漸近理論において，未知の母数 θ の一致推定量の収束のオーダーについて考えてみよう（Akahira and Takeuchi, 1981, Chap. 2; Akahira, 1994; Akahira and Takeuchi, 1995, §3.5）．適当な正則条件のもとでは，標本の大きさを n とすれば，その収束のオーダーは $\sqrt{n}$ となるが，非正則モデルの場合には必ずしもそうはならない．

まず，$X_1, X_2, \cdots, X_n$ をたがいに独立に，いずれも確率分布 P_θ $(\theta \in \Theta)$ に従う確率変数列とする．ここで，Θ は母数空間とする．また，P_θ の n 個

の直積を P_θ^n で表わし，Θ を k 次元ユークリッド空間 $\mathbf{R}^k$ の開集合，$\|\cdot\|$ を
そのノルムとする．さらに，X_1 の標本空間を $\mathcal{X}$ とし，その σ 加法族を $\mathcal{B}$
として，$(\mathcal{X}, \mathcal{B})$ の n 個の直積を $(\mathcal{X}^n, \mathcal{B}^n)$ とする．いま，$\boldsymbol{X} = (X_1, \cdots, X_n)$
にもとづく $\boldsymbol{\theta}$ の推定量を $\widehat{\boldsymbol{\theta}}_n = \widehat{\boldsymbol{\theta}}_n(\boldsymbol{X})$ とする．

定義 1 $\{c_n\}$ を非負値非減少列とし $\lim\limits_{n\to\infty} c_n = \infty$ とする．任意の $\boldsymbol{\vartheta} \in \Theta$
について十分小さい正数 δ が存在して

$$\lim_{L\to\infty} \varlimsup_{n\to\infty} \sup_{\theta:\|\theta-\vartheta\|<\delta} P_\theta^n \left\{ c_n \|\widehat{\boldsymbol{\theta}}_n - \boldsymbol{\theta}\| \geq L \right\} = 0 \qquad (31)$$

となり，式(31)をみたし $\lim\limits_{n\to\infty} c_n' = \infty$，非負値非減少列 $\{c_n'\}$ について
$\varlimsup\limits_{n\to\infty}(c_n'/c_n) = \infty$ となるとき，$\widehat{\boldsymbol{\theta}}_n$ をオーダー c_n をもつ $\boldsymbol{\theta}$ の一致推定量
または $c_n\cdot$ 一致推定量であるという．　　　　　　　　　　　■

定義 1 から $c_n\cdot$ 一致推定量が存在すれば，c_n より速いオーダーをもつ，
すなわち，上記のようなオーダー c_n' をもつ一致推定量は存在しないことに
注意．このとき，c_n は推定量の一致性の(収束の)最大のオーダーであると
もいう．実際に，最大のオーダーをもつ $c_n\cdot$ 一致推定量を求めるためには，
後述のように 2 つの分布間の距離および情報量を導入して，それらの関係
を利用すればよい．なお，式(31)から，$\widehat{\boldsymbol{\theta}}_n$ が $\boldsymbol{\theta}$ の $c_n\cdot$ 一致推定量ならば一
致推定量になる，すなわち $\widehat{\boldsymbol{\theta}}_n$ は $\boldsymbol{\theta}$ に確率収束する．

いま，任意の $\boldsymbol{\theta}, \boldsymbol{\theta}' \in \Theta$ について，ある σ 有限測度 μ_n が存在して，P_θ^n，
$P_{\theta'}^n$ がともに μ_n に関して絶対連続であるとする．任意の $\boldsymbol{\theta}, \boldsymbol{\theta}' \in \Theta$ につい
て，Θ 上に距離を

$$d_n(\boldsymbol{\theta}, \boldsymbol{\theta}') = \int_{\mathcal{X}^n} \left| \frac{dP_\theta^n}{d\mu_n} - \frac{dP_{\theta'}^n}{d\mu_n} \right| d\mu_n = 2 \sup_{B\in\mathcal{B}^n} |P_\theta^n(B) - P_{\theta'}^n(B)|$$

によって定義する．ここで，各 n について d_n は μ_n の選び方に無関係にな
る．このとき，$\boldsymbol{\theta}$ の $c_n\cdot$ 一致推定量が存在するための必要条件は，次のよ
うになる．

定理 5 $\boldsymbol{\theta}$ の $c_n\cdot$ 一致推定量が存在すれば，任意の $\boldsymbol{\theta}$ と任意の正数 ε に
対して，ある正数 t が存在して

$$\lim_{n\to\infty} d_n(\boldsymbol{\theta}, \boldsymbol{\theta} - tc_n^{-1}\mathbf{1}) > 2 - \varepsilon$$

266 | 補論 B　非正則モデルの情報損失

である. ただし, $\mathbf{1} = (1, \cdots, 1)'$ とする.

次に, $\boldsymbol{\theta} \neq \boldsymbol{\theta}'$ となる $\boldsymbol{\theta}, \boldsymbol{\theta}' \in \Theta$ について, 分布 $P_{\boldsymbol{\theta}}^n$, $P_{\boldsymbol{\theta}'}^n$ の間の情報量を

$$I_n(\boldsymbol{\theta}, \boldsymbol{\theta}') = -8 \log \int_{\mathcal{X}^n} \left(\frac{dP_{\boldsymbol{\theta}}^n}{d\mu_n} \cdot \frac{dP_{\boldsymbol{\theta}'}^n}{d\mu_n} \right)^{1/2} d\mu_n \qquad (32)$$

で定義する. ここで, 式(32)の右辺の積分は類似度(affinity)という. また, 情報量 $I_n(\boldsymbol{\theta}, \boldsymbol{\theta}')$ に関連して, Θ 上の距離を

$$\begin{aligned}
\rho_n(\boldsymbol{\theta}, \boldsymbol{\theta}') &= 1 - \exp\left\{ -\frac{1}{8} I_n(\boldsymbol{\theta}, \boldsymbol{\theta}') \right\} \\
&= 1 - \int_{\mathcal{X}^n} \left(\frac{dP_{\boldsymbol{\theta}}^n}{d\mu_n} \cdot \frac{dP_{\boldsymbol{\theta}'}^n}{d\mu_n} \right)^{1/2} d\mu_n \\
&= \frac{1}{2} \int_{\mathcal{X}^n} \left\{ \left(\frac{dP_{\boldsymbol{\theta}}^n}{d\mu_n} \right)^{1/2} - \left(\frac{dP_{\boldsymbol{\theta}'}^n}{d\mu_n} \right)^{1/2} \right\}^2 d\mu_n
\end{aligned}$$

で定義する, なお, $\sqrt{\rho_n(\boldsymbol{\theta}, \boldsymbol{\theta}')}$ はヘリンガー(Hellinger)距離と呼ばれている.

補題 3　任意の $\boldsymbol{\theta}, \boldsymbol{\theta}' \in \Theta$ について

$$2\rho_n(\boldsymbol{\theta}, \boldsymbol{\theta}') \leq d_n(\boldsymbol{\theta}, \boldsymbol{\theta}') \leq 2\sqrt{\rho_n(\boldsymbol{\theta}, \boldsymbol{\theta}')\{2 - \rho_n(\boldsymbol{\theta}, \boldsymbol{\theta}')\}}$$

である.

定理 5 の c_n・一致推定量の存在性に対する必要条件は, 補題 3 より, 情報量 I_n によっても表現できる.

定理 6　$\boldsymbol{\theta}$ の c_n・一致推定量が存在すれば, 任意の $\boldsymbol{\theta}$ に対して, ある正数 t が存在して

$$\lim_{n \to \infty} I_n(\boldsymbol{\theta}, \boldsymbol{\theta} - tc_n^{-1}\mathbf{1}) > 0$$

である.

さて, 一致性の最大のオーダー c_n を具体的に求めてみよう. いま, $\mathcal{X} = \Theta = \mathbf{R}^1$ とし, 任意の $\theta \in \Theta$ について, P_θ はルベーグ測度に関して絶対連続とし, 密度関数を $p_\theta(x)$ とする. さらに, θ を位置母数の場合, すなわち $p_\theta(x) = p(x - \theta)$ の場合について考える. そして, $X_1, X_2, \cdots, X_n$ をたがいに独立に, いずれも $p(x - \theta)$ $(\theta \in \Theta)$ に従う確率変数列とする. ここで, まず, p が次の条件(A1)～(A3)をみたすとする.

(A1)　　　　　　　　　 $p(x) > 0 \qquad (a < x < b)$,

$$p(x) = 0 \qquad （その他）.$$

（A2）$p(x)$ は開区間 (a, b) 上で 2 回連続微分可能で，

$$\lim_{x \to a+0} (x-a)^{1-\alpha} p(x) = A',$$

$$\lim_{x \to b-0} (b-x)^{1-\beta} p(x) = B'$$

である．ただし，α, β は $0 < \alpha \le \beta < \infty$ で，A', B' は正の定数とする．

（A3）
$$A'' = \lim_{x \to a+0} (x-a)^{2-\alpha} |p'(x)|,$$
$$B'' = \lim_{x \to b-0} (b-x)^{2-\beta} |p'(x)|$$

が有限確定である．また，$\alpha \ge 2$ のとき，$p''(x)$ は有界である．

たとえば，ベータ分布 $Be(\alpha, \beta)$ $(0 < \alpha \le \beta \le 2$，または，$3 \le \alpha \le \beta < \infty)$ の密度は条件（A1）～（A3）をみたす．定理 6 の命題の対偶を用いて，次の定理を得る．

定理 7 $X_1, X_2, \cdots, X_n$ をたがいに独立に，いずれも条件（A1）～（A3）をみたす密度 $p(x - \theta)$ をもつ分布に従うとする．このとき，各 α について，$c_n \cdot$ 一致推定量は次の表のようになる．

α	c_n	$c_n \cdot$ 一致推定量
$0 < \alpha < 2$	$n^{1/\alpha}$	$\left\{ \min\limits_{1 \le i \le n} X_i + \max\limits_{1 \le i \le n} X_i - (a+b) \right\}/2$
$\alpha = 2$	$\sqrt{n \log n}$	$\widehat{\theta}_{\mathrm{ML}}$
$\alpha > 2$	$\sqrt{n}$	$\widehat{\theta}_{\mathrm{ML}}$

ただし，$\widehat{\theta}_{\mathrm{ML}}$ は θ の最尤推定量とする[*3]. ∎

例1（一様分布の位置母数モデル） $X_1, \cdots, X_n$ を一様分布 $U(\theta - (1/2), \theta + (1/2))$ からの無作為標本とする．このとき，定理 7 より，範囲の中央 $M = (X_{(1)} + X_{(n)})/2$ は $n \cdot$ 一致推定量になる．

例2（切断正規分布の位置母数モデル） $X_1, \cdots, X_n$ を密度
$$p(x - \theta) = k e^{-(x-\theta)^2/2} \chi_{[-1/2, 1/2]}(x - \theta) \qquad (x \in \mathbf{R}^1; \theta \in \mathbf{R}^1)$$
をもつ切断正規分布からの無作為標本とする．このとき，定理 7 より，範

[*3] $\alpha \ge 2$ のとき，p は連続で有界であるから，θ の最尤推定量は存在する．

268 補論 B 非正則モデルの情報損失

囲の中央 M が $n \cdot$ 一致推定量になる.

6 おわりに

本稿の第 2, 3, 4 節の結果は，それぞれ，分布の台が一方向にずれてい
く分布の場合，両側ワイブル型分布および有限個の尖点をもつ分布の場合，
一般の切断分布の場合に拡張できる.

参考文献

Akahira (1995): The amount of information and the bound for the order of consistency for a location parameter family of densities. *Statistical Sciences*, Walter de Gruyter, 303-311.

Akahira, M. and Takeuchi, K. (1981): Asymptotic Efficiency of Statistical Estimators. Lecture Notes in Statistics 7, Springer: New York.

Akahira, M. and Takeuchi, K. (1990): Loss of information associated with the order statistics and related estimators in the double exponential distribution case. *Austral. J. Statist.*, **32**, 281-291.

Akahira, M. and Takeuchi, K. (1995): Non-Regular Statistical Estimation. Lecture Notes in Statistics 107, Springer: New York.

安藤洋美(1985): イエルジイ・ネイマンの生涯②, Basic 数学 8 月号, 77-81.

Chapman, D. G. and Robbins, H. (1951): Minimum variance estimation without regularity assumptions. *Ann. Math. Statist.*, **22**, 581-586.

Fisher, R. A. (1925): Theory of statistical estimation. *Proc. Camb. Phil. Soc.*, **22**, 700-725.

Fisher, R. A. (1934): Two new properties of mathematical likelihood. *Proc. Roy. Soc.*, A, **144**, 285-307.

Hammersley, J. M. (1950): On estimating restricted parameters. *J. Roy. Statist. Soc.* (B), **12**, 192-240.

Lehmann, E. L. (1983): Theory of Point Estimation. Wiley: New York.

Ohyauchi, N. and Akahira, M. (2001): On lower bounds for the Bayes risk of estimators in the uniform and truncated normal cases. 京都大学 数理解析研究所講究録, No.1224, 11-35.

Pitman, E. J. G. (1979): Some Basic Theory for Statistical Inference. Chapman and Hall: London.

Rao, C. R. (1961): Asymptotic efficiency and limiting information. *Proc. Fourth Berkeley Symp. on Math. Statist. and Prob.*, **1**, 531-545.

Sugiura, N. and Naing, M. T. (1989): Improved estimators for the location of the double exponential distribution. *Commun. Statist. A-Theory Meth.*, **18**, 541-554.

索　引

AIC　11
ARMA 過程　50
ARMA モデル　50
Bayes 推定量　251
Bayes の定理　203
Bayes 予測分布　204
Chernoff の定理　71
CM　125
$c_n \cdot$ 一致推定量　265
Cramér-Rao の不等式　7, 248
C^r 多様体　217
　境界をもった——　98
C^r 同相　218
Donsker クラス　170, 189
EM アルゴリズム　54
Fisher 情報行列　7, 76, 232, 239
Fisher 情報量　246
GCM　125
Glivenko-Cantelli クラス　169
Glivenko-Cantelli の定理　169
Hammersley-Chapman-Robbins の
　不等式　247
Hausdorff 距離　139
Hellinger 距離　266
HMM　47
Hotelling の定理　94, 106
Karhunen-Loève 展開　78
Karush-Kuhn-Tucker 条件　128
Kinematic formula　117
Kullback-Leibler(KL)ダイバージェ
　ンス　12, 206
L^2 空間　35
Lagrange 乗数法　127, 194
Laplace 近似　210

MDL　11
MDS　38
MLE　6, 251
Morse の定理　112
M 推定量　198
PAVA　124
Pitman 推定量　250
Rice の公式　119
Sauer の定理　189
Scheffé 法　143
Slutsky の補題　9, 215
Vapnik-Čhervonenkis 次元(VC 次
　元)　188
Wald 条件　23, 151

ア　行

アトラス　217
アブストラクトチューブ法　120
鞍点　198
閾値関数　191
一元配置モデル　122
一様 $\sqrt{n}$ 一致性　162
一様一致推定量　233
一様一致性　162
一様最小分散不偏推定量　251
一様性仮説　130
一様に緊密　216
一様ノルム　168
一様分布の位置尺度母数モデル
　253
一様分布の位置母数モデル　249,
　267
一致性　7, 22, 23, 71
遺伝子座　57

272 索 引

遺伝的距離　58
遺伝連鎖解析　15, 56
因果的　51
埋め込み　221
埋め込み写像　24
エクスカーション集合　109
オイラー標数　100, 223
オイラー標数法　115
応答変数　16
オッズ比　122

カ 行

外角　139
回帰曲線　16
回帰分析　16
概収束　214
解析的集合　211
カイ 2 乗分布　11, 199
　　——の上側確率　91
カイバー 2 乗分布　132
ガウス(確率)過程　51, 166
ガウス混合モデル　13
確率過程　46
確率収束　7, 214
確率的に有界　216
確率場　46
確率変数　214
隠れマルコフモデル　47
可縮　224
完備　35
期待値パラメータ　124
帰無仮説　10
帰無分布　10
球帽　98
球面上一様分布　89
キュムラント母関数　25
局所解　53
局所最強力検定　242
局所最小分散不偏推定量　251

局所座標系　217
局所錐型　154
局所錐型パラメトリゼーション
　　154, 160
局所臨界半径　105, 107
極大点　198
極値理論　174
曲率半径　105
近似錐　65
緊密　169, 215
組換え　57
クラスタリング手法　13
経験過程　166
　　——の一様収束　167
経験分布関数　168
検定の一致性　140
検定のサイズ　10
検定の不偏性　140, 142
高次漸近理論　248
誤差逆伝播法　53
混合モデル　241
コンポーネント　13
コンポーネント数の検定　57, 75

サ 行

最強力検定　253
最強力不偏検定　253
最小分散位置共変不偏推定量　250
最大対数尤度比　9
最尤推定　5
最尤推定量　6, 251
最良漸近正規推定量　263
座標関数　217
サブグラフ　188
3 角形分割　224
3 層ニューラルネットワーク(3 層パー
　　セプトロン)　43, 184
識別性　22
識別不能(性)　15, 19

事後確率　203
自己交差　92, 102
指示関数　110
指数型分布族　24, 26
事前確率　203
自然パラメータ　25, 124
実対称行列　37, 63
弱定常　50
自由エネルギー　205
修正 Cauchy-Schwartz 不等式
　　129
収束のオーダー　264
集中確率　257
順序制約　121
順序統計量　259
情報量損失　258
錐　27
　　プロパーでない――　74
スコア関数　24, 31
正規確率場　73
正規混合モデル　13, 54, 157, 179
正規分布　5, 6
正則　22
正則条件　232
正則モデル　22
正定値行列　63
精密標本理論　7
接空間　22, 219
接錐　22, 26, 36, 64, 151
切断正規分布の位置母数モデル
　　254, 267
接ベクトル　26, 36, 219
説明変数　16
遷移行列　46
漸近十分統計量　70
漸近情報量損失　259, 262
漸近正規性　7
漸近中央値不偏, k 次の　263
漸近中央値不偏推定量　233

漸近有効　8, 205, 234
漸近有効推定量, 1 次の　262
漸近有効推定量, 2 次の　262
双対錐　100, 136

タ 行

第 1 種の誤り　10
大円距離　88
対数周辺尤度　205
大数の法則　9, 70, 215
対数尤度　6
対数尤度関数　193
体積要素　96
対立仮説　10
多次元尺度法　38
多面体　224
単位球面　73, 89
単体的複体　223
単調回帰　17, 121
中心極限定理　9, 215
チューブ　88
チューブ座標　95, 102
チューブ法　78, 91
頂点　223
直交射影　73
定常（強定常）　46
統計的漸近理論　7
統計モデル　5
同時信頼区間　143
特異点　19, 32, 36
特異モデル　4, 32

ナ 行

内角　139
滑らかな多様体　21, 24, 216
2 項分布　15
ニューラルネットワーク　43
ノンパラメトリック検定　236

ハ 行

白色雑音　50
罰則付き最尤法　198
バナッハ空間　168
パラメータ制約モデル　56, 69
パラメトリゼーション　5, 11, 23, 32
パラメトリックモデル　5
半正定値行列　37, 63
非正則モデル　246
非正則理論　232
非線形回帰モデル　40, 53, 158
非退化　110
微分　221
微分位相同型　218
微分可能　217, 218
微分可能多様体　216
微分同相　218
微分同相写像　218
標本中央値　259
ヒルベルト空間　35
フェイス　136, 223
不等式制約　122
部分多様体　15, 31, 218
ブラウン運動の橋　171
プロファイル　61
分散成分モデル　60
ベータ分布　90
変化点問題　44
法錐　100
法則収束　7, 214
星型　28
星型集合　28, 67, 224

マ 行

マーカー　59
マッピング　57
マルコフ過程　46
目的変数　16
モデルサイズの検定　39
モデル選択規準　11

ヤ 行

有限混合モデル　12, 54, 56, 193
　2項分布の——　15, 32, 56
有効スコア　24
尤度　6
尤度比　160
尤度比検定　10, 39
尤度比検定統計量　10
尤度方程式　8
用量反応曲線　121
予測誤差　12, 205

ラ 行

ランダム係数回帰モデル　62
両側指数分布の位置母数モデル
　257
臨界線分　197
臨界多面体集合　197
臨界点　110, 195
　拡張された——　112
臨界半径　93, 103, 107
類似度　266
レベル確率　132
連鎖　57
連続写像定理　85, 215
ロジスティック関数　43

■岩波オンデマンドブックス■

統計科学のフロンティア 7
特異モデルの統計学──未解決問題への新しい視点

2004 年 7 月 29 日	第 1 刷発行
2008 年 2 月 5 日	第 3 刷発行
2018 年 5 月 10 日	オンデマンド版発行

著 者 竹内 啓 福水健次
　　　 栗木 哲 赤平昌文

発行者 岡本 厚

発行所 株式会社 岩波書店
〒 101-8002 東京都千代田区一ツ橋 2-5-5
電話案内 03-5210-4000
http://www.iwanami.co.jp/

印刷／製本・法令印刷

© Kei Takeuchi, Kenji Fukumizu,
Satoshi Kuriki, Masafumi Akahira 2018
ISBN 978-4-00-730758-4　Printed in Japan